계절별로 보는

한국의 산야초

계절별로 보는 한국의 산야초

지은이 장준근
펴낸이 임상진
펴낸곳 (주)넥서스

초판 1쇄 발행 1990년 3월   1일
초판 5쇄 발행 2003년 4월 15일

2판 1쇄 인쇄 2020년 2월 10일
2판 1쇄 발행 2020년 2월 15일

출판신고 1992년 4월 3일 제311-2002-2호
10880 경기도 파주시 지목로 5 (신촌동)
Tel (02)330-5500 Fax (02)330-5555

ISBN 979-11-6165-739-4 13480

www.nexusbook.com

사람의 손을 거치지 않은 야생의 산야초 식물도감

한국의
산야초

계절별로 보는

장준근 지음

넥서스BOOKS

즐거운 산야초 여행

알려진 바로는 한국의 산야에는 관상 가치가 있는 산야초가 500여 종이 있다고 한다. 본서는 이 산야초들을 꽃 모양을 위주로 하여 계절과 색깔별로 분류하여 수록하였다. 따라서 본서는 산야초 식물도감으로서도 소장 가치가 충분히 있으며, 특히 자연의 야생초를 체험하는 과정을 통해 자라나는 자녀들의 정서 함양에도 귀한 자료가 되리라 생각한다.

본서에는 꽃 가게나 길가에서 흔히 볼 수 있는 꽃들, 예를 들면 개량된 원예 품종인 코스모스나 해바라기, 접시꽃 등은 수록하지 않았으며, 말 그대로 산과 들에서 사람의 손길을 거치지 않은 채 자생하고 있는 야생종만을 취급하였다. 특히 다각적인 해설을 겸한 야생초를 배양 관리하는 방법에 유의하기 바란다.

본서 '한국의 산야초'는 필자가 촬영한 사진을 비롯하여 관심 있는 분들의 사진 자료를 제공받아 꾸몄으며, 사진 상태가 미흡한 것은 다른 자료로 보충하였다.

마지막으로 본서의 집필 편집에 있어서 고(故) 윤국병 박사님의 헌신적인 지도를 받았음을 밝히며, 그 밖에 여러 가지로 많은 도움을 주신 분들에게 진심으로 깊은 감사를 드린다.

장준근

목차

한국의
산야초

주변에서 쉽게 볼 수 있는 잡초와

함초롬히 피어 있는 산야초로

정서적인 안정과 마음의 평화를

가꿀 뿐 아니라 건강 증진을 위한

자연식으로도 유용하게 활용한다

찾아보기 요령

1. 꽃이 피는 초기를 기준으로 삼아 계절별로 구분

- 색인 : 봄(3월, 4월, 5월)에 피는 꽃
- 색인 : 여름(6월, 7월, 8월)에 피는 꽃
- 색인 : 가을(9월, 10월, 11월)에 피는 꽃
- 색인 : 꽃이 피지 않고 포자로 번식하는 양치식물

2. 계절별로 나눈 것을 다시 색상별로 구분

①노랑꽃 ②하얀꽃 ③파랑꽃(보라색 포함) ④빨강꽃(분홍색, 갈색 포함)의 순서로 나누어 실어서 찾기 쉽도록 하였다. 단, 색채의 조화와 변화가 미묘해서 분명하게 구별하지 못한 것이 있어 약간의 혼선이 있을 수 있다.

꽃은 지역과 환경에 따라 피는 시기가 조금씩 달라지므로

봄에 피는 꽃인데 ● 색인에 없을 경우에는 여름에 피는 꽃 ● 색인을 찾아보아야 한다.

이와 반대로 초여름에 발견한 꽃이 ●색인에 없을 경우에는 봄철의 ● 색인을 찾아야 하는 경우가 있다.

※식물의 학명은 安鶴洙의 『韓國農植物資源名鑑』(一潮閣 刊)을 따랐다.

가락지나물

Potentilla kleiniana var. robusta Fr. et SAV │ 장미과

특징 땅에 붙어 기는 성질을 가진 숙근초로서 양지꽃과 흡사한 외모를 가지고 있다. 온몸에 잔털이 나 있고 흔히 줄기는 길게 뻗어 50cm에 이른다. 잎은 단풍나무 잎처럼 다섯 갈래로 갈라지는데 줄기 끝에서 가까운 자리에 나는 잎은 세 갈래로 갈라진다. 잎 가장자리에는 작으면서도 거친 톱니가 있다. 지름이 1m쯤 되는 노란꽃이 줄기 끝에 뭉쳐 피며 꽃잎은 다섯 매이다.

개화기 5~7월

분포 전국 각지에 분포하며 주로 들판의 풀밭이나 논두렁 등 흙이 다소 습한 자리에 든다.

재배 줄기가 옆으로 누워 기는 성질이 있으므로 얕고 넓은 분에 심는 것이 좋다. 죽은 산모래에 30% 정도의 부엽토를 섞은 것을 쓰거나 또는 잘게 썬 이끼를 20% 가량 섞어 쓴다. 거름은 월 2~3회 물거름을 주되 한여름에는 중단한다. 물은 하루 한 번 아침에 흠뻑 주는데 건조가 심한 여름철에는 저녁 때 다시 한 번 줄 필요가 있다. 양지 바르고 바람이 잘 닿는 자리에서 가꾸어야 하며 음습한 자리에서 가꾸면 흰가루병의 피해를 입기 쉽다. 증식은 포기나누기에 의하며, 이는 2년마다 실시하는 갈아심기 작업 때에 해준다.

• 어린 잎과 줄기를 나물로 먹는다.

각시원추리

Hemerocallis dumortierii MORR │ 백합과

특징 다른 원추리에 비해 몸집이 작아 높이가 60m 정도밖에 되지 않는다. 꽃도 다소 작고 색채는 주황빛이 감도는 노랑빛으로 매우 아름답다. 다른 원추리는 빨라야 6~7월에 꽃을 피우는 데 비해 각시원추리는 5월부터 꽃피기 시작하여 약 두 달 동안 매일 새로운 꽃이 계속해서 피며, 꽃에서 은은한 향기가 난다. 일찍 꽃을 피우며 생김새가 각시처럼 단정하고 깨끗하다는 특색을 가지고 있다.

개화기 5~6월

분포 전국적으로 분포하고 있으며 산지의 양지바른 풀밭에서 난다.

재배 작은 분에 심어 가꾸면 몸집이 꽤 작아지면서 꽃이 핀다. 흙은 부식질이 많이 함유되어 있고 물 빠짐이 좋은 것이라면 어떤 것이든지 무방하다. 만약 그런 흙을 구하기 어려울 때는 산모래에 30% 정도의 부엽토를 섞어서 쓴다. 항상 양지바른 곳에서 가꾸며 물은 하루 한 번 아침에 흠뻑 주는데 여름에는 저녁 무렵에 다시 한 번 주도록 한다. 거름은 한 달에 한 번씩 깻묵가루를 분토 위에 놓아준다. 포기나누기는 이른 봄에 갈아심을 때 2~3눈을 한 단위로 갈라준다.

• 어린순은 나물로 하고, 뿌리는 이뇨, 지혈, 소염제로 사용한다.

개감수

Galarhoeus sieboldianus HARA | 대극과

특징 산이나 야산지대에 나는 숙근초이다. 땅속에 묻혀 있는 땅속줄기로부터 줄기가 곧게 자란다. 높이는 30cm 안팎으로 노란 기운이 감도는 초록빛 잎이 어긋나게 달린다. 줄기의 꼭대기에는 여러 개의 잎이 한자리에서 사방으로 펼쳐지는데, 그 모양이 흥미롭다. 이것과 비슷한 종류로서 대극, 좀개감수, 참등대풀, 등대풀 등이 있다. 개감수를 포함하여 모두가 유독성이다.

개화기 4~6월

분포 전국 각지의 낮은 산과 들판의 양지바른 풀밭에 난다.

재배 분에 심어 가꿀 경우 가루를 뺀 산모래에 20% 정도의 부엽토를 섞어 약간 깊은 분에 심는다. 심는 시기는 키가 10~15cm 정도로 자란 무렵이 적기이며 한 분에는 한 포기만 심는 것이 좋다. 2~3년 계속 가꾸어 나가면 눈의 수도 늘어나고 키도 작게 자라 모양이 살아난다. 거름은 닭똥이나 깻묵의 덩이거름을 가끔 주면 된다. 그러나 실내로 옮겨놓고 감상하기를 원할 때는 냄새가 나지 않는 하이포넥스 등을 주어가면서 가꾸는 것이 무난하다.

• 뿌리를 이뇨제로 사용하는데 유독 식물이다.

개갓냉이

Rorippa sublyrata FR. et SAV | 배추과

특징 쇠냉이라고도 한다. 뿌리는 땅 속 깊이 파들어가며 높이 30~50cm 정도의 줄기를 가진 숙근초이다. 처음에 자란 잎은 무잎처럼 땅바닥에 달라붙어 길이 7~15cm의 크기로 자란다. 외모는 무 잎과 닮았다. 줄기에 생겨나는 잎은 피침형으로 위쪽에 생겨나는 것일수록 크기가 작아진다. 꽃은 유채꽃과 같이 일자형이고 노랗게 핀다. 열매는 원기둥꼴로 길이 1~2cm 정도로 작은 편이다. 개갓냉이보다 작게 자라는 좀개갓냉이라는 종류도 있다.

개화기 4~6월

분포 전국 각지의 논두렁이나 밭두렁, 풀밭 등에 나며 길가나 뜰 안에 나는 경우도 있다.

재배 특별히 가꾸어 즐길 만한 것은 못 된다. 그러나 초겨울에도 잎이 싱싱한 상태를 유지하므로 온통 갈색으로 변해버린 뜰 안에 푸른 것이 살아 있다는 느낌을 즐기기 위해 씨를 뿌려두는 것도 좋다. 특별히 손질을 해주지 않아도 잘 자라며, 분에 심어 가꿀 때에도 흙을 가리지 않으므로 쉽게 가꿀 수 있다.

• 어린순은 나물로 먹는다.

갯씀바귀

Ixeris repens A. GRAY | 국화과

특징　해변가의 모래 속에서 자라는 숙근초이다. 땅속줄기는 모래 속을 길게 뻗어나가면서 잎만 모래 위로 내놓는다. 다른 씀바귀류의 잎과는 달리 무딘 삼각형이나 오각형으로, 세 갈래 내지 다섯 갈래로 갈라진 잎이 모래 위에 한 줄로 선다. 잎의 크기는 3~5cm로서 백녹색을 띠며 붉은 잎자루와의 대조가 아름답다. 잎자루의 밑동으로부터 꽃자루가 자라 2~5송이의 민들레꽃처럼 생긴 노란꽃이 핀다.

개화기 5~7월

분포　제주도를 비롯한 전국 각지의 해변가 모래밭에 난다.

재배　땅에 심어 가꿀 때에는 줄기만 길게 자라 꽃이 피지 않으므로 20cm 안팎 크기의 분에 심어 가꾸어야 한다. 흙은 별로 가리지 않으며 가루를 빼지 않은 분재용 모래흙으로 심어 가꾸면 쉽게 자란다. 꺾꽂이로 뿌리가 쉽게 내리므로 용이하게 증식시킬 수 있다. 물과 거름을 적게 주면서 햇빛이 잘 닿는 장소에서 가꾼다. 해변가의 강한 햇빛 아래에서 자라는 풀이므로 하루 종일 햇빛이 닿지 않는 곳에서 가꿀 때에는 웃자라 관상 가치가 떨어질 뿐만 아니라 꽃도 적게 핀다.

골담초

Caragana chamlagu LAM | 콩과

특징　원래 중국 원산의 키 작은 낙엽 관목인데 우리나라에 도입된 지는 꽤 오래된 것으로 보인다. 이러한 사실은 경북 영풍군 부석사의 조사당 앞에 의상 대사가 짚고 다니던 지팡이를 찾아놓은 것이 살아서 오늘에 이른다고 전해지는 선비화를 보아도 알 수 있다.

많은 줄기가 함께 서며 잎은 두 장씩 넉 장이 마주난다. 꽃은 잎겨드랑이마다 한 송이씩 늘어져 피며 색채는 붉은빛을 띤 노랑빛이다. 비슷한 종류로서 조선골담초와 좀골담초가 북부 지방에서 난다.

개화기 5월

분포　전국 각지에 널리 분포해 있다.

재배　양지바르고 기름진 땅을 좋아하나 뿌리혹박테리아를 가지고 있기 때문에 메마른 땅에서도 별 지장 없이 자란다. 키가 작기 때문에 분에 심어 가꿀 수 있으며 흙은 산모래에 부엽토를 20% 정도 섞어서 쓴다. 양지바르고 바람이 잘 닿는 자리에서 가꾸어야 하며 거름은 물거름을 가끔 주면 된다. 물은 하루 한 번 흠뻑 주되, 한여름에는 저녁에 다시 한 번 주도록 한다. 2년에 한 번꼴로 이른 봄에 포기나누기를 겸해 갈아심어주어야 한다.

• 뿌리를 술에 담아 신경통 약으로 사용한다.

괭이눈

Chrysosplenium grayanum var. dickinsii FR. et SAV | 범의귀과

특징 산지의 습지나 작은 골짜기에 많이 모여 군락을 이루는 숙근성의 풀이다. 줄기는 옆으로 길게 기어가면서 끝부분이 일어서서 20cm 정도의 높이를 이룬다. 줄기의 위쪽에 범의귀와 같은 생김새의 작은 잎이 돌아가면서 붙어 마치 방석과 같은 형태가 된다. 그 한가운데에 노란빛에 가까운 초록빛 꽃이 핀다. 풀 전체가 연하고 많은 물기를 지니고 있으며 털은 전혀 없다.

개화기 3~5월

분포 제주도와 중부 지방 및 북부 지방의 산 속 습한 곳에 난다.

재배 뜰에 심어 가꾸거나 암석원 등에 잘 어울린다. 봄가을에는 햇빛이 잘 드는 곳에, 여름철에는 반 그늘진 곳에 심는다. 항상 알맞은 습기를 지닌 곳이 좋다. 분 가꾸기를 원할 때는 가볍고 보수력이 좋은 흙을 얕은 분에 심어 바람과 햇빛이 잘 닿는 곳에서 가꾼다. 분 속에 항상 습기가 있도록 관리하고 월 2~3회 물거름을 준다. 모양이 좋은 돌을 곁들이면 한층 더 야생의 정취가 느껴져 보기 좋다. 증식은 포기나누기나 씨뿌림을 하는데 씨는 채종 즉시 뿌린다.

금윤판나물

Disporum flavens KITAGAWA | 백합과

특징 높이 40~50cm로 자라는 숙근성의 풀이다. 모양은 둥글레와 흡사하며 잎은 넓은 계란형으로서 줄기의 마디마다 서로 어긋난 자리에 난다. 줄기의 상단부는 휘어져 있고 그 끝은 잎에 감싸여져 노란꽃이 서너 송이 핀다. 꽃잎은 완전히 펼쳐지지 않으며 6매의 꽃잎을 가지고 있다. 대애기나물이라고도 한다.

개화기 5~6월

분포 제주도와 남부 지방에 분포하는데 주로 깊은 산 속의 활엽수 그늘에서 난다.

재배 얕은 분을 골라 보수력이 좋은 흙을 써서 얕게 심어주어야 한다. 땅속줄기가 깊게 묻힐 때에는 생육 상태가 불량해지므로 주의한다. 꽃이 필 때까지는 양지바른 곳에서 충분히 햇빛을 쪼이고 꽃이 피고 난 뒤부터는 잎을 되도록 오래 살려두기 위해 반 그늘로 옮겨준다. 물은 하루 한 번 흠뻑 주고 월 2~3회 물거름을 주어 생육을 돕는다. 증식은 포기나누기를 행하며 봄이나 가을에 실시하는 갈아심기 작업 때에 행한다. 우리나라에만 나는 풀인데 꽃이 아름답기 때문에 일본에서 대량으로 증식하여 웬만한 꽃가게에서 흔히 판매되고 있다.

꽃다지

Draba nemorosa var. hebecarpa LEDEB | 배추과

특징　길가나 밭가 등 도처에 자라는 월년초, 즉 2년생의 풀이다. 냉이와 흡사하게 생겼으며 귀화식물의 하나로서 흔하나 가련한 아름다움을 지니고 있다. 냉이는 흰 꽃이 피지만 꽃다지는 노란꽃이 핀다. 민꽃다지와 구름꽃다지가 있는데 모두 북부 지방의 고산지대에서 난다. 꽃다지를 코딱지나물이라고 부르는 지방도 있다.

개화기　3~4월

분포　전국 각지에 널리 퍼져 있다.

재배　흙에 대해서는 특별하게 고려할 필요가 없으며 어떤 흙에서도 잘 자란다. 다만 분에 옮겨 심고자 할 경우에는 겨울을 난 것이 꽃대를 신장시키기 전에 곧은 뿌리를 다치지 않도록 캐올려 심어야 한다. 씨는 익는 대로 채취한 다음 분에 바로 씨뿌림한다. 그런 후에 이듬해 봄에 알맞게 솎아내어 남은 것을 가꾸어 꽃을 즐긴다. 2년생 풀이므로 해마다 꽃을 즐기려면 위와 같은 방법을 되풀이하도록 한다. 거름은 깻묵가루나 닭똥을 가끔 주면 잘 자란다. 햇빛을 좋아하므로 양지바른 자리에서 가꾸어야 한다.

• 어린 싹을 냉이처럼 나물로 먹는다.

노랑제비꽃

Viola orientalis W. BECKER | 제비꽃과

특징　노란꽃이 피는 제비꽃은 대부분이 고산지대에 나며 낮은 산지에 나는 것은 노랑제비꽃뿐이다. 줄기는 곧게 자라서 하트형의 잎을 2~3매 가지는데 잎가에는 아주 얕은 톱니가 있다.
꽃은 이름 그대로 샛노랑꽃이 피는데 꽃잎의 뒷면은 다갈색을 띤다.

개화기　4~5월

분포　전국적인 분포를 보이며 산 중턱의 낙엽수림 밑에 난다.

재배　보통 깊이의 분 속에 4분의 1 정도까지 굵은 모래를 채운 다음 가루를 뺀 분재용 산흙으로 물이 잘 빠지는 상태로 심는다. 봄가을에는 매일 아침 한 번 물을 주고, 여름철에는 흙이 잘 마르므로 저녁에 다시 한 번 가볍게 물을 준다. 겨울에는 흙이 심하게 말라 붙지 않을 정도로만 물을 주면 된다. 여름에는 반 그늘진 자리로 옮겨주고 겨울에는 찬바람을 피한다. 7월이면 잎이 말라 죽어버리므로 가급적 오래도록 잎이 살아 있도록 잘 관리해준다. 갈아심기는 이른 봄 눈이 움직이기 전에 하는 것이 가장 좋으며 흙을 털어 묵은 뿌리를 따버리고 긴 뿌리는 다듬어서 새 흙으로 심어준다. 증식을 위해서는 포기나누기, 씨뿌림, 뿌리꽂이 등의 방법을 활용한다.

• 어린 싹은 나물로 먹는다.

누운동이나물

Caltha palustris var. sibirica REGEL |
미나리아재비과

특징 숙근성의 풀로서 산 속의 습지에 나며 뿌리는 희고 수염처럼 생겼다. 줄기는 꺾어지기 쉬우며 옆으로 기울면서 사방으로 자란다. 뿌리에서 나온 잎은 콩팥형에 가까운 둥근형으로서 가장자리에는 무딘 톱니가 있다. 줄기에는 드물게 잎이 난다. 줄기의 길이는 30~50m로서 끝에서 두 송이의 황금빛 꽃이 핀다. 꽃잎처럼 보이는 것은 꽃받침이 변한 것이다. 비슷한 종류로서 동이나물과 참동이나물이 있다. 모두 유독 식물로 취급된다.

개화기 5~6월

분포 북부 지방에 분포하며 산의 습지에 난다.

재배 부엽토를 3분의 1정도 섞은 논 흙으로 얕은 물분에 심어 1~2cm 깊이로 물을 채운다. 밑거름으로서 매년 봄에 말린 멸치를 4~5개 포기 주위에 꽂아놓는다. 또한 한 달에 한 번씩 하이포넥스의 1,000배 액을 물 대신 보충해준다. 반드시 양지바른 자리에서 가꾸어야 하며 갈아심기는 2년에 한 번 실시해야 하는데 그때 포기나누기도 실시한다. 물이 얕기 때문에 자주 돌보지 않으면 말라붙어 잎이 상하기 쉬우나, 그렇다고 물을 깊게 채우면 모양이 좋지 않다.

• 독성이 있는 식물이다.

돌나물

Sedum sarmentosum BUNGE | 돌나물과

특징 석상엽이라고도 하는 다년생 풀로서 줄기와 가지는 땅 위를 뻗어나가면서 마디마다 뿌리를 내려 늘어난다. 잎은 긴 타원형 또는 피침형으로서 도톰하며, 마디마다 세 장씩 생겨난다. 초여름에 가지 끝에 별처럼 생긴 작은 노란꽃이 뭉쳐 핀다. 비슷한 종류로서 말똥비름이라는 것이 있다.

개화기 5~6월

분포 제주도를 비롯한 전국 각지에 분포하며 주로 양지바른 산야의 바위 위에 난다.

재배 주로 건조한 땅에서 나는 풀이므로 얕은 분에 심어 가꾸어야 한다. 또한 사방으로 뻗어나가는 습성이 있기 때문에 넓은 분이 적당하다. 흙은 가루를 뺀 산모래에 약간의 부엽토를 섞은 것을 쓴다. 생육 기간 내내 양지바른 곳에서 가꾸어야 하며 물도 적게 준다. 물이 많거나 그늘진 자리에서 가꾸면 잎이 커지고 마디 사이가 길어져 짜임새 없는 모양이 된다. 거름은 가끔 생각날 때마다 물거름을 주는 정도로 충분하다. 잘 늘어나므로 2년에 한 번은 갈라서 고쳐 심어주어야 하며 꺾꽂이로도 쉽게 증식시킬 수 있다.

• 이른 봄에 김치를 담가 먹으며 어린순은 나물로 먹는다.

들솜쟁이

Senecio integrifolius var. spathulatus HARA │ 국화과

특징 줄기가 갈라지지 않고 곧게 20~40cm 정도의 높이로 자라는 숙근초이다. 잎은 길쭉한 타원형으로 길이는 6~10m인데 줄기의 윗부분에 생겨나는 잎은 점차적으로 작아지며 솜털이 나고 가장자리에는 드물게 톱니를 가진다. 줄기 끝에 여러 개의 노란꽃이 뭉쳐 피는데 꽃의 지름은 2~3m이다. 이것과 비슷한 것으로 솜방망이라고 불리는 풀이 있는데 솜방망이는 잎자루를 가지고 들솜쟁이는 잎자루가 없다는 점으로 구별된다.

개화기 5~6월

분포 전국 각지의 산과 들에 나는데 특히 양지바르고 다소 건조한 땅을 좋아한다.

재배 산모래에 10% 정도의 부엽토를 섞은 흙으로 물이 잘 빠질 수 있도록 분에 심는다. 분은 둥글고 얕으면서 다소 넓은 것이 풀의 생김새와 잘 어울린다. 분에 올리는 시기는 봄보다 가을이 좋다. 햇빛이 잘 닿는 자리에서 약간 건조할 정도로 물관리를 해주면 잘 자란다. 거름은 봄에 깻묵가루를 소량 분토 위에 뿌려주는 한편 매달 한두 번씩 묽은 물거름을 준다. 겨울에는 얼지 않도록 온도가 낮은 장소로 옮겨 보호해주어야 한다. 증식하기 위해서는 갈아심을 때 포기나누기를 한다.

등대풀

Galarhoeus helioscopia L │ 대극과

특징 2년생의 풀로 가느다란 줄기가 25~30m의 높이로 자란다. 줄기나 잎을 자르면 유독성의 흰 즙이 흐른다. 잎은 도란형(倒卵形)이고 잎자루를 가지지 않는다. 줄기 끝에 다섯 장의 잎이 둥글게 자리하고 그 한가운데서부터 여러 개의 잔가지가 자란다. 잔가지의 끝에 두 장의 작은 노란잎이 술잔과 같은 형태로 합쳐져 그 속에서 노란꽃이 핀다.

개화기 4~5월

분포 전국 각지에 분포하는데 주로 양지바른 풀밭이나 길가 등에 난다.

재배 산모래와 부엽토를 섞은 흙에 익은 씨를 따서 바로 뿌리므로 씨뿌림하는 시기는 한여름이 된다. 가을에 싹이 터서 겨울을 나게 되는데 겨울 동안 지나치게 흙이 말라붙는 일이 없도록 주의하며, 건조한 바람을 피한다. 봄이 되면 하루 한 번 물을 충분히 주며, 무더운 여름에는 아침저녁으로 물주기한다. 양지바른 곳에서 가꾸어야 하며 거름은 별로 주지 않아도 잘 자란다. 풀이 부드럽고 푸르름이 아름다워 한 분쯤은 가꾸어 즐길 만하다.

• 독성이 많으며 약용한다.

말똥비름

Sedum bulbiferum MAKINO | 돌나물과

특징　길가나 돌담, 냇가, 바위틈 등에 자라는 2년생의 풀이다. 돌나물과 비슷하게 생겼으며 다육질로서 부드럽다. 잎겨드랑이에 두 쌍의 잎을 가진 주아(珠芽)가 생겨나 이것이 땅에 떨어져 새로운 풀로 자라는 습성을 가지고 있다. 말똥비름이라는 이름도 이 주아가 땅에 떨어지는 모습에서 붙여진 것이다. 초여름에 다섯 개의 꽃잎으로 이루어진 작은 꽃이 노랗게 핀다. 싱싱한 잎과 선명한 노란꽃이 자아내는 조화가 길가의 잡초치고는 꽤 아름답다.

개화기　5~6월

분포　전국적인 분포를 보이며 길가나 담장가 또는 냇가의 바위틈 등에서 흔히 볼 수 있다.

재배　길가 등에서 흔히 볼 수 있으나 분에 심어 가꾸는 재미가 특별하다. 흙은 산모래에 약간의 부엽토를 섞어 쓰면 된다. 분에서 넘칠 정도로 자라 꽃을 피우는 모습이 아름다우므로 15~18cm 정도의 지름과 깊이를 가진 분에 심어 가꾸는 것이 좋다. 양지바른 곳에서 가꾸며 흙을 지나치게 말리는 일이 없도록 한다. 거름은 달마다 한 번씩 깻묵가루를 찻숟갈 하나 정도 분토 위에 놓아주면 된다.

미나리아재비

Ranunculus japonicus THUNB | 미나리아재비과

특징　흔히 볼 수 있는 숙근성의 풀이다. 뿌리줄기는 짤막하고 잔뿌리를 많이 가지고 있으며 줄기는 높이 30~50cm 정도로 자란다. 뿌리에서 나오는 잎은 긴자루를 가졌으며 세 갈래로 깊게 갈라진다. 이렇게 갈라진 각 조각은 다시 여러 개로 얕게 갈라져 톱니와 같은 상태를 이룬다. 줄기에 붙어 있는 잎은 짧은 잎자루를 가졌고 세 갈래로 깊게 갈라지며 위쪽에 붙어 있는 것일수록 갈라진 틈이 좁아진다. 꽃은 여러 갈래로 갈라진 가지의 끝에 노랗게 핀다. 꽃의 크기는 1~2cm로서 다섯 개의 꽃잎이 있다. 동우 또는 자래초라고도 하며 꽃은 광택이 나서 매우 아름답다.

개화기　4~6월

분포　전국에 분포하며 산야의 양지바른 자리에 형성되는 습지에 난다.

재배　분 가꾸기의 경우 물 빠짐을 고려하여 산모래로 심는다. 물은 하루 한 번 흠뻑 주며 건조가 심할 때는 저녁에 다시 한 번 준다. 거름은 깻묵가루를 한 달에 한 번씩 분토 위에 놓아준다. 가꾸는 자리는 양지바른 곳이어야 하며, 증식은 포기나누기로 한다.

• 독성이 있으며 어린 잎과 줄기를 삶아 우려낸 다음 나물로 먹는다. 풀 전체를 살충발포약으로 쓴다.

민눈양지꽃

Potentilla yokusaiana MAKINO | 장미과

특징　전국 각지의 풀밭이나 냇가에 나는 딱지꽃이나 가락지나물과 같은 과에 속하는 숙근성의 풀이다. 뿌리줄기는 발달되어 있지 않으며 땅을 기는 가지가 자라면서 마디에서 뿌리를 냄으로써 증식해나간다. 길이 3cm 정도의 세 개의 작은 잎은 가장자리에 거친 톱니를 가지고 있으며 잎맥이 뚜렷하다. 포기의 중심부로부터 길이 10~20cm나 되는 긴 꽃줄기를 신장시켜 그 끝에 다섯 개의 꽃잎으로 이루어진 지름 2m 정도의 노란꽃을 여러 송이 피운다. 꽃 색깔이 매우 선명하고 아름답다.

개화기　4~6월

분포　제주도와 중·남부 지방의 산지, 양지바른 곳에 난다.

재배　가루를 뺀 분재용 산모래에 30% 정도의 부엽토를 섞은 흙을 쓴다. 분은 토분을 써야 잘 자라며 풀의 모양과 조화를 이루기 위해 얕은 것을 써야 한다. 풀 포기의 크기에 맞춰 분의 크기를 정해야 하지만 빨리 늘어나기 때문에 포기에 비해 약간 큰 분을 쓴다. 물은 보통으로 주고 거름은 묽은 물거름을 일주일에 한 번씩 준다. 깻묵가루 줄 때에는 반드시 잘 발효된 것을 주어야 한다. 가꾸는 자리는 양지바른 곳이어야 하며 2년에 한 번씩 포기나누기를 겸해서 새로운 흙으로 갈아심는다.

민들레

Taraxacum platycarpum DAHLST | 국화과

특징　숙근성의 풀로서 이른 봄에 길가나 담장 등 양지바른 자리에서 봄 소식을 전하듯 노란꽃을 피운다. 줄기가 없으며 뿌리줄기에서 자란 잎은 마치 방석처럼 둥글게 배열되어 땅을 덮는다. 잎은 주걱형인데 가장자리가 길게 갈라져 깃털형을 이룬다. 땅을 덮은 잎 사이로부터 꽃줄기가 길게 자라 각기 한 송이씩의 꽃을 피운다. 꽃을 피우고 난 뒤 흰 털을 가진 씨가 둥글게 뭉치며 바람을 타고 날아가는 모습이 한 폭의 그림과도 같다.

개화기　4~5월과 10월

분포　전국에 분포하며 인가에서 가까운 풀밭이나 길가 또는 담장 밑 등 양지바른 자리에 난다.

재배　굵고 긴 뿌리줄기는 재생력이 매우 강하기 때문에 이것을 잘라 심어도 쉽게 자란다. 흙은 10% 정도의 부엽토를 섞은 산모래를 쓰는데 웬만한 흙이라면 어떤 것을 써도 별 지장이 없다. 분은 얕고 넓은 것이 어울리며 서너 포기를 알맞게 배치해서 심는데 뿌리줄기가 긴 경우에는 분의 깊이에 맞게 잘라서 심으면 된다. 가꾸는 자리는 양지바른 곳이어야 하며 물과 거름은 보통으로 준다. 2년에 한 번씩 갈아심을 때 뿌리를 과감하게 정리한다.

• 어린 잎은 나물로 먹고 뿌리는 약용한다.

17

방가지똥

Sonchus oleraceus L | 국화과

특징　앵속(양귀비)과 비슷한 잎을 가진 숙근성의 풀이다. 높이 1m 정도로 자라며 곧게 자라는 줄기는 속이 비어 있다. 잎은 큰 결각을 가지며 밑동은 줄기를 감싼다. 전체적인 생김새는 엉겅퀴와 흡사하나 가시가 없다. 몸집이 연하며 줄기나 잎을 자르면 흰 즙이 흐른다. 봄부터 가을에 걸쳐 줄기의 상부가 갈라져 작은 가지를 형성하면서 직경 1.5cm쯤 되는 노란꽃이 피는데 민들레꽃과 비슷하다.

개화기　4~10월, 남쪽의 따뜻한 지역에서는 거의 1년 내내 핀다.

분포　전국의 풀밭이나 길가에 난다.

재배　굵은 뿌리를 가지고 있으므로 지름이 20m쯤 되는 깊은 분이 좋다. 흙은 산모래와 부엽토를 7 : 3의 비율로 섞은 것을 쓴다. 햇빛을 충분히 쪼이고 분토가 심하게 마르지 않을 정도로만 물을 주면 잘 자라며 계속 꽃이 핀다. 거름은 한 달에 한 번씩 깻묵가루를 분토 위에 놓아준다. 2~3년에 한 번씩 갈아심어주어야 하는데, 그 시기는 줄기가 자라기 전이라야 한다. 그러나 줄기가 다소 자란 것이라도 굵은 뿌리를 건드리지 않게 갈아심어준다면 별 지장이 없다.

• 어린순을 나물로 먹는다.

뱀딸기

Duchesnea wallichiana NAKAL | 장미과

특징　뱀딸기라 해서 독이 있는 것으로 아는 이들이 있으나 독은 없으며 아이들이 따먹기도 한다. 줄기가 길게 땅 위를 기어나가면서 마디에서 뿌리와 눈이 생겨나 번식되어나가는 숙근성의 풀이다. 잎은 딸기의 그것과 흡사하나 작고 뒷면에 긴 털이 난다. 잎겨드랑이로부터 꽃대가 자라 다섯 매의 꽃잎으로 이루어진 노란꽃이 피고 그 후에 붉고 둥근 열매를 맺는다.

개화기　4~6월

분포　전국 각지에 분포하며 길가나 숲 가장자리 등에 난다.

재배　깊은 분에 밭 흙과 산모래를 반씩 섞은 흙으로 한 포기를 심어 놓으면 줄기가 신장하면서 꽃 피고 열매를 맺어 보기 좋은 분재가 된다. 물은 약간 적게 주어 과습 상태가 되지 않도록 하며 가꾸는 자리는 햇빛이 잘 닿는 곳이라야 한다. 거름은 달마다 한 번씩 분토 위에 깻묵가루를 조금씩 놓아주면 된다. 뜰에 심어 가꾸는 것도 나름대로 키우는 재미가 있는데, 이 경우에는 하루 종일 햇빛이 들고 물이 잘 빠지는 자리를 찾아 심어주어야 한다. 자라는 속도가 빠르기 때문에 2~3년 뒤면 그 일대가 뱀딸기로 뒤덮여버린다.

• 열매는 어린아이들이 먹는다.

벌노랑이

Lotus corniculatus var. japonicus f. typicus
NAKAI | 콩과

특징 굵은 뿌리를 가진 콩과 식물로서 숙근성이다. 여러 개의 줄기가 함께 서거나 또는 옆으로 누워 20~40cm 정도의 길이로 자란다. 잎은 세 갈래로 갈라지며 갈라진 조각의 생김새는 계란형에 가까운 타원형이다. 톱니는 없고 밋밋하다. 잎겨드랑이로부터 자라는 꽃자루 끝에 나비와 같은 모양의 노란꽃이 몇 송이 핀다.

개화기 5~10월

분포 전국에 분포하며 들판의 양지바른 풀밭에서 볼 수 있다.

재배 딱딱한 흙을 좋아하므로 가루를 뺀 산모래로 심는다. 줄기가 길게 자라 쓰러지기 쉬우므로 깊은 분에 심어 분 가장자리에서 아래로 늘어지게 가꾸는 것도 재미있는 방법이다. 생육 기간 내내 양지바른 자리에서 가꾸어야 하며 물은 다소 적게 준다. 물이 많으면 웃자랄 뿐만 아니라 뿌리가 상하기 쉽다. 거름은 한 달에 한 번씩 소량의 깻묵가루를 분토 위에 뿌려주는데 한여름에는 주지 않는다. 2년에 한 번씩 갈아심어야 하는데 그때 포기나누기를 해서 증식시킨다. 뿌리를 많이 건드리면 죽을 수 있으므로 주의한다. 씨를 뿌려 가꾸는 것도 한 방법이다.

· 뿌리를 강장 및 해열제로 사용한다.

보리사초 통보리사초

Carex kobomugi OHWI | 사초과

특징 숙근성의 풀로서 해변의 모래밭에 난다. 굵고 튼튼한 뿌리줄기를 가지고 있으며 굵은 줄기가 높이 10~20cm 정도로 자란다. 잎은 넓은 줄모양으로서 길이는 20~30cm 정도이다. 표면은 밋밋하고 약간 윤기가 나나 가장자리에는 작은 톱니가 있어 거칠다. 한 해 전에 자란 포기의 겨드랑이에서부터 꽃대가 자라 5cm 정도 되는 보리 이삭과 같은 담갈색 꽃이 핀다. 이 때문에 보리사초라는 이름이 생겨났다.

개화기 4~6월

분포 중부 지방과 북부 지방의 해변가나 모래밭에서 난다.

재배 가루를 뺀 산모래에 부엽토를 20% 가량 섞은 흙으로 지름 15~18cm, 깊이 8cm 정도 되는 분에다 물이 잘 빠질 수 있도록 하여 심는다. 대개 양지바른 자리에서 하루 한 번씩 물을 주어가며 가꾼다. 거름은 깻묵가루를 매달 한 번씩 준다. 햇빛을 충분히 쪼이게 하여 짤막하게 가꾸어놓으면 분재를 전시할 때 곁들이는 풀로도 이용할 수 있다. 갈아심기는 2~3년에 한 번, 꽃대가 자라기 전에 실시 하는 것이 좋으며 이때 포기나누기를 겸해서 증식시킨다.

복수초

Adonis amurensis var. uniflora MAKINO | 미나리아재비과

특징 눈색이꽃이라고도 부르는 숙근성의 풀이다. 짧박한 뿌리줄기로부터 수염과 같은 많은 뿌리가 갈라져 나가며, 꽃이 필 때에는 15cm 정도이지만 피고 난 뒤에는 30cm 높이로 자란다. 짙은 푸른빛의 잎은 홍당무의 잎처럼 잘게 갈라진다. 꽃은 황금빛으로 해가 뜨면 피고 흐린 날에는 다문 채로 있으며 크기는 3~4cm 정도이다. 희랍 신화에서 아도니스라는 청년이 피를 흘리며 죽은 자리에서 피어난 꽃이라 하여 Adonis(아도니스)라 이름지어졌다.

개화기 3~4월

분포 전국적인 분포를 보이며 산 속의 나무 그늘, 특히 낙엽활엽수림 속의 음습한 자리에 난다.

재배 뿌리가 길게 자라는 습성이 있으므로 다소 깊은 분에다 산모래에 부엽토를 20~30% 섞어서 심는다. 겨울 동안과 꽃이 피는 동안에는 다소 물을 적게 주고, 꽃이 피고 난 뒤부터는 보통으로 준다. 봄에는 양지바른 자리에서 관리하고 꽃이 핀 뒤부터는 바람이 강하지 않은 반 그늘로 옮겨준다. 거름은 꽃이 핀 뒤와 가을에 한 번씩 깻묵가루를 분토 위에 놓아준다. 포기가 늘어난 것은 늦가을에 포기나누기를 겸해서 갈아심는다. 씨로도 증식시킬 수 있으나 꽃이 피기까지 5년 정도 걸린다.

• 유독 식물이며 뿌리를 강심, 이뇨제로 사용한다.

뿌리뱅이

Youngia japonica Dc. | 국화과

특징 1년생 또는 2년생의 풀로서 줄기는 20~100m 길이로 곧게 자란다. 10~20m 길이의 넓은 피침형 잎은 깃털 모양으로 깊게 갈라져 줄기의 밑동에 많이 모여난다. 줄기에 생겨나는 잎은 크기가 작다. 줄기와 잎이 모두 부드럽고 약간 자갈색으로 물든다. 상처를 입으면 흰 즙이 흐른다. 줄기 끝에 노란꽃이 뭉쳐 피는데 그 모양은 민들레꽃과 흡사하고 지름은 7~8mm 정도이다. 씨에는 털이 붙어 있어서 바람을 타고 날아다닌다.

개화기 5~6월

분포 중부 이남에서 나며 길가나 밭 주변 등에서 흔히 볼 수 있다.

재배 특별히 흙을 가리지 않고 어떤 흙에서도 잘 자란다. 그러나 분에 심어 가꿀 때에는 산모래에 약간의 부엽토를 섞은 흙에 심어주는 것이 좋다. 분은 20cm 안팎의 지름을 가진 다소 깊은 것을 쓴다. 눈이 자라 10cm 내외의 크기가 되면 아래쪽 5cm만 남겨 두고 적심(摘心)해준다. 그러면 여러 개의 가지를 치면서 키가 낮게 자란다. 거름은 매월 한 번씩 소량의 깻묵가루나 닭똥을 분토 위에 뿌려주면 된다. 쉽게 자라고 꽃이 잘 피므로 크게 신경쓸 필요가 없다.

• 어린순을 나물로 먹는다.

산괴불주머니

Corydalis maximowicziana NAKAI | 양귀비과

특징 12년생 풀로서 몸집 전체가 흰빛을 띤 녹색으로서 잎이 상하거나 줄기가 꺾이면 좋지 않은 냄새를 풍긴다. 크게 자란 것은 높이가 1m에까지 이르며 줄기 끝이 여러 갈래로 갈라져 노란꽃이 이삭 모양으로 뭉쳐 핀다. 잎은 거칠고 3~4회 깃털 모양으로 갈라지며, 갈라진 부분에는 깊은 결각(缺刻)이 있다. 비슷한 종류로 왜현호색, 갯괴불주머니, 괴불주머니 등이 있다.

개화기 4~5월

분포 전국에 분포하며 산골짜기의 시냇가 등 다소 습한 곳에 난다.

재배 미립자의 가루를 뺀 속돌[輕石] 모래와 분재 용토를 섞어 그 속에 부엽토 덩어리를 넣은 다음 그 중심에 뿌리가 닿도록 심어준다. 이 경우 부엽토를 고루 섞어놓으면 물 빠짐과 통기성이 좋지 못해 생육 상태가 불량해진다. 깻묵 등 산성의 거름은 생육상 해로우며 생육 기간 중에는 물거름과 붉은 잿물을 번갈아주는 한편 햇빛을 잘 받게 해준다. 꽃이 핀 뒤에는 반그늘에서 다소 건조하게 관리한다. 2년생 풀이므로 해마다 씨뿌림을 해야만 계속 꽃을 볼 수 있다. 씨는 여무는 즉시 이끼 위에 뿌려야 하며 20일 뒤면 싹이 트기 시작한다. 어느 정도 자라면 늦가을이나 이듬해 이른 봄에 원하는 분에 옮겨 심는다.

세잎양지꽃

Potentilla freyniana BORNM | 장미과

특징 양지꽃 가운데에서는 가장 일찍 꽃이 핀다. 잎이 딸기 잎처럼 세 갈래로 갈라지기 때문에 세잎양지꽃이라는 이름이 붙여졌다. 몸 전체에 털이 나 있고 잎 가장자리에는 톱니가 나 있다. 봄철에 15cm 정도의 길이를 가진 꽃자루를 신장시켜 여러 송이의 작은 노란꽃을 피운다. 꽃잎은 5매로서 매우 선명하다. 꽃이 지고 나면 딸기처럼 땅 위를 기는 줄기를 신장시켜 그 끝에 새로운 식물체를 형성함으로써 증식되어 나간다.

개화기 3~5월

분포 중부 이남 지역과 제주도에 분포한다. 주로 산야의 키 작은 풀밭에 난다.

재배 산모래에 부엽토를 30% 가량 섞은 흙으로 지름이 15cm쯤 되는 얕은 분에 한 포기 심어준다. 거름으로 깻묵가루를 소량 주고 양지바른 자리에 내놓으면 아름다운 꽃이 꽤 오래도록 핀다. 물은 하루 한 번 주는 것을 원칙으로 하며, 증식은 포기나누기로 하는 것이 좋다. 세심하게 주의를 기울이지 않아도 잘 자란다.

• 어린 잎을 나물로 먹는다.

쇠서나물

Picris hieracioides subsp. japonica KRYLOV | 국화과

특징 다년생의 풀로서 방석 모양으로 둥글게 땅에 달라붙은 잎이 겨울을 나고 봄이 되면 그 중심부에서부터 30~60cm 정도의 길이로 줄기가 자란다. 줄기에 나는 잎은 도피침(倒披針)형 또는 피침형으로서 길이가 6~15cm에 이르는데 아래쪽에 나는 것일수록 크며 가장자리에는 고르지 못한 작은 톱니가 있다. 몸 전체에 갈색 내지 붉은빛을 띤 털이 난다. 줄기는 위쪽에서 여러 개의 가지를 쳐 그 끝에 노란꽃이 피는데, 그 생김새는 민들레꽃과 흡사하면서 약간 작다.

개화기 5~6월

분포 전국의 산야, 특히 양지바른 풀밭에 난다.

재배 잘 자란 것은 60cm를 넘으므로 10cm 정도의 크기로 자랐을 때 적심(摘心)하여 가지를 치게 하는 방법으로 되도록 키를 낮게 가꾼다. 흙은 산모래를 써서 지름이 20cm쯤 되는 다소 깊은 분에 심어준다. 거름은 한 달에 한 번씩 깻묵가루를 분토 위에 놓아주면 된다. 흙이 말라붙으면 잎 가장자리가 말라 죽어버리므로 주의한다. 포기가 늘어나면 포기나누기를 겸해서 갈아심어준다. 양지바른 자리에 나는 풀이기 때문에 생육 기간 내내 햇빛을 충분히 쪼이게 한다.

• 봄철의 어린 잎을 나물로 조리한다.

씀바귀 쓴귀물

Ixeris dentata NAKA | 국화과

특징 줄기나 잎을 꺾으면 흰 즙이 흐르는데, 이 즙이 쓴맛이 나기 때문에 씀바귀라 불린다. 숙근성의 풀로서 재생력이 매우 강하여 약간의 뿌리만 남아 있어도 금새 무성하게 자란다. 뿌리에서 자란 잎은 깃털 모양으로 불규칙하게 갈라지며 긴 잎자루를 가진다. 가느다란 줄기의 군데군데에 나는 잎은 잎자루가 없고 그 밑동이 줄기를 감싼다. 꽃은 노란색으로 줄기 끝에 드물게 달리는데 낮에만 핀다. 비슷한 종류로 흰꽃이 피는 흰씀바귀, 줄기가 긴 벋음씀바귀, 해변에 나는 갯씀바귀 등이 있다.

개화기 5~7월

분포 전국 각지의 풀밭과 밭 주변에 흔히 난다.

재배 얕은 분에 산모래로 심어 물을 적게 주면 작게 자란다. 매달 한 번씩 소량의 깻묵가루를 분토 위에 뿌려준다. 양지바른 자리에서 가꾸며 해마다 가을에 포기나누기를 겸해서 갈아심는다. 그때 잔뿌리를 반 이상 잘라버려 해마다 새로운 뿌리로 생육해 나가도록 한다. 씨뿌림이나 뿌리꽂이로도 쉽게 증식시킬 수 있다. 땅에 심어 가꾸기를 원할 때는 양지바르고 흙이 심하게 말라붙지 않는 자리에 심으면 잘 자란다.

• 이른 봄에 뿌리와 어린순을 나물로 하며, 풀 전체는 진정제(鎭靜劑)로 사용한다.

애기똥풀

Chelidonium sinense Dc. | 양귀비과

특징　2년생 풀로서 뿌리는 땅 속으로 곧게 자라며, 색깔은 주황빛이다. 줄기는 곧게 자라 여러 갈래로 갈라져 많은 가지를 치는데 높이 40~60cm 정도로 자란다. 잎은 서로 어긋나게 나며 깃털 모양으로 갈라지고 갈라진 잎은 다시 깃털 모양으로 갈라진다. 잎 뒤는 희고 몸 전체가 연하며 부드럽다. 4매로 이루어진 노란 꽃잎은 잎겨드랑이나 줄기 끝에 여러 송이가 흩어져 핀다. 줄기와 잎을 자르면 노란즙이 흘러 애기똥풀이라는 이름이 붙어졌다.

개화기　5~7월

분포　전국에 분포하며 산지를 비롯하여 길가, 축대의 돌틈 등에 나며 가끔은 음습한 곳에서도 볼 수 있다.

재배　분에 심어 가꾸는 것보다 마당 한 구석에 심어 즐기는 것이 좋다. 노란꽃이 피기 시작하면 사람들의 눈길을 잘 끌지만 상처가 나면 흐르는 즙에 독이 있기 때문에 흔히 재배되지는 않는다. 양귀비과 식물의 특색으로서 옮겨 심어지는 것을 좋아하지 않는 식물이므로, 처음부터 원하는 자리에 씨뿌림해서 가꾸는 것이 좋다. 거름은 생육 기간 중 닭똥을 한두 번만 주면 충분하다.

• 독이 있는 식물로서 어린 잎은 삶아 우려내어 먹으며, 풀 전체는 진통(鎭痛) 및 옻칠에 사용한다.

양지꽃

Potentilla fragarioides var. sprengeliana MAX | 장미과

특징　가락지나물과 같은 과에 속하는 숙근성의 풀로 생김새도 비슷하다. 가락지나물이 논두렁같이 습한 자리에 나는 데 반해 양지꽃은 산지의 풀밭에 난다. 잎은 방석처럼 둥글게 배열되며 거의 땅에 붙어 있다. 키는 10~30cm 정도이고 딸기와 같은 잎을 가지고 있는데 잎자루에 한 쌍 내지 두 쌍의 작은 잎이 붙어 있는 것이 다르다. 봄에 잔털이 나 있는 꽃자루를 신장시켜 직경 1.5cm쯤 되는 5개의 노란꽃을 피운다.

개화기　4~8월

분포　전국 각지의 산지 양지바른 곳에 난다.

재배　풀에 심어 놓으면 쉽게 꽃이 피고 씨가 떨어져 자연적으로 늘어난다. 분 가꾸기를 할 때는 분 속에 물이 잘 빠지게 굵은 왕모래를 깔고 가루를 뺀 산모래에 잘게 썬 이끼를 10~20% 섞은 흙으로 심어준다. 거름은 가끔 깻묵가루를 조금 분토 위에 뿌려주면 된다. 생육 기간 중에는 항상 햇빛을 잘 쪼일 수 있게 해주고 물은 보통으로 준다. 꽃이 피고 난 뒤 곧바로 갈아심어주어야 하며 그때 포기나누기를 해서 증식시킨다. 어디서든 볼 수 있는 평범한 풀이기는 하나 산지에 따라 변화가 많아 여러 가지를 수집해보면 꽤 흥미롭다.

• 어린 잎과 줄기는 나물로 먹는다.

좀씀바귀

Ixeris stolonifera A. GRAY | 국화과

특징　줄기가 땅 위로 종횡으로 기어다니듯 뿌리를 내려 무성하게 자라는, 몸집이 부드러운 숙근성의 풀이다. 잎은 둥근형 내지 계란형으로 긴 잎자루가 있으며 잎 사이에서부터 꽃자루를 내밀어 민들레와 흡사한 노란꽃이 핀다. 길가에 핀 것은 그 나름대로의 아름다움이 돋보이지만 일단 밭에 침입하면 좀처럼 제거할 수 없는 강인한 잡초로 둔갑하고 만다. 그러나 그 땅속줄기는 씀바귀와 함께 산채나물로서 호식가의 구미를 돋운다.

개화기　5~7월

분포　전국에 분포하며 시골의 길가를 비롯하여 밭이나 논두렁 등에 흔히 난다.

재배　산모래를 써서 지름이 15cm쯤 되는 분에 5~6포기 정도의 묘를 물이 잘 빠질 수 있는 상태로 심어준다. 묘는 이른 봄부터 꽃자루가 아직 나타나지 않는 시기에 심도록 한다. 강인한 풀이므로 거름을 많이 줄 필요가 없으며 표준보다 묽게 만든 거름을 한 달에 두 번 정도만 주면 된다. 생육 기간 내내 충분히 햇빛을 쪼일 수 있게 하며, 흙이 약간 마른 상태를 지속할 수 있도록 물 관리를 해준다. 증식은 갈아심을 때에 포기나누기를 실시한다. 워낙 크게 번져나가므로 뜰에 심어 가꾸는 것은 피하는 것이 좋다.

• 어린순과 줄기는 나물로 먹는다.

중무릇

Gagea lutea KER-GAWL | 백합과

특징　이른 봄 꽃자루와 한 장의 잎이 자라 7~8송이의 노란꽃이 핀다. 꽃자루의 상단부에 두 장의 잎이 붙어 있는데 이것은 꽃봉오리를 보호하기 위한 포엽(苞葉)용으로 참된 잎은 아니다. 꽃이 지고 나면 잎이 길게 자라는데 다 자라도 그 길이는 20cm밖에 되지 않는다. 가련한 숙근성의 풀로서 비슷한 종류로 애기중무릇과 반도중무릇이 있는데 반도중무릇은 북한에서만 난다.

개화기　3~4월

분포　극히 한정된 지역에서만 나며 경기도 가평군과 광릉에서만 볼 수 있다. 산이나 들판의 양지바른 풀밭에 난다.

재배　땅에 심어 가꾸는 것이 안전하다. 물이 잘 빠지는 곳이나, 여름철에는 나무나 키가 큰 풀로 인해 그늘이 지는 자리에 심어 가꾸어야 한다. 분 가꾸기의 경우에는 산모래에 부엽토를 20%쯤 섞은 흙으로 심어준다. 과습 상태에 빠지는 일이 없도록 물 관리를 잘해주어야 한다. 꽃이 핀 뒤에는 잎이 쉽게 말라 죽는데, 그 짧은 기간에 물거름을 일주일 간격으로 3~4회 주어 이듬해를 위한 힘을 키워주어야 한다.

• 비늘줄기는 약용한다.

피나물 노랑매미꽃

Hylomecon vernale MAX | 양귀비과

특징　숙근성의 풀로서 줄기는 없고 긴 잎자루의 끝부분에 5매의 작은 잎으로 구성된 두 장의 잎을 가진다. 작은 잎은 넓은 계란형 또는 긴 타원형으로 가장자리에 작은 톱니가 있다. 키는 30cm 안팎이고 잎자루를 꺾으면 붉은 즙이 스며나오는데 이로 인해 피나물이라는 이름이 붙여졌다. 봄에 두장의 잎 사이로 짧은 꽃대가 자라 네 개의 꽃잎으로 이루어진 노란꽃이 한 송이 핀다. 노랑매미꽃또는 봄매미꽃이라고도 한다.

개화기　4~5월

분포　중부 지방과 북부 지방에 분포하는데 산속의 나무 그늘 등 음습한 자리에 난다.

재배　땅에 심어 가꾸고자 할 때에는 바람이 덜닿는 반 그늘로 부식질이 많이 섞여 있는 땅을 골라 심어야 한다. 분 가꾸기의 경우에는 모래에 3분의 1 정도의 부엽토를 섞은 가벼운 흙으로 심어준다. 거름은 매달 한 번씩 분토 위에 깻묵가루를 놓아준다. 몸 전체가 부드러워 분토가 마르면 쉽게잎이 상해버린다. 그러므로 물을 충분히 줄 필요가있으며 꽃이 필 때까지는 햇빛을 충분히 쪼이고 그이후로는 그늘 진 자리로 옮겨 가꾸어야 한다.

• 독성이 좀 있으나 봄철에 나물로 식용하며 풀 전체를 약용한다.

각시둥굴레

Polygonatum humile FISCH | 백합과

특징　깊은 산 그늘진 곳에 나는 숙근초이다. 높이 7~30cm로 자라며 줄기에는 모가 져 있다. 잎은 긴 타원형인데 끝부분이 둥글고 서로 어긋나게달린다. 통형(筒形)인 꽃은 길이 10~15mm 정도로 흰빛을 띤 초록색이며, 끝부분은 여섯 갈래로약간 벌어지면서 갈라져 초록빛으로 물든다. 잎겨드랑이마다 한 송이의 꽃이 늘어져 피는 모습이 가련하고 청초한 느낌을 준다.

개화기　5~6월

분포　남부와 중부 및 북부 지방에 난다.

재배　흙은 가리지 않으나 물 빠짐이 좋아야 한다. 그러나 배양토가 심하게 마르는 일이 생기지않도록 관리해줄 필요가 있다. 원래 깊은 산 수림속에서 나는 풀이므로 반그늘에서 가꾸는 것을 잊지 않도록 한다. 포기가 늘어나면 얕고 넓은 분에약간 높게 심어주는 것이 보기 좋다. 자라는 힘이강하기 때문에 가꾸기 쉬우며 거름을 좋아한다. 증식시키기 위해서는 3월 하순에 얽혀 있는 근경(根莖)을 풀어 알맞게 갈라서 심는다. 토막난 근경도잘 발아하는 습성을 가지고 있다.

• 어린 잎과 줄기는 나물로 먹는다.

개산꿩의다리

Thalictrum tuberiferum MAX | 미나리아재비과

특징 개삼지구엽초라고도 부르는 숙근성의 풀이다. 잎은 두세 번 세 잎씩으로 갈라지는데 흰 가루를 쓰고 있기 때문에 은빛을 띤다. 잎 가장자리에는 거친 톱니가 있다. 꽃잎은 없으며 꽃처럼 보이는 것은 희고 굵은 수술로서 이것이 많이 뭉쳐 방사형으로 펼쳐진다. 우리나라에는 약 20가지의 꿩의다리류가 자생하고 있다.

개화기 5~8월

분포 전국 각지의 산 속 수림 밑에 난다.

재배 분재용 산모래와 왕모래 흙을 같은 비율로 섞어 심고 생육 기간 중 달마다 한 번씩 깻묵가루를 분토 위에 조금씩 뿌려주면 잘 자란다. 키를 작게 가꾸려면 봄과 가을에 한 번씩만 깻묵가루를 뿌려준다. 과습을 피하고 알맞은 습기를 유지하는 한편 양지바르고 바람이 잘 닿는 자리에서 가꾼다. 포기나누기는 갈아심기를 겸해서 실시하며 여름만 피하면 생육 기간 중 언제든지 행할 수 있다. 토양 수분이 윤택하고 유기질이 많이 섞인 땅에서 잘 자라는 성질을 가지고 있다. 그러므로 뜰에 심어 가꾸고자 할 때에는 구덩이 속에 퇴비를 충분히 넣고 심는 것이 좋다.

갯방풍

Glehnia littoralis SCHMID | 미나리과

특징 갯향미나리라고도 하는 숙근초로서 해변가 모래 언덕에 나며 굵고 긴 땅속줄기를 가지고 있다. 몸 전체에 담갈색의 부드러운 털이 밀생한다. 잎은 넓은 소엽으로 이루어진 우상복엽(羽狀複葉)으로 두껍고 윤기가 난다. 줄기 끝에 작고 흰 꽃이 뭉쳐 핀다. 꽃이 피고 난 뒤 6~8m 크기의 씨가 생겨나 보랏빛을 띤 갈색으로 물들어 꽃보다도 더 아름답다.

개화기 5~8월

분포 제주도를 비롯한 전국 각지의 해변 모래 언덕에 난다.

재배 사질(砂質)의 흙이 좋으나 별로 토질을 가리지 않으며 통기성이 좋은 깊은 토분에 물 빠짐이 잘 되도록 심어준다. 햇빛이 잘 닿는 자리에 두고 하루 한 번 흠뻑 물을 준다. 그러나 지나치게 습하면 쉽게 뿌리가 썩으므로 주의한다. 거름은 잘 썩은 깻묵덩어리를 밑거름으로 넣어주고 달마다 두어 번씩 하이포넥스를 묽게 탄 물을 준다. 병해충의 피해는 별로 심하지 않으나 주기적인 약제 살포가 필요하다. 증식을 위해서는 여문 씨를 채취 즉시 모래에 뿌려 가꾸어나간다.

• 홍자색 잎자루는 생선회를 싸서 먹는다. 뿌리는 감기, 두통의 약재로 사용한다.

갯장대

Arabis japonica var. stenocarpa NAKAI | 배추과

특징　2년생 풀로 30cm 정도의 높이로 자란다. 땅에 붙어 있는 잎은 두텁고 주걱과 비슷하게 생겼으며 줄기에 붙어 있는 잎은 계란형 또는 긴 타원형으로 밑동이 줄기를 감싸고 있다. 봄철에 줄기 끝에 짤막한 꽃이삭을 형성하여 흰 십자형의 꽃이 많이 뭉쳐 핀다.

개화기　4~5월

분포　제주도와 남부 지방의 해변 모래밭에 난다.

재배　땅에 심어 가꿀 때에는 양지바른 자리를 골라야 하며, 잎에 흙이 묻으면 말라 죽어버리므로 빗방울에 의해 흙이 튀기는 일이 없도록 주의한다. 분 가꾸기의 경우에는 얕은 분을 써서 산모래에 잘게 썬 이끼를 20% 정도 섞은 흙으로 심는다. 흙 속에 밑거름으로 깻묵가루를 소량 섞어주는 것이 좋으며, 생육 기간 중 일주일에 한 번씩 하이포넥스의 묽은 수용액을 준다. 그러나 여름철에는 거름주기를 중단하는 것이 안전하다. 물은 하루 한 번, 겨울에는 일주일에 한 번 정도 주면 된다. 햇빛을 충분히 쪼여야 하나 한여름에는 반 그늘진 곳으로 자리를 옮겨주는 것이 좋다. 번식은 씨뿌림과 꺾꽂이에 의한다.

거제딸기

Rubus tozawaii NAKAI | 장미과

특징　낙엽이 지는 키 작은 관목인데 줄기가 푸르기 때문에 풀처럼 보인다. 줄기와 잎자루에는 작은 가시가 돋쳐 있고 잎은 계란형으로 세 갈래 또는 다섯 갈래로 얕게 갈라진다. 잎 가장자리에는 많은 톱니가 있고 안팎으로 약간의 잔털이 난다. 꽃은 잎겨드랑이에 한 송이 피며 모양이 희고 깨끗하다. 열매는 나무딸기의 그것과 흡사하며 먹을 수 있다.

개화기　4~5월

분포　경남 거제도와 전남 거문도에만 분포하며 해변의 산지 숲속에 난다. 그러므로 일명 거문도딸기 또는 거제문딸기라고도 부른다.

재배　산모래에 부엽토를 20% 정도 섞은 흙을 사용한다. 땅속줄기는 뻗는 성질이 있으므로 얕고 넓은 분에 심는 것이 좋다. 봄가을에는 충분히 햇빛을 보이되 석양은 가려주어야 하며, 한여름에는 그늘진 곳으로 자리를 옮겨준다. 거름은 깻묵가루를 매달 한 번씩 분토 위에 놓아주고, 물은 표준보다 다소 많이 주어야 한다. 땅속줄기 끝에서 움이 돋아나 무성해지므로 2년에 한 번씩 포기나누기를 겸해 갈아심어준다.

• 열매는 식용한다.

고광나무

Philadelphus schrenkii RUPR | 범의귀과

특징　줄기는 여러 갈래로 갈라져 많은 잔가지를 형성하며 높이 2m 정도로 자라는 낙엽 관목이다. 어린 가지에는 잔털이 많이 난다. 잎은 타원형 내지는 긴 계란형으로서 가장자리에는 미세한 톱니가 있다. 크기는 3~5cm로 서로 어긋나게 자란다. 가지마다 직경 3cm 정도의 매화꽃과 비슷하게 생긴 꽃이 5~10송이 뭉쳐 핀다. 흡사한 종류로 각시고광나무가 있다.

개화기　4~5월

분포　전국 각지의 산지, 특히 토양 수분이 윤택한 골짜기의 양지바른 곳에 난다.

재배　물 빠짐만 좋으면 어떤 흙이라도 무방하며 나무가 작아도 꽃이 잘 피므로 가꾸기가 수월하다. 분에 심을 때에는 가루를 뺀 분재용 모래를 쓰는 것이 좋다. 거름은 깻묵덩어리 거름을 분토 위에 알맞은 간격으로 두세 개 놓아주고 달마다 새로운 것으로 갈아주도록 한다. 물은 조금씩 주면서 가꾸어야 한다. 가지가 힘차게 자라날 때는 아래쪽의 눈을 두세 개만 남겨두고 쳐낸다. 증식시키기 위해서는 그 해에 자란 어린 가지를 꺾꽂이한다.

• 어린 잎은 식용한다.

고산봄맞이꽃

Androsace lehmannina SPRENG | 앵초과

특징　고산지대의 바위 위나 바위틈에 나는 키 작은 숙근성의 풀이다. 온몸에 잔털이 나 있으며 뿌리줄기가 뻗어나가면서 새로운 포기를 만든다. 줄기는 밑동에서 갈라지며 마디마다 피침형의 작은 잎이 둥글게 배열된다. 꽃대의 길이는 3~5cm로서 그 끝에 지름 5~6mm의 흰 꽃이 2~5송이 핀다. 고산식물다운 가련한 운치를 풍긴다.

개화기　5~7월

분포　북부 지방에만 분포하며 고산의 양지바른 바위틈 등에 난다.

재배　자생지의 환경을 감안하여 산모래에 잘게 썬 이끼를 약간 섞은 흙으로 얕고 작은 분에 심어 가꾼다. 꽃이 필 때까지는 양지바른 자리에서 가꾸고 여름에는 반 그늘로 옮겨주어야 한다. 물은 아침에 한 번 주는데 한여름에는 저녁에 다시 한 번 가볍게 잎을 적셔준다. 고산식물 가운데서도 특히 가꾸기 어려운 종류의 하나로 꼽히므로 거름 주기에도 신경을 쓸 필요가 있다. 봄가을에는 2,000배 정도로 아주 묽게 탄 하이포넥스를 월 2~3회 준다. 한여름에는 더위로 인해 풀의 생육 기능이 쇠약해지므로 거름을 주어서는 안 된다.

광대수염

Lamium album var. barbatum FR. et SAV | 꿀풀과

특징 숙근성의 풀로서 줄기에는 네 개의 모가 있고 높이 30~50cm 정도로 자란다. 마디마다 계란형의 두터운 잎이 마주나며 약간 보랏빛 기운이 감돈다. 줄기 끝에서 가까운 잎겨드랑이에 길이 2cm 정도의 입술형의 꽃이 돌아가면서 4단 내지는 5단으로 핀다. 꽃의 빛깔은 흰 것에서부터 연분홍빛까지 여러 가지가 있다. 꿀풀과 같은 과에 속하므로 서로 흡사한 점이 있다.

개화기 4~6월

분포 전국 각 지역의 야산과 풀밭, 냇가 등에서 흔히 난다.

재배 땅에 심어 가꿀 때에는 햇빛이 잘 닿고 습기가 윤택한 자리를 골라 심는다. 분 가꾸기의 경우에는 물이 잘 빠지는 흙으로 심어 양지바른 곳에서 가꾼다. 물은 보통으로 주되 과습 상태가 되지 않도록 주의한다. 포기나누기는 10월경에 갈아심기를 겸해서 실시한다. 씨뿌림은 해토(解土) 직후에 실시하는 것이 좋다.

• 어린순을 나물로 먹는다. 꽃은 자궁질환, 비뇨기 질환, 생리 불순 등에 쓰인다.

꽃황새냉이

Cardamine amaraeformis NAKAI | 배추과

특징 숙근초로서 줄기는 20m 정도의 높이로 자라며, 땅 위로 기는 줄기를 가지고 있다.
잎은 홀수의 작은 잎에 의해 구성되는 깃털 모양이다. 잎 가장자리에는 거친 톱니가 나 있다.
꽃은 줄기 끝에 술모양을 이루는데 하나하나의 꽃은 배추꽃과 같은 생김새를 가졌고 색채는 희다.
비슷한 종류로 황새냉이가 있다.

개화기 5~7월

분포 전국적인 분포를 보이며 산지의 양지바른 물기가 있는 곳에 난다.

재배 산모래에 부엽토를 30% 정도 섞은 흙으로 심는다. 봄가을에는 햇빛을 잘 보여주고 한여름에는 반그늘로 옮겨 가꾼다. 거름은 월 2~3회 물거름을 주고 물은 하루 한 번 아침에 흠뻑 주는데 한여름에는 분토의 건조 상태를 살펴 저녁에 다시 한 번 주어야 하는 경우가 많다. 2~3년에 한 번꼴로 갈아심어야 하며 그 시기는 이른 봄이 무난하다. 증식은 포기나누기와 씨뿌림으로 하는데 포기나누기는 갈아심을 때 실시한다. 씨뿌림은 씨가 익는 대로 채종하여 바로 분에 담은 흙에 뿌려 마르지 않게 관리해준다.

• 어린 식물체를 나물로 먹는다.

꿩의바람꽃

Anemone raddeana REGEL | 미나리아재비과

특징 높이 10~15cm로 전체적으로 부드러운 느낌이 나는 숙근초이다. 포엽(苞葉)의 한가운데로부터 꽃대를 신장시켜 10매 정도의 꽃잎으로 이루어진 흰꽃이 한 송이 피어나는데, 꽃잎의 뒷면은 엷은 보랏빛을 띤다. 잎의 생김새는 매발톱꽃의 그것과 흡사하다. 뿌리는 갈색을 띤 방추형으로 연뿌리를 작게 한 것과 같은 생김새를 가졌다. 우리나라에는 외대바람꽃을 비롯하여 쌍둥이바람꽃, 세바람꽃, 민꿩의바람꽃 등 약 10가지의 바람꽃이 있다.

개화기 3~5월

분포 중부와 북부 지방의 산 속 낙엽활엽수림 밑에서 자란다.

재배 흙은 여름이 시원한 지역에서는 부엽토와 산모래를 7:3의 비율로 섞은 흙을 쓰고, 무더위가 심한 지역의 경우에는 이와 반대되는 비율로 섞은 흙을 쓴다. 흙을 분 속에 수북이 쌓아올려 그 위에 얕게 심어주면 잘 자란다. 충분한 물 주기와 열흘마다 물거름 주기를 되풀이하면서 가끔 나뭇재를 물에 타서 준다. 봄에는 약한 햇빛을 쪼이게 해주고 초여름부터는 나무 그늘 등 반 그늘진 자리로 옮겨준다. 증식시키기 위해서는 씨뿌림하는 것이 좋으며 완전히 여물기 전에 따서 바로 모래에 뿌리면 잘 싹튼다. 바람꽃류는 옮겨 심는 것을 싫어한다는 것에 유의한다.

나도개별꽃

Pseudostellaria heterantha PAX | 석죽과

특징 높이 10~15cm 정도 되는 숙근초로서 뿌리는 방추형으로 곧게 땅 속으로 신장한다. 잎은 서로 마주나며 아랫잎은 주걱꼴이나 도피침형(倒披針形)이고 위쪽의 잎은 도피침형 내지 계란형이다. 봄에 잎겨드랑이에서 1~3개의 꽃대가 자라 꼭대기에 다섯 매의 흰 꽃잎으로 이루어진 꽃 한 송이가 핀다.

개화기 4~6월

분포 전국에 자생하는데 주로 산지의 숲속에 난다.

재배 물 빠짐이 좋으면서도 보수력이 좋은 흙은 써야 하므로 흙은 가루를 뺀 분재용 산모래에 부엽토를 20% 정도 섞어 쓴다. 가꾸는 자리는 바람이 잘 닿고 봄가을에는 햇빛을 충분히 쪼일 수 있는 곳이라야 하나, 한여름에는 반 그늘진 자리로 옮겨주어야 한다. 물은 보통으로 주면 되는데 그 표준은 봄가을에는 하루 한 번, 여름에는 저녁에 다시 한 번 준다. 거름은 깻묵의 덩어리거름이나 가루를 분토 위에 놓아준다. 또는 하이포넥스를 묽게 탄 것을 물 대신 주는데 한여름에는 중단한다.

• 어린 잎과 줄기는 나물로 하며, 크게 자란 것은 위장약으로 쓰인다.

남산제비꽃

Viola albida var. chaerophylloides MAEGAWA |
제비꽃과

특징 산의 밝은 숲속에 나는 숙근성의 키 작은 풀이다. 잎은 단풍나무 잎처럼 다섯 갈래로 갈라지는데 갈라진 잎은 다시 가늘게 갈라진다. 꽃은 흰빛으로 약간의 보랏빛 줄이 생기기도 한다. 서울의 남산에 많이 나기 때문에 남산제비꽃이라는 이름을 갖게 되었다.

개화기 4~6월

분포 남부와 중부 지방에 분포하며 산의 밝은 숲속에 난다.

재배 뜰에 심고자 할 때에는 양지바르고 물이 잘 빠지는 자리를 골라 심어야 한다. 분 가꾸기를 할 때에는 분 속에 왕모래를 깔아 물이 잘 빠질 수 있게 하고 가루를 뺀 산모래로 심는다. 물은 다소 적게 주어 흙이 약간 마르도록 하는 것이 좋으며 햇빛이 잘 닿는 자리에서 가꾼다. 거름은 무더운 여름철을 제외하고 달마다 2~3회 묽은 물거름을 준다. 뿌리가 잘 무성하므로 2년마다 한 번씩 갈아심어주어야 한다. 갈아심는 시기는 꽃이 피고 난 뒤 또는 가을철이 좋으며 흙을 털어 묵은 뿌리를 다듬고 긴 뿌리는 짧게 잘라 새로운 흙으로 심어준다.

냉이

Capsella bursa-pastoris var. triangularis GRUN |
배추과

특징 나생이 또는 나숭게라고도 부르는 2년생 풀로 길가나 밭 주변, 풀밭 등에서 흔히 볼 수 있다. 키는 30cm 안팎이고, 아랫잎은 새의 깃모양으로 깊이 갈라져 땅에 붙어서 방석과 같은 형태를 이룬다. 봄에 희고 작은 십자형의 꽃이 피며, 흔히 이른 봄철 구미를 당기는 나물로 식용한다. 비슷한 종류로서 꽃다지가 있다.

개화기 3~5월

분포 전국 각지

재배 흙은 가리지 않으나 분 가꾸기를 하는 경우에는 다소 물 빠짐이 좋은 흙을 쓰는 것이 좋다. 2년생 풀이기 때문에 해마다 꽃을 보려면 씨뿌림을 계속해야 한다. 씨가 여무는 대로 채취하여 약간 크고 얕은 분에 흙을 담아 씨를 뿌린다. 가을에 어느 정도 크기로 자라면 한 번 솎아내어 적당히 남긴 다음, 이듬해 봄에 다시 한 번 솎아 간격을 조절해준다. 거름으로는 소량의 깻묵가루나 잘 썩은 닭똥을 분토 위에 뿌려주면 된다.

• 어린순은 뿌리와 더불어 이른 봄을 장식하는 산나물이다.

31

노린재나무

Symplocos chinensis f. pilosa HARA |
노린재나무과

특징　가을에 잎이 떨어지는 키 작은 나무이다. 낮은 산의 숲속에서 흔히 볼 수 있으며 5월경에 미색에 가까운 희고 작은 꽃이 가지 끝에 원뿌리형으로 뭉쳐 피고 열매는 가을에 짙은 남빛으로 물든다. 잎은 크기가 4cm 안팎의 계란형으로서 가장자리에는 작은 톱니가 많고 항상 노란빛을 띤다. 꽃과 잎의 조화가 아름답고 가을에 짙은 남빛으로 물드는 열매도 즐길 만하다. 비슷한 종류로 열매가 흰 흰노린재나무, 잎이 작은 좀노린재나무, 까만 열매를 맺는 검노린재나무가 있다.

개화기 5월

분포　전국 각지에 분포하며 산지에서는 도처에서 볼 수 있다.

재배　뿌리가 깊고 거칠기 때문에 살리기가 어렵다. 분에 심어 가꿀 때에는 산모래에 부엽토를 20%가량 섞은 흙을 쓴다. 거름은 착근(着根)된 후부터 매월 한 번씩 깻묵가루를 분토 위에 놓아준다. 봄가을에는 햇빛을 충분히 쪼이게 해주고 한여름에는 반그늘에서 가꾼다. 물 관리는 보통이면 된다. 증식은 씨뿌림으로 하는데 가을에 익은 열매를 거두어 과육을 완전히 제거한 다음, 모래와 섞어 겨울 동안 한 곳에 묻어두었다가 이듬해 봄에 뿌린다.

노루귀

Hepatica asiatica f. acutiloba NAKAI |
미나리아재비과

특징　잎은 뿌리에서 직접 자라며 겨울에도 말라 죽지 않는다. 잎은 얕게 세 개로 갈라져 세모형을 이룬다. 이른 봄에 잎 사이로 꽃대를 신장시켜 지름 1~1.5cm 정도의 꽃이 한 송이씩 핀다. 꽃은 흰빛, 분홍빛, 연보랏빛 등 다양하지만 일반적으로 흰꽃이 가장 많다. 울릉도에는 잎이 보다 큰 왕노루귀가 자생하고 제주도와 남부 지방에는 몸집이 작은 새끼노루귀가 난다.

개화기 3~5월

분포　전국 각지에 나는데 산 속의 낙엽수림 밑에서 볼 수 있다.

재배　여름에 많이 덥지 않은 지방에서는 산모래에 20~30%의 부엽토를 섞은 흙을 쓴다. 그러나 아주 더운 지방에서는 거친 산모래에 10~20%의 부엽토를 섞어 물이 잘 빠질 수 있도록 해서 심는다. 단, 작은 분에 심어 해마다 갈아심을 때에는 부엽토를 섞을 필요가 없다. 꽃이 피고 있을 때 외에는 반 그늘로 옮겨 심하게 마르지 않을 정도로만 물을 준다. 거름은 달마다 한 번씩 깻묵가루를 소량 분토 위에 뿌려주면 된다. 3~4년에 한 번꼴로 포기나누기를 겸해서 갈아심어주면 포기가 젊어져 생육 상태가 좋아진다. 어미포기 밑에 떨어진 씨는 이듬해 꽃필 무렵에 싹이 난다.

• 풀 전체를 약으로 쓴다.

눈범꼬리

Bistorta suffulta GREENE | 마디풀과

특징 숙근초로서 뿌리는 굵고 도톰한데, 이렇게 생긴 뿌리를 근경(根莖)이라 부른다. 가느다란 줄기는 갈라지지 않은 채 높이 20~30m로 자란다. 지표에 자란 잎은 긴 자루를 가지는데, 줄기에 난 잎은 줄기를 감싸면서 서로 어긋난 자리에 붙는다. 잎은 넓은 계란형으로서 길이는 3~9cm 정도이며 얇고 미끈하다. 줄기 꼭대기와 잎겨드랑이에 눈처럼 희고 작은 꽃을 이삭 모양으로 피운다. 꽃잎이 없으며 흰꽃으로 보이는 것은 수술과 암술이 뭉친 것이다. 꽃이삭이 범의 꼬리와 같이 생기고 꽃이 희기 때문에 눈범꼬리라 이름지어졌다.

개화기 5~7월

분포 제주도 한라산의 깊은 숲속에 난다.

재배 알갱이의 굵기가 3~5mm 정도 되는 산모래에 잘게 썬 이끼를 반씩 섞어 물이 잘 빠지도록 심어준다. 반 그늘진 자리에 놓고 다소 많은 양의 물을 주어 가면서 가꾸는데, 물이 잘 빠지지 않을 때에는 뿌리가 썩으므로 주의해야 한다. 기름은 하이포넥스와 같은 물기름을 달마다 2~3회 주는데 무더위가 계속될 때에는 주지 말아야 한다. 2~3년마다 가을에 갈아심어주어야 하며 이때 포기를 나누어 증식시킨다.

단풍딸기

Rubus palmatum f. coptophyllus MAKINO | 장미과

특징 높이 2m 정도로 자라는 낙엽 관목이다. 가지를 잘 치고 가시가 많다. 잎은 깊게 다섯 갈래로 갈라지며 길이는 3~9cm로서 가장자리에 많은 톱니를 가진다. 잎은 긴 자루에 의해 가지 위에 서로 어긋나다. 전 해에 자란 가지의 잎겨드랑이에 직경 3m쯤 되는 흰꽃이 아래로 향해 핀다. 꽃잎은 5매로, 꽃핀 뒤의 열매는 노랗게 물들어 먹을 수 있다.

개화기 4~5월

분포 중부 지방, 특히 충남 안면도에 난다.

재배 분에 심어 가꾸기에는 너무 크므로 땅에 심어 가꾼다. 심는 자리는 되도록 햇빛이 잘 들고 물이 잘 빠지는 자리라야 한다. 구덩이 속에 유기질의 거름을 넣고 심어주면 잘 자란다. 심은 뒤에는 특별한 관리가 필요하다. 다만, 가지가 잘 뻗어나가므로 알맞게 전정해준다. 단풍딸기와 같은 요령으로 심어 가꿀 수 있는 나무딸기로는 멍석딸기, 복분자딸기 등이 있다.

• 노랗게 익은 열매를 식용한다.

돌가시나무

Rosa maximowicziana var. adenocalyx NAKAI |
장미과

특징 양지바른 황무지나 냇가의 풀밭, 바닷가 등에 나는 낙엽성 관목으로 담녹색 줄기는 땅을 긴다. 줄기에는 연분홍빛의 꽤 큰 가시가 나 있다. 잎은 기수우상복엽(奇數羽狀複葉)으로 윤기가 난다. 찔레나무와 흡사하나 꽃이 훨씬 크며 흰꽃잎과 노란 수술의 대조가 매우 아름답다. 홑꽃이기 때문에 더욱 풍부한 야취를 느낄 수 있어서 좋다.

개화기 5~7월

분포 남부 지방과 중부 지방에 난다.

재배 가꾸기 쉬우며 흙은 어떤 것을 써도 무방하나 분 가꾸기를 할 때에는 반드시 물이 잘 빠질 수 있게 심어주어야 한다. 햇빛이 잘 닿는 자리에서 가꾸어야 하며 물은 일반 초화류와 같은 요령으로 주면 된다. 거름으로는 깻묵가루를 봄, 가을에 각 한 번씩 분토 위 서너 군데에 놓아준다. 증식시키기 위해서는 꺾꽂이나 씨뿌림을 한다. 병과 벌레의 피해가 거의 없으며 가지를 다듬어 작은 분재로 가꾸어보는 것도 괜찮다. 분재의 경우 다소 작은 듯한 분이 어울린다. 나무 모양을 잡기 위해서는 가지에 철사를 감아 굽히는 작업과 함께 다듬기 작업도 중요하다. 가지는 과감하게 다듬어준다.

돌단풍 돌나리

Mukdenia rossii var. typica NAKAI | 범의귀과

특징 우리나라와 만주 지방에 나는 숙근성의 풀로 계곡 물가의 암반에 붙어 산다. 오늘날 초물분재로서 산야초 애호가들의 사랑을 받고 있으며, 굵은 뿌리와 줄기가 가로누워 그로부터 많은 잔뿌리가 자란다. 이른 봄 잎이 나기 전 많은 꽃망울을 가진 꽃줄기가 자라며, 그 꽃망울의 끝이 붉게 물든 모습이 매우 아름답다. 줄기는 없고 굵은 뿌리줄기로부터 단풍나무잎과 같이 생긴 잎이 자라며 꽃은 희게 핀다.

개화기 4~5월

분포 중부와 북부 지방의 산 속 계곡 물가의 벼랑이나 암반에 붙어 산다.

재배 암석원의 바위에 붙여 가꾸기에 가장 알맞은 풀이다. 분 가꾸기도 물이 잘 빠질 수 있게 심어주면 굵은 뿌리줄기에서 새 눈이 갈라져 나면서 무성하게 자란다. 말라 죽은 나무 토막에 붙여 가꾸는 것도 보기 좋다. 이때에는 나무 토막 위에 얇게 이끼를 깔고 그 위에 뿌리줄기를 앉힌 후 가느다란 철사나 노끈으로 묶어 달라붙기를 기다린다. 분에 심어 가꾼 것은 해마다 가을에 포기나누기를 겸해 새 흙으로 갈아심는다. 겨울에 얼지 않도록 보호해주면 잘 자라가며 봄가을에는 월 2~3회 하이포넥스를 묽게 타서 주면 좋다.

• 어린 잎과 꽃줄기를 식용한다.

두루미꽃

Majanthemum bifolium SCHMIDT | 백합과

특징 숙근성의 풀로서 땅속줄기는 가늘고 땅 속을 옆으로 뻗어나가면서 가끔 갈라진다. 줄기는 높이 8~20cm로서 가지를 치지 않으며 상단부에 두 장의 하트형의 잎을 가진다. 꽃은 줄기 끝에 이삭 모양으로 뭉쳐 피는데 매우 작으며 네 개의 흰꽃잎으로 이루어져 있다. 이 이름은 두 장의 잎이 펼쳐져 있는 모습을 두루미가 양 날개를 펼친 채 서 있는 모습에 비유해 붙인 것이라고 한다. 비슷한 종류로 큰두루미꽃이 있다.

개화기 5~7월

분포 전국 각지의 깊은 산 속, 침엽수로 이루어진 숲속에 난다.

재배 흙을 가리지 않으나 뿌리가 닿는 부분에는 잔모래를 넣어주고 가급적 얕게 심어준다. 분은 둥글고 얕은 것이 어울린다. 다습해지지 않도록 주의하며 비를 피해주어야 한다. 여름에는 반 그늘진 자리로 옮겨 시원하게 가꾸어준다. 거름은 봄, 가을에만 10일 간격으로 묽은 물거름과 나뭇재를 물에 탄 것을 번갈아가며 준다. 2년에 한 번씩 갈아심어야 하는데, 그 시기는 이른 봄 눈이 움직이기 시작할 무렵이 좋다. 이때 포기를 갈라 증식한다.

둥굴레

Polygonatum japonicum MORR. et DECAIS | 석죽과

특징 굵은 땅속줄기로 늘어나는 숙근초로서 지하경은 식용하기도 한다. 가지를 치지 않으며 줄기는 30~50cm 정도의 높이로 비스듬히 자란다. 줄기의 윗부분은 약간 모가 지는 경향이 있으며 잎은 넓은 계란형으로서 두 줄로 규칙적인 배열을 보인다. 봄에 잎겨드랑이마다 푸른빛을 띤 흰꽃이 두 송이씩 늘어져 핀다. 이 풀의 개량종인 무늬잎둥글레는 정원의 화초로 흔히 재배된다.

개화기 4~5월

분포 울릉도와 남부, 중부 지방 산지의 풀밭에 난다.

재배 추위에 강하며 겨울에는 지상부가 말라 죽고 굵은 땅속줄기가 살아남는다. 어떤 흙에서도 잘 자라고 양지바른 자리와 그늘을 가리지 않는다. 심는 작업은 이른 봄이나 늦가을에 행한다. 분 가꾸기의 경우 산모래에 부엽토를 30% 정도 섞어 해토 직후 5~10개의 눈을 심어준다. 눈이 움직일 때까지 추운 곳에서 낙엽이나 짚으로 덮어두면 눈이 고르게 움직여 생육 상태가 좋아진다. 늘어나는 속도가 비교적 빠르므로 2~3년에 한 번은 포기나누기를 겸해 갈아심어줄 필요가 있다. 어린 잎은 나물로 한다.

• 뿌리잎은 약용하고 전분을 채취하여 식용한다.

둥근잎조팝나무 _{둥근조팝나무}

Spiraea betulifolia PALL | 조팝나무과

특징 높이 1m 안팎으로 자라는 낙엽 관목이다. 줄기는 미끈하나 오래되면 나무 껍질이 세로로 갈라져 떨어져나간다. 잎은 둥근 꼴 내지는 타원형으로 길이 2~4.5cm이고 두터우며 뒷면은 흰빛을 띤다. 그 해에 자란 잔가지 끝에 직경 1cm쯤 되는 작은 흰꽃이 많이 뭉쳐 핀다. 우리나라에는 약 20개의 조팝나무가 나는데 모두 가련한 꽃을 피워 감상 가치가 높다.

개화기 5~6월

분포 중부 지방에 분포하며 산지의 양지바른 곳에 자리한 바위틈에 즐겨 난다.

재배 흙은 산모래에 약간의 부엽토를 섞어 나무의 크기에 어울리는 분을 골라 물이 잘 빠질 수 있는 상태로 심어준다. 분은 얕은 것이 나무의 생김새와 잘 어울리며 심은 뒤에는 쓰러지지 않게 끈으로 분과 함께 묶어준다. 지나치게 가지가 자라는 나무는 아담하게 가지를 다듬어주는 것이 좋다. 그러면 움이 잘 돋아나 분재로 키울 수도 있다. 진딧물이나 흰가루병이 생기기 쉬우므로 주기적으로 약제를 살포한다. 봄가을에는 햇빛을 충분히 쪼이고 여름에는 반 그늘진 자리로 옮겨준다. 물은 하루 한 차례 보통으로 주고 거름으로는 깻묵가루를 매달 한 번씩 분토 위에 뿌려준다. 갈아심기는 2~3년마다 실시한다.

둥근털제비꽃

Viola teshioensis MIYABE. et TATEWAKI | 제비꽃과

특징 숙근초로서 줄기는 서지 않으며 온몸에 잔 털이나 있다. 뿌리줄기는 다른 제비꽃에 비해 굵고 길다. 잎은 긴 자루를 가지고 있으며 하트형에 가까운 넓은 계란형이다. 잎 가장자리에는 무딘 톱니가 있고 꽃이 핀 뒤 잎자루가 길게 자라 20cm 정도의 높이를 가진다. 짧고 허약한 꽃줄기를 신장시켜 흰꽃을 피운다.

개화기 4~5월

분포 울릉도를 비롯하여 전국 각지에 고루 분포하는데 제주도에서는 볼 수 없다. 산중턱의 수림 속 밝은 자리에 집단적으로 난다.

재배 산모래에 잘게 썬 이끼를 조금 섞은 흙으로 물이 잘 빠질 수 있게 심어준다. 심는 자리는 양지바른 자리가 아니라도 밝은 그늘이라면 충분히 자랄 수 있다. 그러나 햇빛을 쪼이면 몸집이 작아져 보기 좋고 꽃도 많이 핀다. 물은 하루 한 번 흠뻑 주면 되고 거름은 월 2~3회 물거름을 준다. 여름철 고온 다습한 환경에서는 병충해를 입는 경우가 많으므로 자주 살펴주어야 한다. 증식은 씨뿌림에 의하는 것이 좋으며 입자가 작은 산모래에 뿌려 가꾼다.

띠

Imperata cylindrica var. koenigii DURAND. et SCHINZ | 벼과

특징　군생하는 습성이 있으며 초여름에 은빛 꽃이삭이 바람에 나부끼는 모양이 매우 아름답다. 희고 마디를 가진 뿌리줄기가 사방으로 뻗어나가며 증식한다. 높이 30~50 cm 정도로 자라며 줄기는 곧게 서는데 마디 부분에는 잔털이 나 있다. 잎은 벼잎처럼 길쭉하고 빳빳하다. 초여름에 흰 털이 밀생한 꽃이삭이 핀다.

개화기　5~6월

분포　전국 각지의 풀밭에 난다.

재배　물 빠짐이 좋아야 잘 자라므로 미립자의 가루를 뺀 분재용 산모래로 심는다. 갈아심기는 가을에 하는 것이 좋다. 분에서 뽑아 흙을 털어버린 다음 눈을 가진 뿌리줄기를 두세 마디의 길이로 잘라 중간 정도의 깊이를 가진 큰 분에 5~6개를 심어준다. 워낙 강인한 풀이므로 봄에 눈이 약간 자란 뒤에도 갈아심을 수 있다. 분의 형태는 둥근 것이 무난하다. 햇빛을 좋아하므로 양지바른 자리에서 가꾸어야 하며 물은 심하게 마르는 일이 생기지 않을 정도로만 주면 된다. 거름은 닭똥이나 묽은 물거름을 가끔 준다.

• 어린 꽃이삭은 식용할 수 있으며, 뿌리줄기는 이뇨 및 지혈제로 사용한다.

머위

Petasites japonicus MAX | 국화과

특징　암꽃과 수꽃이 각기 다른 포기에 피는 숙근초로서 이러한 현상을 자웅이주(雌雄異株)라고 한다. 짧은 뿌리줄기를 가졌으며 이로부터 땅속가지를 내서 번식되어 나간다. 잎은 꽃이 피고 난 뒤 뿌리줄기에서 직접 자라며 땅 위에는 줄기가 없다. 잎은 둥근형에 가까운 콩형으로 길이 15~30m에 이른다. 이른 봄에 뿌리줄기에서 꽃줄기가 나온다. 꽃줄기는 크고 비늘잎처럼 생긴 포엽을 많이 가지고 있는데 암꽃의 경우에는 꽃이 피고 난 뒤 꽃줄기가 신장하여 30cm 정도의 높이가 된다. 수꽃은 노랑빛을 띤 흰꽃이고 암꽃은 희게 핀다.

개화기　4~5월

분포　제주도와 울릉도, 남부 지방에 분포한다. 주로 산지와 길가 등에 난다.

재배　흙은 가루를 뺀 산모래를 쓴다. 이른 봄에 흙 위로 나타나는 꽃줄기가 아름답다. 작은 분에 심어 가꿀 때에는 꽃줄기가 자라기 어려우므로 땅에 심어 가꾸어 초겨울에 꽃줄기가 나타난 뒤 분에 올려 감상한다. 꽃이 지고 나면 분에서 뽑아 밭으로 옮겨 가꾼다. 물로만 가꾸다가 꽃이 핀 뒤 거름을 준다. 해마다 밭으로 옮겨 심을 때 포기나누기로 증식시킨다.

• 잎자루를 식용하고 어린 싹을 기침약으로 쓴다.

물냉이

Rorippa nasturtium BECK | 배추과

특징　물 속에 나는 숙근성의 풀로 원산지는 유
럽이나 지금은 우리나라 전국 각지의 계곡 물가에
서 볼 수 있다. 연하고 속이 빈 줄기의 마디마다 흰
수염과 같은 뿌리가 나고 가지를 치면서 늘어난다.
잎은 찔레나무잎처럼 3~7개의 작은 잎으로 구성
되는 깃털 모양의 복엽이다.
초여름에 가지 끝에 냉이꽃과 비슷하게 생긴 작고
흰꽃이 뭉쳐 핀다. 맑은 물이 흐르는 계곡 물가에
서 큰 군락을 이루어 흰꽃이 일제히 피어나는 모습
이 일대 장관을 이룬다.

개화기　4~5월

분포　전국 각지의 맑은 물이 흐르는 계곡에서
난다.

재배　맑은 물이 흐르는 자리가 아니면 자랄 수
없으나 조금만 키운다면 수조에서도 가꿀 수 있
다. 이 경우 물을 자주 갈아 청결을 유지해주어야
한다. 거름도 월 2~3회 하이포넥스를 묽게 탄 것
을 수조에 부어준다. 실내에서 가꾸면 겨울에도 성
싱한 잎사귀가 계속 자란다. 증식은 흰 수염과 같
은 뿌리를 가진 줄기를 잘라내어 새로운 수조에 담
가주면 된다. 연못이 있는 집이라면 연못가에 심어
가꿀 수 있다.

미나리냉이

Cardamine leucantha SCHULTZ | 배추과

특징　산골짜기나 냇가의 풀밭에 나는 숙근성의
풀이다. 50cm 정도의 높이를 가진 줄기의 꼭대기
에 유채꽃 모양의 흰꽃이 핀다. 잎은 5~7매의 작
은 잎으로 갈라져 앞뒤에 잔털이 나 있다. 군락을
이루어 일제히 꽃이 필 때 아름답다.

개화기　4~6월

분포　전국 각지의 산이나 냇가의 수분이 윤택한
자리에 난다.

재배　흙은 분재용의 산모래를 쓴다. 분은 지름
과 깊이가 18~20m 정도 되는 것이 좋다. 2~3년
동안 그대로 가꾸면 키가 작아지면서 분 가장자리
로 치우쳐 자란다. 이러한 상태가 되면 이듬해 봄
에 갈아심기를 하여 몇 개의 눈을 모아 분 가운데
에 심어주면 20~30m 정도의 높이로 자라 분과
잘 어울린다. 나비의 애벌레와 진딧물이 붙기 쉬우
므로 주기적으로 살충제를 뿌려주는 것이 좋다. 거
름은 달마다 한 번 깻묵가루를 큰 숟갈로 하나씩
분토 위 서너 군데에 갈라 놓아주면 된다. 양지바
른 자리에서 분토를 지나치게 말리는 일만 없도록
관리하면 아름다운 꽃을 마음껏 즐길 수 있다.

• 어린 식물체는 나물로 먹는다.

바위말발도리

Deutzia prunifolia REHD | 범의귀과

특징 습기 많은 바위틈에 나는 낙엽성의 작은 관목이다. 밑동으로부터 줄기가 여러 갈래로 갈라져 잔가지를 많이 친다.
잎은 계란형 또는 타원형으로서 길이는 3~4cm이다. 마디마다 2장의 잎이 마주나며 앞뒷면에 많은 잔털이 나 있고 가장자리에는 작은 톱니가 나 있다. 새로 자란 가지 끝에 매화꽃처럼 생긴 흰꽃이 여러 송이 뭉쳐 핀다. 비슷한 종류로서 댕강목과 물침대가 있다.
개화기 4~5월
분포 전국에 분포하며 계곡 물가 바위틈에 난다.
재배 흙은 가루를 뺀 산모래에 부엽토를 20% 정도 섞어서 쓴다. 양지바른 자리에서 가꾸면 잎이 작아져 보기 좋으나 원래 공중 습도가 높고 약간 그늘진 자리에 나는 습성이 있으므로 한여름에는 반그늘로 자리를 옮겨주어야 한다.
거름은 매달 한 번씩 깻묵가루를 분토 위에 놓아준다. 물은 매일 아침 흠뻑 주는데 한여름에는 저녁에 다시 한 번 준다. 증식은 포기나누기와 꺾꽂이에 의하며 꺾꽂이는 이른 봄에 한 해 전에 자란 충실한 가지를 따서 꽂는다. 포기나누기와 갈아심기도 이른 봄에 실시하는 것이 무난하다.

바위취 범의귀

Saxifraga stolonifera MEERB | 범의귀과

특징 상록성의 다년생 풀로 온몸이 털로 덮여 있다. 두터운 잎은 콩팥형으로 가장자리에는 파상(波狀)의 얕은 결각이 있으며 표면에는 뚜렷한 흰 줄무늬가 있는 반면 뒷면은 어두운 붉은빛으로 물들어 있다. 불그스레한 보랏빛을 띤 가느다란 포복경(匍匐莖)이 길게 성장하여 그 끝에 새로운 포기를 만들어 늘어난다.
초여름에 큰 댓자 모양을 한 흰꽃이 무성하게 핀다. 비슷한 종류로서 바위떡풀, 섬바위떡풀, 참바위취, 톱바위취 등이 있다.
개화기 4~6월
분포 일본 전국에 나는 풀인데, 우리나라에 도입되어 도처에서 가꾸어지고 있다.
재배 적응력이 강해 어떤 흙으로도 가꿀 수 있다. 물을 좋아하므로 보통보다 많이 주어야 하나, 물 빠짐을 좋게 하여 과습 상태에 놓이지 않도록 해야 한다. 어디에서도 재배할 수 있으며 겨울에는 흙이 꽤 말라도 죽지 않는다. 주로 흰 줄무늬를 가진 잎이 감상의 대상이므로 하이포넥스의 수용액을 잎에 뿌려주는 것이 좋다. 포복경(匍匐莖) 끝에 새로운 싹이 생겨나므로 이것을 분리하여 쉽게 증식시킬 수 있다. 뜰에서 가꿀 경우, 바위틈이나 연못가에 심는 것이 좋다. 그늘진 곳에 심어도 잘 자라 몇 해 뒤면 그 일대를 푸르게 덮는다.

벼룩나물

Stellaria uliginosa MURR | 석죽과

특징 개비바늘이라고도 하는 2년생 풀로, 밭 주변이나 논두렁, 길가 등 어디서든지 흔히 볼 수 있다. 줄기는 가늘고 20cm 정도의 높이로 자라며 많은 것이 집단을 이루어 자란다. 몸은 연하고 부드러우며 털이 없어서 밋밋하다.
초록빛의 잎과 연분홍빛의 줄기가 조화를 이루며 꽃은 순백색이다. 꽃은 매우 작으나 산뜻하고 가련한 아름다움을 지니고 있다.

개화기 4~5월

분포 전국 각지에 난다.

재배 가을에 씨를 거두어 모아두었다가 이른 봄에 뜰 한 구석이나 물이 잘 빠지는 흙을 담은 분에 씨뿌림한다. 분에 씨뿌림한 경우에는 싹이 트면 양지바른 자리로 옮겨 하루 한 번씩 흠뻑 물을 준다. 거름은 흙에 밑거름이 들어 있으면 줄 필요가 없고, 그렇지 않을 때에는 한 달에 두세 번 하이포넥스를 묽게 타서 준다.
뜰에 직접 씨뿌림했을 때에는 특별히 손질해줄 필요가 없으나 양지바른 자리에 씨뿌림하는 것을 잊지 않는다. 분에 가꾸는 경우에는 봄에 꽃이 피는 다른 산야초를 함께 심어 놓으면 보다 자연의 정취를 느낄 수 있다.

• 어린 식물은 나물로 먹는다.

별꽃

Stellaria medica GYRIL | 석죽과

특징 여러 대의 줄기가 함께 자라 땅 위에 옆으로 누웠다가 윗부분이 비스듬히 일어서는 2년생의 풀이다. 잎은 마디마다 두 장이 마주나며 넓은 계란형으로 가장자리에는 톱니가 없고 길이는 1~2cm쯤 된다. 줄기에는 약간의 털이 나 있으나 잎에는 없다.
꽃은 줄기와 가지의 끝과 잎겨드랑이로부터 자란 짧막한 꽃대 위에 여러 송이가 약간의 간격을 두고 차례로 핀다. 다섯 장의 흰색 꽃잎은 지름이 1cm도 채 못 된다.

개화기 5~6월

분포 제주도를 포함한 전국 각지에 분포하며 산야의 풀밭이나 길가 등에서 흔히 볼 수 있다.

재배 특별히 가꾸어 즐길 만한 종류는 못 되며, 뜰의 양지바르고 토양 습도가 윤택한 자리에 씨를 뿌려 다른 풀들 사이에서 자라는 야생적인 모습을 즐기는 정도이다. 한 번 씨를 뿌리면 그 뒤로는 스스로 떨어지는 씨로 인해 해마다 꽃이 핀다. 또한 분에 심어 가꾼 다른 키 큰 산야초 사이에 씨를 뿌려놓으면 이듬해에 가련한 꽃이 피어 산야초의 운치를 더해준다.

• 어린 잎과 줄기는 나물로 먹는다. 풀 전체를 최유제(催乳劑)로 사용한다.

봄맞이꽃

Androsace umbellata MERR | 앵초과

특징　키가 10cm 정도밖에 되지 않는 아주 작은 1년생 풀이다. 온몸에 잔털이 나 있으며 콩팥형의 작은 잎은 뿌리로부터 자라 둥글게 배열되면서 거의 땅 표면에 붙어 있다.

잎의 크기는 1.5cm 정도이다. 잎 사이에서 네다섯 개의 꽃자루가 자라 그 꼭대기에 3~10송이의 작고 흰 꽃이 핀다. 꽃의 크기는 5mm도 채 못 되며 다섯 갈래로 갈라져 있다. 꽃이 피고 난 뒤 둥근 열매를 맺는다. 보다 작은 애기봄맞이꽃도 있다.

개화기　4~5월

분포　제주도와 울릉도를 제외한 전국에 분포하며 들판의 풀밭 속에 난다.

재배　1년생 풀이므로 가꾸려면 해마다 씨뿌림을 해야 한다. 씨는 익는 즉시 뿌려준다. 거름기 없고 물이 잘 빠지는 흙을 분에 담아 고루 뿌려준다. 씨가 매우 작으므로 흙을 덮지 말고 신문지를 덮어 마르지 않게 보호해준다. 싹이 터서 잎이 두세 장 생겨 날 무렵에 작은 분에 서너 포기씩 옮겨 심는다. 거름은 월 2~3회 묽은 물거름을 주고 한여름에는 반그늘로 옮겨 실하게 자랄 수 있도록 잘 관리한다. 추위가 심해지기 전에 낙엽 속에 묻어 겨울을 나게 하면 이듬해 봄에 꽃이 핀다.

봄범꼬리 이른범꼬리

Bistorta tenuicaulis NAKAI | 여뀌과

특징　굵은 뿌리줄기가 땅 속을 기어나가면서 군데군데에서 잎을 가진 줄기를 내민다. 키는 7~15cm로서 대단히 작으며 잎은 차나무의 그것과 흡사하다.

봄철에 줄기 끝에 분홍빛을 띤 희고 작은 꽃이 이삭 모양으로 뭉쳐 피는데 꽃이삭의 길이는 2~3cm 정도이다. 비슷한 종류로 눈범꼬리라는 것이 있다.

개화기　4~5월

분포　제주도의 산 속 나무 그늘이나 바위 위에 밀생한다.

재배　흙은 가리지 않는다. 줄기 밑동에 있는 감자같이 생긴 뿌리줄기의 반 정도는 흙 위로 자란다. 인위적으로 가꾸면 이 뿌리줄기가 흙 위로 보다 높게 솟아오르는데 지나치게 솟아오르면 풀의 생육 상태가 불량해진다.

그렇다고 깊이 심어주는 것도 좋지 않으며 항상 반 정도만 흙 위로 드러나도록 관리해주어야 한다. 거름은 깻묵가루를 주는 한편 월 1~2회 재를 물에 타서 주면 잎 색깔이 짙어진다. 물은 보통으로 주면 되고 양지바른 자리에서 가꾸다가 꽃이 피고 난 뒤에는 반 그늘진 곳으로 자리를 옮겨준다. 봄에 갈아심기를 할 때 새끼알뿌리를 잘라내 증식시킨다.

산자고

Amana edulis HONDA | 백합과

특징 흔히 물구 또는 물굿이라고 부르며 땅 속에 묻혀 있는 구근을 쪄서 먹는다. 키는 15~30cm 정도로 염교(백합과에 속하는 다년초)와 같은 모양의 구근으로부터 두 장의 길쭉한 잎을 좌우로 신장시킨다. 때가 되면 잎 사이에서 줄기가 자라 젖빛의 넓은 종 모양의 꽃이 피는데 이 꽃은 햇빛을 받을 때에만 활짝 피는 습성을 가지고 있다.

개화기 4~5월

분포 제주도와 남부 지방에도 분포하나 분포의 중심지는 중부 지방이다. 산지의 양지바른 풀밭에 난다.

재배 산성이 강한 흙은 피하는 것이 좋다. 6월로 들어서면 잎이 말라 죽기 시작하므로 꽃이 피고 나면 바로 나무 그늘로 옮겨 잎이 오래 살아 있도록 한다. 거름은 달마다 분토 위에 깻묵가루를 조금씩 놓아준다. 거름을 잘 흡수하는 시기는 잎이 살아 있는 동안이고 잎이 말라 죽은 뒤에는 알칼리성의 흙에서만 흡수한다. 해마다 구근에서 포복경(匍匐莖)이 자라 그 끝에 새로운 구근을 흙 표면 가까이에 만드는데, 이렇게 되면 이듬해에 새로운 구근을 살찌게 해줄 흙이 부족하게 된다. 그래서 새로 형성된 구근을 분의 반 정도 되는 깊이에 자리하도록 해마다 갈아심어야 한다.

• 비늘줄기는 약용하고, 뿌리는 쪄서 먹는다.

산작약 백작약

Paeonia obovata MAX | 미나리아재비과

특징 숙근성의 풀로서 뿌리는 길고 굵다. 줄기는 높이 40cm 정도로 곧게 자란다. 잎은 두 번 세 갈래로 갈라지는 복엽으로, 잎 가장자리는 밋밋하고 잎 뒤는 가루를 발라놓은 듯이 하얗다.

봄에 줄기 끝에 희고 풍만한 꽃이 한 송이 피는데 항상 반 정도만 벌어지고 완전히 벌어지는 일이 없으며 꽃잎은 5~7장이다.

가을에는 열매가 붉게 물들어 갈라지며 속에는 6~7mm 정도의 굵기를 가진 둥근 남빛 씨가 들어 있다. 비슷한 종류로 붉은 꽃이 피는 민산작약이 있다.

개화기 4~5월

분포 제주도를 비롯한 전국 각지에 분포하며 산지의 수림 밑에 난다.

재배 땅에서 가꿀 때에는 반그늘의 나무 밑을 골라 부엽토를 섞어 심는다. 분 가꾸기의 경우에는 깊고 큰 분에 산모래에 40% 안팎의 부엽토를 섞어 심는다. 거름이 많아야 꽃이 잘 피므로 달마다 분토 위에 깻묵가루를 놓아주는 한편, 월 2~3회 물거름을 준다. 가능하면 골분도 놓아주는 것이 좋다. 꽃이 필 때까지는 양지바른 곳에서 가꾸고 꽃이 피면 반그늘로 옮기는데 공중 습도가 높은 곳이 좋다. 포기나누기를 하면 꽃이 잘 안 피므로 가급적 피한다.

• 뿌리는 진통, 진정, 부인병에 쓰인다.

석창포

Acorus graminens SOLAND | 천남성과

특징 숲속의 계곡 물가에 나는 상록성의 다년생 풀이다. 뿌리줄기에는 딱딱한 수염뿌리가 나 있으며, 잎은 뿌리줄기의 끝에 두 줄로 나는데 밑동은 서로 겹쳐 있다. 10~15cm 정도 길이의 잎은 좁은 칼 모양이다. 꽃은 2cm 안팎의 가느다란 막대기와 같은 육수 화서(肉穗花序)를 형성하는데 꽃으로서의 관상 가치는 전혀 없고 잎의 아름다움을 즐기기 위해 가꾼다.

개화기 3~5월

분포 제주도와 다해도의 여러 섬에 분포하며 주로 산지의 숲속 계곡 물가에 난다.

재배 물기를 좋아하므로 흙은 가루를 뺀 산모래에 잘게 썬 이끼를 20% 정도 섞어 쓴다. 분은 작고 얕은 것이 풀과 잘 어울리며 밝은 그늘에서 절대 마르는 일이 없도록 관리한다.

거름은 하이포넥스의 수용액을 월 2~3회 주면 된다. 2~3년 가꾸면 분 하나 가득히 무성하게 자라므로 봄철에 갈아심을 때 포기나누기로 증식시킨다. 연못이 있는 집에서는 연못가에 심어 즐기는 것도 한 방법이다. 단 추운 지방에서는 월동하기가 어려우므로 이 방법은 남부에서만 가능하다.

• 뿌리줄기를 진통, 진정 및 건위제로 사용하며, 목욕탕에서도 사용한다. 예부터 잎에 내린 이슬로 눈을 씻으면 눈이 밝아진다는 설이 있다.

세바람꽃

Anemone stolonifera var. quelpaertensis NAKAI. et KITAGAWA | 미나리아재비과

특징 키 작은 숙근성의 풀이다. 지표 가까이를 굵은 땅속줄기가 옆으로 기어가면서 잎과 줄기를 내민다. 땅속줄기로부터 자라는 잎은 짙은 녹색이고 세 갈래로 갈라진다. 줄기는 15cm 정도의 길이로 자라 두세 개의 꽃자루를 가지게 되는데 꽃자루가 갈라져나가는 자리에만 3매의 잎이 붙어 있다. 꽃은 5~7매의 흰 꽃잎으로 이루어지며 햇빛이 닿아야만 활짝 피고, 흐린 날이나 저녁에는 다물어 버리는 습성이 있다. 바람꽃의 하나로서 꽃이 줄기마다 대개 세 송이씩 피기 때문에 세바람꽃이라 한다.

개화기 3~5월

분포 제주도의 산지에 난다.

재배 여름에 그리 덥지 않은 지역에서는 부엽토와 산모래를 7:3의 비율로 섞어 쓰고, 더운 지역에서는 반대의 비율로 섞은 것을 쓴다. 물은 충분히 주고 봄에는 햇빛이 부드럽게 닿는 곳에서, 초여름부터는 반 그늘진 자리에서 가꾸어준다.

거름을 좋아하는 편이므로 10일 간격으로 물거름을 주는 한편 가끔 재를 물에 타서 주는 것이 좋다. 포기가 커져 분 속 가득 뿌리가 차면 이른 봄에 새로운 흙으로 갈아심어주어야 하는데 이때 포기나누기를 하여 증식시킨다. 씨뿌림을 할 때에는 씨가 여물기 전에 채취하여 모래를 담은 분에 뿌려준다.

솜나물

Leibnitzia anandria NAKAI | 국화과

특징 부시깃나물 또는 까치취라고도 불리는 숙근성의 키 작은 풀이다. 잎은 직접 뿌리로부터 자라 방석 모양으로 둥글게 배열된다. 민들레와 비슷하게 생긴 가장자리에는 약간의 톱니가 있고 뒷면은 흰 털로 덮여 있다. 봄과 가을에 꽃이 피는데 봄에는 민들레와 비슷하게 생긴 흰꽃이 피고 씨는 앉지 않는다. 반면 가을에는 제비꽃의 경우처럼 꽃이 피지 않으면서 씨가 생겨난다. 이러한 현상을 보이는 꽃을 폐쇄화(閉鎖花)라고 한다.

개화기 4~6월 및 10~11월

분포 전국의 산야에 나며 양지바른 자리를 좋아한다.

재배 산모래와 밭 흙, 그리고 부엽토를 잘 섞은 흙으로 물이 잘 빠질 수 있게 심어준다. 햇빛이 잘 쪼이는 자리에서 가꾸어야 하며 여름철에는 특히 흙이 지나치게 말라붙는 일이 없도록 물 관리를 해주어야 한다. 거름은 물거름을 매달 두 번씩 주면 된다.

땅에 심어 가꾸고자 할 때는 햇빛이 잘 들고 모래가 많이 섞인 기름진 땅으로, 물이 잘 빠지는 자리를 골라 심는다. 증식은 포기나누기에 의하는데 이른 봄 갈아심을 때 실시한다.

• 어린 싹은 나물로 먹는다.

솜대

Smilacina japonica A. GRAY | 백합과

특징 숙근성의 풀로서 솜죽대라고도 한다. 땅속줄기는 옆으로 길게 뻗어나 마디마다 뿌리를 내린다. 키는 20~50cm로서 줄기의 밑동은 곧게 서지만 윗부분은 비스듬히 기울고 많은 털이 나 있다.

잎은 두 줄로 서로 어긋나게 붙으며 긴 타원형으로서 약간의 주름이 있고 양면에 털이 난다. 가지를 치지 않으며 줄기 끝에 작고 흰꽃이 많이 모여 핀다. 비슷한 종류로 자주솜대, 왕솜대, 세잎솜대, 민솜대 등이 있으며 세잎솜대와 민솜대는 북한 땅에만 난다.

개화기 5~7월

분포 전국 각지 산지의 숲속에 난다.

재배 산모래에 부엽토를 30%가량 섞은 흙으로 될 수 있는 대로 얕게 심어준다.

물을 보통으로 주고 햇빛을 잘 쪼여주어야 하나, 한여름에는 반 그늘진 자리로 옮겨놓고 물을 약간 적게 주면 열매가 떨어지지 않는다.

이른 봄에 땅속줄기를 갈라내어 증식시킨다. 작고 얕은 분에 가급적 많은 포기를 모아 심어 놓으면 깊은 산 속의 운치를 느낄 수 있다. 가을이면 붉게 물든 열매가 매우 아름답기 때문에 산야초 애호가들의 사랑을 받고 있다.

실꽃풀

Chionographis japonica MAX | 백합과

특징 숙근성의 풀이다. 짧은 뿌리줄기로부터 자라는 잎은 꽃자루를 중심으로 하여 방사형으로 펼쳐지며 초록빛으로 모양이 긴 타원형이다.
5월경 20~30cm 높이로 꽃자루를 신장시켜 그 꼭대기에 작고 흰꽃이 이삭 모양으로 뭉쳐 핀다. 꽃은 가늘고 긴 6매의 꽃잎으로 이루어져 있으며 그중 2매는 다른 꽃잎보다 길이가 짧다. 수술도 6개이고 암술머리는 세 갈래로 갈라져 있다.
개화기 5~6월
분포 제주도에만 분포하는데 산지의 숲속에 난다.
재배 이끼와 산모래를 섞은 흙으로 잔뿌리를 펴서 얕게 심어준다. 분토의 표면이 마르면 물을 흠뻑 주어 흙이 말라붙지 않게 관리해준다.
봄가을에는 오전에만 햇빛을 보여주고 한여름에는 밝은 그늘로 자리를 옮겨준다. 겨울에는 서리를 맞지 않도록 보호해주어야 한다.
거름으로는 매달 한 번씩 깻묵가루를 분토 위에 놓아준다. 뿌리가 상했거나 생기를 잃은 것은 새로운 흙으로 갈아심어주어야 하며, 포기가 늘어나 분에 가득 차면 이른 봄에 포기나누기를 겸해 갈아심는다.

쌍꽃대

Chloranthus serratus ROEM. et SCHUL |
홀아비꽃대과

특징 키가 50cm 정도로 자라는 숙근성의 풀이다. 곧게 자라는 줄기의 끝부분에 두 쌍의 잎이 십자형으로 마주난다. 잎에는 주름이 많고 가장자리에는 극히 작은 톱니가 규칙적으로 배열한다.
꽃은 지름 2~3cm로 아주 작으며 줄기 끝에 형성되는 두 개의 꽃자루에 순백의 꽃이 몇 송이 핀다. 원래 두 개의 꽃자루를 갖는 게 기본이나 실하게 자란 포기의 경우에는 3~5개의 꽃자루를 갖는 경우도 있다. 포기마다 1~2개의 줄기가 서며 군락을 이루지 않는다.
개화기 4~6월
분포 중부 이남의 산지 수림 속에 드물게 난다.
재배 땅에 심어 가꾸기에 알맞은 외모와 성질을 가지고 있으며 반 그늘진 자리에 심어야 한다. 분 가꾸기의 경우에는 뿌리 덩치에 비해 약간 큰 분에 산모래에 20~30%의 부엽토를 섞은 흙으로 심는다. 봄부터 초여름까지는 양지바른 곳에서 가꾸고 그 이후는 반그늘로 옮겨준다.
강한 바람을 가려주고 물은 약간 많다고 생각될 정도로 준다. 분 속 가득 뿌리가 차 물이 잘 빠지지 않는 상태가 되면 뿌리가 썩어든다. 그러므로 이른 봄에 묵은 뿌리를 다듬고 땅속줄기를 옆으로 눕혀 새 흙으로 갈아심는다. 갈아심기는 새 잎이 굳어진 뒤에도 실시할 수 있다.

쌍둥이바람꽃

Anemone rossii S. MOORE | 미나리아재비과

특징　이름대로라면 한 줄기에 두 송이의 꽃이 피어야 하는데 실제로는 한 송이 내지 세 송이의 꽃이 핀다.

숙근성의 풀로서 땅 속에 옆으로 기는 굵은 땅속줄기를 가지고 있다. 줄기는 15cm 정도의 높이로 곧게 자란다. 잎은 뿌리줄기로부터 자라며 다섯 갈래로 갈라지고 짙은 푸른 바탕에 흰 얼룩이 생긴다. 꽃은 흰빛이고 5매의 길쭉한 꽃잎으로 이루어져 있다. 아침 햇살을 받아 피고 저녁 해질 무렵에 다문다.

개화기　4~5월

분포　북부 지방에만 분포하며 깊은 산 활엽수로 이루어진 숲 밑에 난다.

재배　산모래에 30% 정도의 부엽토를 섞은 흙으로 심어 가꾼다. 분은 얕고 넓은 것이 잘 어울리고 생육에도 도움을 준다.

물은 충분히 주고 봄철에는 양지바른 자리에서 가꾸다가 초여름부터는 반 그늘진 곳으로 자리를 옮겨준다.

거름을 좋아하므로 깻묵가루를 분토 위에 놓아주는 한편, 잎이 살아 있는 동안에는 매주 한 차례씩 하이포넥스를 분무기로 잎에 뿌려준다.

이른 봄에 갈아심어주어야 하며 그때 포기를 나누어 증식시킨다. 씨뿌림은 덜 여물었을 때에 따서 뿌려야 한다.

애기괭이밥

Oxalis acetosella L | 괭이밥과

특징　산괭이밥이라고도 부르는 숙근성의 풀이다. 잎은 토끼풀의 그것과 흡사하며 줄기는 없고 직접 땅 속에 묻힌 뿌리줄기로부터 자란다.

5~6월에 역시 뿌리줄기로부터 자라는 꽃자루 끝에 한 송이의 흰 꽃이 핀다. 꽃은 다섯 매의 꽃잎으로 이루어져 있으며 연보랏빛 꽃이 피는 것도 있다. 비슷한 종류로서 선괭이밥, 왕괭이밥, 큰괭이밥 등이 있는데 가꾸어 즐길 만한 것은 여기에 소개된 애기괭이밥뿐이다.

개화기　5~6월

분포　전국의 산지에 나는데 낙엽수의 나무 그늘에서 볼 수 있다.

재배　이끼로 심어야 하는데, 뿌리를 분 속 깊숙이 밀어넣지 말고 가볍게 심어주어야 한다. 거름을 좋아하는 편이기는 하나 이끼로 심어 가꿀 경우 거름이 지나치면 피해를 입게 된다.

그러므로 하이포넥스 등 묽은 물거름을 가끔 주는 것이 안전하다. 강한 햇빛은 피해야 하며 반 그늘진 자리에 분을 놓아 가꾸되 비를 맞히지 말아야 한다. 물도 다소 적게 주어 약간 마른 상태가 유지되도록 한다. 증식은 씨뿌림에 의하는 것이 좋으며 씨가 익는 대로 따서 바로 이끼 위에 뿌려준다.

• 잎이 어릴 때에 생채로 먹으며 신맛이 있다.

애기나리

Disporum smilacinum var. album MAX | 백합과

특징 숙근성의 풀로서 땅속줄기는 옆으로 기어나가며 줄기는 높이 15~30cm로 마디마다 좌우로 약간씩 굴곡한다. 잎은 서로 어긋나게 나는데 생김새는 길쭉한 계란형이고 평행으로 배열된 잎맥이 뚜렷하다.

가지를 치지 않으며 봄에 줄기 끝에 한두 송이의 꽃이 늘어져 핀다. 꽃색은 미색을 띤 흰빛이어서 가련한 아름다움을 지닌다. 비슷한 종류로 가지를 치는 가지애기나리와, 보다 크게 자라는 큰애기나리가 있다.

개화기 4~6월

분포 중부 이남과 제주도의 산지 숲속에 난다.

재배 산모래에 약간의 부엽토를 섞은 흙으로 심어 거름은 깻묵가루를 분토 위에 약간만 뿌려준다. 건조와 과습은 물론 더위와 추위에도 강해 특별한 관리가 필요 없다. 다만 여름에는 반 그늘지고 강한 바람이 닿지 않을 자리로 옮겨 물을 다소 많이 준다. 이른 봄 갈아심기를 할 때 포기나누기를 하여 증식시킨다. 뿌리가 서로 얽혀 풀기가 어려우므로 뿌리를 가를 때는 약간의 손실이 있더라도 과감하게 갈라주어도 생육에는 아무런 지장이 없다.

• 어린 잎과 줄기를 나물로 먹는다.

연영초

Trillium pallasii HULT | 백합과

특징 깊은 산 속에만 나는 특이한 생김새의 숙근성 풀이다. 땅 속에는 굵은 땅속줄기가 곧게 내려 뻗으며 4~5개의 줄기가 뭉쳐 자라는데 전혀 가지를 치지 않는다. 높이 15~30cm로 자라 꼭대기에 세 개의 큰 잎이 둥글게 자리한다.

철이 되면 잎의 한가운데서 꽃대 하나가 자라 흰 꽃이 한 송이 핀다. 세 개의 꽃잎이 달린 꽃은 옆으로 기울어 피는 습성이 있다. 초록빛 잎과 그 가운데에 피어나는 흰 꽃과의 대조가 신비로운 느낌을 준다.

개화기 5~6월

분포 울릉도와 중부 및 북부 지방의 깊은 산 속 나무 그늘에 난다.

재배 뜰에서 가꿀 때는 낙엽활엽수 밑에 심으면 생육 상태가 좋다. 분 가꾸기의 경우는 깊은 분을 써서 산모래에 20% 정도의 부엽토를 섞어 심는다. 거름을 좋아하므로 매달 한 번씩 깻묵가루를 놓아주는데, 더위가 심한 지역에서는 여름 동안 깻묵 대신 하이포넥스를 잎에 뿌려주는 것이 안전하며, 매달 두 번씩 잿물을 주면 효과가 크다.

습기를 좋아하므로 물은 약간 넉넉히 준다. 꽃이 필 때까지는 양지바른 자리에서 가꾸다가 꽃이 핀 뒤에는 반그늘로 옮겨준다. 증식은 갈아심을 때 뿌리줄기를 알맞게 갈라 절단면에 유황가루나 재를 발라 심는다.

외대바람꽃

Anemone nikoensis MAX | 미나리아재비과

특징   이 이름은 한 줄기에 한 송이의 꽃이 피기
때문에 붙여진 것으로, 두 송이가 피는 것은 쌍둥
이바람꽃이라 한다.
15~25cm 정도의 높이로 자라는 숙근성의 풀로
뿌리로부터 자라는 잎은 홍당무의 잎처럼 깊이 갈
라졌으며 대개 짙은 녹색으로 흰 반점이 흐릿하게
생긴다.
꽃은 5개의 흰 꽃잎으로 이루어지며 뒷면은 연분
홍빛을 띤다. 비슷한 종류로 꿩의바람꽃과 국화바
람꽃이 있고, 꽃이 세 송이 피는 세바람꽃이 제주
도에서 난다.

개화기 4월경

분포   중부 지방과 남부 지방에 분포하며 숲가의
양지바른 자리 또는 계곡에 가까운 낙엽수림 속에
서 난다.

재배   여름이 서늘한 지역에서는 부엽토와 산모
래를 7:3의 비율로 섞은 흙을 쓰고, 더위가 심한 지
역에서는 반대의 비율로 섞은 흙을 쓴다.
물을 충분히 주고 봄에는 부드러운 햇빛을 받을 수
있는 자리에서 가꾸고, 초여름부터는 반 그늘진 자
리로 옮겨준다.
거름을 좋아하므로 10일 간격으로 물거름을 주고
그 중간에 재를 물에 타서 주는 것이 좋다. 더위가
오기 전에 잎이 말라 죽어버리지만 거름주기는 계
속해야 한다. 증식은 흙 속으로 길게 뻗는 뿌리줄
기를 잘라 묻어놓으면 싹이 나와 성장한다.

윤판나물

Disporum sessile D. DON | 백합과

특징   숙근성의 풀로서 줄기는 곧게 자라고 위쪽
에서 약간의 가지를 치며 키는 30~50cm쯤 된다.
잎은 길쭉한 타원형으로 끝이 뾰죽하며 마디마다
한 잎씩 어긋난다. 잎자루는 없고 직접 줄기를 감
싼다.
봄철에 가지에 해당되는 부분의 잎겨드랑이에 길
이 2cm쯤 되는 통형(筒形)의 흰 꽃이 두세 송이씩
매달려 핀다. 꽃잎은 벌어지지 않으며 끝부분이 푸
르게 물든다.

개화기 4~5월

분포   중부이남 지역과 제주도 및 울릉도에 분
포하며 구릉지의 낙엽활엽수로 이루어진 숲속에
난다.

재배   산모래에 약간의 부엽토를 섞은 흙으로 깊
은 분에 심어 월 2~3회 물거름을 주고 그 중간에
재를 물에 타서 준다.
봄과 가을에는 햇빛을 충분히 쪼이게 하고, 여름에
는 반그늘에서 강한 바람을 가려주며 물을 약간 많
이 준다. 이른 봄에 갈아심어주어야 하며 그때 땅
속줄기를 갈라주는 방법으로 포기나누기하여 증
식시킨다.
땅에 심어도 잘 자라는데 자리는 낙엽수 밑이 좋으
며 퇴비를 넣어 잘 갈아엎은 다음 땅속줄기를 옆으
로 눕혀 얕게 흙을 덮어준다.

• 어린 잎과 줄기는 봄나물로 먹는다.

은방울꽃

Convallaria keiskei MIQ | 백합과

특징 초롱꽃 또는 영란이라고도 불리는 숙근성의 풀이다. 흰빛이 감도는 두 장의 푸른 잎은 길쭉한 타원형으로 길이는 20cm 정도이다. 잎 사이로부터 꽃자루를 신장시켜 방울같이 생긴 작고 흰 꽃을 여러 송이 피운다. 꽃자루의 길이는 잎보다 짧으며 향기가 좋다.

개화기 5~6월

분포 전국적인 분포를 보이며 들판이나 산의 풀밭에서 나는데 소나무 숲속에서도 볼 수 있다.

재배 긴 뿌리줄기가 땅 밑을 옆으로 기어나가는데 분에 심어 가꿀 때에는 이 뿌리줄기를 충분히 신장시킬 수 없기 때문에 꽃이 핀다. 그러므로 많은 꽃이 피기를 원할 때에는 땅에 심는데, 자리는 반그늘로서 습기가 있는 곳이라야 한다.

분 가꾸기를 할 때에는 큰 분을 골라 산모래와 부엽토를 반씩 섞은 흙으로 심는데 거름을 좋아하므로 월 2회 정도 깻묵가루를 분토 위에 놓아주고 가끔 재를 물에 타서 준다.

봄가을에는 양지바른 자리에서 가꾸고, 한여름에는 그늘로 옮겨 흙이 마르지 않게 물 관리를 한다. 땅에 심은 것은 3~4년마다 가을에 파 올려 포기나누기를 하고, 분에 심은 것은 가을마다 포기나누기를 한다.

• 어린 잎은 나물로 먹으며 열매와 뿌리는 강심, 이뇨제로 사용한다. 뿌리에는 독성이 있다.

조름나물

Menyanthes trifoliata L | 용담과

특징 한자로 수채(睡菜)라 하는 데에서 조름나물이라는 이름이 생겨났으며 물에서 나는 숙근성의 풀이다.

줄기는 길게 옆으로 자라며 세 개의 작은 잎으로 구성된 잎은 약간 두텁다.

물속에서부터 일어선 줄기의 꼭대기에 많은 꽃이 뭉쳐 피며, 꽃의 크기는 1.5cm 안팎이고 흰색의 꽃잎에는 흰 털이 나 있다.

개화기 4~8월

분포 중부 지방과 북부 지방의 늪 속에 난다.

재배 추운 지방에 나는 풀이므로 따뜻한 지역에서는 가꾸기가 어렵다.

부식질이 많이 섞여 있는 흙, 예를 들어 논 흙 같은 흙으로 물분[水盆]에 심어 가꾼다. 경우에 따라서는 토분에 심어 연못 속에 가라앉혀도 좋다.

거름은 이른 봄 갈아심기를 할 때 흙 속에 말린 멸치나 양미리를 꽂아주면 된다. 햇빛은 생육 기간 내내 충분히 쪼여준다.

물분에 심어 가꿀 때는 가급적 물의 온도가 높아지지 않도록 한다. 물의 온도가 높아짐에 따라 생육 상태가 불량해진다. 그러므로 여름에는 항상 물이 조금씩 넘쳐 흐르게 함으로써 수온을 조절해준다.

• 풀 전체를 건위 및 구충제로 사용한다.

조팝나무

Spiraea prunifolia var. simpliciflora NAKAI │
조팝나무과

특징 겨울에 낙엽이 지는 키 작은 관목이다. 산록 지대나 야산, 논두렁 등에서 흔히 볼 수 있으며, 봄이 오면 아지랑이가 피어오르듯이 나무 전체가 좁쌀알처럼 작은 흰 꽃에 덮여버린다. 이로 인해 조팝나무라는 이름이 생겨났다.

잎은 계란형 또는 타원형으로서 양끝이 뾰족하고 잎 가장자리에는 작은 톱니가 있다. 꽃은 잎겨드랑이마다 몇 송이가 피는데 5매의 꽃잎으로 구성된다.

개화기 4월

분포 전국에 분포하며 야산지대나 산록, 논두렁에 흔히 난다.

재배 뜰에 심어 가꾸는 경우에는 양지바르고 토양이 비옥한 자리를 골라 심는다. 심은 뒤 거름으로는 가끔 닭똥을 주는 정도로 충분하다.

분 가꾸기의 경우에는 얕고 넓은 분을 골라 산모래만으로 심어 되도록 키를 작게 가꾼다.

거름은 생각나면 분토 위에 약간의 깻묵가루를 뿌려주는 정도로 한다.

물도 다소 적게 주면 키를 작게 가꿀 수 있다.

생육 기간 중 항상 양지바른 곳에서 가꾸며 2년에 한 번씩 갈아심는데 그때 포기나누기를 하여 증식시킨다.

• 어린 잎은 식용하며, 뿌리줄기는 약용한다.

졸방제비꽃

Viola acuminata LEDEB │ 석죽과

특징 땅 속에서부터 잎이 자라는 보통 제비꽃과는 달리 한자리에서 여러 대의 줄기가 자라 줄기 군데군데에 잎이 붙는다.

잎은 하트형이고 위쪽에 붙는 것일수록 잎자루의 길이가 짧아진다. 크게 자란 것은 높이가 30cm에 달하며 줄기의 꼭대기에 가까운 잎겨드랑이에 한 송이씩 연한 보랏빛 꽃이 피며 때로는 흰 꽃이 피는 것도 있다. 꽃의 지름은 1cm 안팎이다.

개화기 5~6월

분포 전국의 산야에 나며 양지바른 곳이나 반그늘을 가리지 않는다.

재배 밭 흙으로도 가꿀 수 있으나 산모래에 심어 가꾸는 쪽이 키가 덜 자라서 좋다. 때로는 가루를 뺀 산모래에 부엽토를 20~30% 섞은 흙으로 심기도 한다.

양지바른 곳에서 가꾸다가 한여름에는 반그늘로 옮겨서 바짝 마르지 않도록 물 관리를 해준다.

일반적으로 이른 봄 갈아심기를 할 때 포기를 갈라 증식시키며 씨뿌림을 하기도 한다.

씨뿌림은 공들여 일일이 뿌리지 않아도 스스로 씨가 떨어져 어린 식물이 생겨난다.

• 어린 잎과 줄기는 나물로 먹는다.

진황정

Polygonatum falcatum A. GRAY | 백합과

특징 둥굴레와 함께 황정(黃精)으로 다루어지는데 이 풀이 참된 황정이라 해서 진황정이라 한다. 대잎둥굴레라 불리기도 하며 땅 속에 희고 굵은 뿌리줄기를 가지고 있다.
줄기는 하나만 자라 비스듬히 기울면서 30~50cm 정도의 높이가 된다. 대나무 잎처럼 생긴 잎이 어긋나며 초여름에 겨드랑이로부터 길쭉한 종 모양의 흰 꽃이 핀다. 비슷한 종류로 잎이 좀 더 둥글고 줄기가 모진 둥굴레와 잎이 작은 잔둥굴레, 각시둥굴레 등이 있다.
개화기 5~6월
분포 남부 지방과 제주도 및 울릉도에 분포하며 산지의 그늘진 자리에 난다.
재배 추위에 강하며 잎과 줄기가 말라 죽은 뒤에도 굵은 뿌리줄기가 살아남는다. 분에 심어 가꾸는 경우에는 산모래에 소량의 부엽토를 섞어서 5~10눈 정도를 심는다. 뿌리를 심은 분은 싹이 나올 때까지 추운 곳에 두고 낙엽이나 짚으로 덮어놓으면 고르게 싹이 튼다. 물은 적게 주는 것이 좋으며 햇빛을 충분히 쪼여주고 한여름에는 시원한 나무 그늘로 옮겨준다.
늦가을이나 이른 봄에 갈아심는데 그때 포기나누기로 증식시킨다.
• 연한 잎과 줄기는 나물로 먹는다. 뿌리줄기는 자양강장제로 사용하거나 또는 식용한다.

찔레나무

Rosa polyantha SIEB. et ZUCC | 장미과

특징 산야에서 흔히 볼 수 있는 덩굴성의 잎떨기 나무이다. 지역에 따라서 들장미, 찔룩나무, 새비나무 등 다양한 이름으로 불린다.
줄기와 가지에는 예리한 가시가 나 있으며 잎은 대개 길쭉한 타원형의 작은 잎이 5~7매가 깃털 모양으로 모여 있다. 잎 가장자리에는 톱니가 있다.
그해 자란 새 가지의 꼭대기에 다섯 매의 꽃잎으로 이루어진 흰꽃이 많이 뭉쳐 피며 열매는 가을에 붉게 물들어 아름답다.
비슷한 종류로서 용가시나무, 왕가시나무, 돌가시나무, 털가시나무, 좀가시나무 등이 있다.
개화기 5월경
분포 전국에 분포하며 산야의 양지바른 자리에서 난다.
재배 분 가꾸기의 경우에는 가급적 작은 분을 골라 가루를 뺀 산모래로 심는다.
가꾸는 자리는 하루 종일 햇빛을 받는 경우 잎이 탈 염려가 있으므로 석양빛을 가려줄 수 있는 자리를 고른다. 월 2~3회 물거름을 주고 물은 보통으로 준다. 꽃이 피고 난 뒤에는 과감하게 가지를 다듬어 항상 몸집을 작게 유지할 수 있도록 관리한다. 증식은 꺾꽂이에 의하는 것이 간편하며 시기는 이른 봄이 알맞다.
• 연한 잎은 식용하며, 열매는 약에 쓰인다.

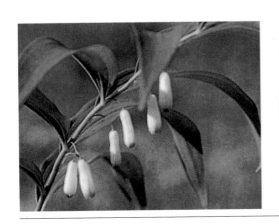

콩제비꽃

Viola verecunda var. verecunda HARA | 제비꽃과

특징　줄기가 짤막한 제비꽃이다. 여러 개의 줄기가 함께 자라며 높이는 20cm쯤 된다. 잎은 긴 자루를 가지고 있으며 모양은 콩팥형에 가까운 계란형이고 가장자리에 약간의 톱니가 있다.
꽃은 지름이 8mm 정도로서 제비꽃에 비해 약간 늦게 꽃이 핀다.
개화기　4~5월
분포　전국에 분포하며 산이나 들판의 다소 습한 자리에 형성되는 풀밭에서 난다.
재배　분 속에 굵은 왕모래를 깔아 물이 잘 빠질 수 있게 하고 가루를 뺀 산모래로 심는다.
거름은 묽은 물거름을 가끔 주면 된다. 봄가을에는 물을 매일 아침 한 번 흠뻑 주고 여름에는 아침저녁으로 준다. 햇빛을 충분히 쪼일 수 있는 자리에서 가꾸어야 하지만 한여름에는 나무 그늘 등 시원한 자리로 옮겨 가꾸어야 한다.
갈아심기는 꽃이 피고 난 뒤 또는 가을에 실시한다. 갈아심을 때에는 묵은 뿌리를 모두 따버리고 긴 뿌리는 알맞은 길이로 잘라 새로운 흙으로 심도록 한다. 포기나누기, 씨뿌림, 뿌리꽂이 등과 같은 방법으로 증식시킨다.

큰꽃으아리

Clematis patens MORR. et DECAIS | 미나리아재비과

특징　숙근성의 덩굴식물처럼 보이나 줄기 밑동이 목질화(木質化)되어 겨울에 얼어 죽지 않으므로 덩굴성 나무로 취급된다.
초여름에 잎겨드랑이에 희고 큰 팔랑개비처럼 생긴 꽃을 피운다. 꽃잎처럼 보이는 것은 꽃받침이고 꽃잎은 없다. 계란형의 작은 잎이 3매씩 한데 뭉쳐 하나의 잎을 구성하며 잎자루가 구부러지면서 다른 나무나 키가 큰 풀로 기어오른다.
개화기　5~6월
분포　전북과 충남북을 제외한 전국에 분포하며 양지바른 숲가 등에 난다.
재배　깊은 분을 골라 3분의 1까지 큰 알갱이 용토를 채운 다음 산모래에 30%의 부엽토를 섞어 심는다. 심은 뒤 나무 막대를 세워 덩굴이 감아 올라가게 한다. 깻묵가루를 매달 한 번씩 분토 위에 올려주고 햇빛을 충분히 쪼인다. 물은 보통으로 주면 되는데, 여름철 건조에 조심하고 한여름에는 반그늘로 옮겨준다. 봄이나 가을에 포기나누기를 겸해 갈아심어주어야 하며 까맣게 변색해버린 뿌리와 상한 뿌리는 잘라버리고 새로운 흙으로 갈아심는다. 꺾꽂이로도 증식시킬 수 있으며 6월에 잎 두 장을 붙여 두 마디 길이로 잘라낸 줄기에 진흙을 붙여 모래에 꽂는다.
• 어린순을 나물로 먹는다.

큰연영초

Trillium tschonoskii MAX | 백합과

특징 큰꽃삿갓풀이라고도 하는 숙근성의 식물이다. 뿌리줄기는 짧고 굵으며 잔뿌리가 많이 난다. 줄기는 1~3대가 높이 20~40cm까지 곧게 자란다. 줄기 끝에 넓은 계란형의 잎 세 장이 둥글게 자리하는데 잎자루는 없고 5~7줄의 잎맥이 뚜렷이 보인다.
잎이 배열된 중간에서 2~4cm 길이의 꽃대가 자라 직경 4cm쯤 되는 꽃 한 송이가 핀다. 흰빛이나 분홍빛의 꽃은 세 개의 꽃잎과 꽃받침으로 이루어져 있다.
개화기 4~5월
분포 울릉도와 중부 지방 및 북부 지방에 분포하며 다소 습도가 높고 깊은 숲속에 난다.
재배 흙은 가루를 뺀 산모래를 쓴다. 부엽토는 분 가꾸기의 경우 흔히 뿌리가 썩는 현상을 일으키므로 흙이 아주 가볍고 물이 즉시 빠지는 경우 외에는 섞지 않는다. 거름을 좋아하므로 한여름을 제외하고 매달 한 번씩 깻묵가루를 분토 위 세 군데에 놓아준다. 꽃이 필 때까지는 충분히 햇빛을 보이고 그 이후 가을까지는 반그늘에서 가꾼다. 갈아심기는 10~11월에 한 분에 2~3줄기 단위로 갈라 새 흙으로 심는다. 뿌리줄기가 굵어 손으로는 가를 수 없으므로 칼을 써서 쪼갠다. 이때 생긴 상처에는 유황가루나 재를 발라 썩지 않게 한 후에 심어준다.
• 연영초처럼 약용한다.

큰천남성

Ringentiarum ringens var. sieboldii NAKAI | 천남성과

특징 땅 속에 둥근 구근이 묻혀 있어서 해마다 새로운 잎과 꽃이 자란다. 줄기가 자라면서 두 개의 잎이 나는데 잎은 세 개로 갈라져 있다. 말하자면 세 개의 작은 잎이 모여 하나의 잎을 이루는데 작은 잎은 계란형에 가까운 넓은 타원형 모양으로 표면은 윤기가 난다. 잎의 크기는 15~30cm에 이른다. 봄에 두 개의 잎줄기 사이로 꽃대가 자라 푸른빛과 흰빛의 선이 규칙적으로 어긋난 모양의 기묘한 꽃이 핀다. 꽃은 한 포기에 한 송이만 피며 이같이 생긴 꽃을 불염화(佛焰花)라고 한다. 천남성류의 뿌리에는 유독 성분이 함유되어 있는데 한약재로 쓰인다.
개화기 3~5월
분포 제주도와 남부 지방의 다도해의 여러 섬, 그리고 중부 지방의 바다에 가까운 산 속의 나무 그늘에 난다.
재배 산모래에 부엽토나 잘게 썬 이끼를 20%쯤 섞은 흙으로 심는다. 분의 크기는 지름과 깊이가 20cm쯤 되는 것이 알맞으며 바닥에 굵은 왕모래를 깔아 물이 잘 빠지게 해준다.
복토는 구근 위에 2~4cm 깊이로 흙이 덮이도록 얕게 심어야 한다. 매달 한 번씩 깻묵가루를 분토 위에 놓아준다.
• 독성이 강하며 천남성과 같이 한약재로 쓴다.

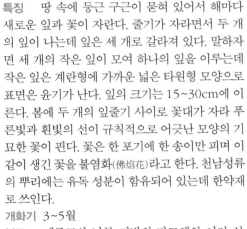

패모

Fritillaria ussuriensis MAX | 백합과

특징 구근 식물로서 땅 속에 자리한 구근은 희고 깨끗하며 두 장의 비늘이 줄기를 감싸면서 형성된다. 키는 30cm 안팎이고 마디마다 2~3장의 가느다란 잎이 나 있으며 잎의 길이는 10cm쯤 된다. 줄기의 선단부에 자리한 잎은 덩굴손으로 변하고 잎겨드랑이로부터 한 송이의 꽃이 핀다.
길이 2~3cm의 종 모양의 꽃은 흰빛에 가까운 연보랏빛이다.

개화기 4~5월

분포 함경남도 갑산의 높은 산지 등에 난다.

재배 뜰에 심어 가꾸는 경우 북풍을 막을 수 있는 자리를 고르는 것이 좋다. 분에 심어 가꾸는 경우 흙은 산모래에 부엽토를 30% 정도 섞어서 쓴다. 봄부터 잎이 말라들 때까지는 양지바른 자리에서 가꾸고 6월 이후의 휴면기에는 분을 시렁 밑으로 옮겨준다.
거름은 10월 상순경부터 월 3~4회 묽은 물거름을 주되 겨울에는 중단하고 봄부터 다시 주기 시작하여 잎이 누렇게 변색할 때까지 계속 준다.
물은 보통으로 주면 된다. 갈아심는 작업은 휴면 기간 중에 실시한다.
· 비늘줄기는 기침, 거담제(祛痰劑) 또는 젖을 나오게 하거나 고름을 배출시키는 약으로 쓴다.

함박꽃나무

Magnolia sieboldii KOCH | 목련과

특징 깊은 산 속의 골짜기 등 그늘지고 습기가 많은 땅에 나는 낙엽 관목이다. 키는 일반적으로 2m 안팎이고 약간의 가지를 치며 늦은 봄에 연꽃과 흡사하게 생긴 흰 꽃이 가지 끝에 한 송이씩 핀다. 정원에 즐겨 재배되는 백목련과 같은 과에 속하는 나무이기 때문에 잎의 생김새도 백목련과 거의 같다. 잎 뒤는 흰 잔털이 밀생하기 때문에 거의 하얗게 보인다.
꽃은 지름이 10cm 정도로 6~9매의 꽃잎을 가지며 향기를 풍긴다.

개화기 5~6월

분포 전국에 분포한다.

재배 정원에 심어 가꾸기를 원할 때에는 낙엽수 그늘에 심는 것이 좋은데 뿌리가 거칠기 때문에 살리기가 어렵다.
분 가꾸기의 경우에는 분 속에 4분의 1 정도의 깊이로 굵은 왕모래를 간 다음 산모래에 30% 정도의 부엽토를 섞은 흙으로 심는다. 뿌리가 붙은 뒤부터 매월 한 번씩 깻묵가루를 분토 위에 놓아준다.
물은 봄가을에는 아침에 한 번, 여름에는 아침과 저녁에 두 번 주고, 겨울에는 분째로 땅에 묻어버리면 거의 물을 줄 필요가 없다. 원래 그늘에 나는 나무이므로 항상 반그늘에서 가꾼다. 증식은 취목(取木)이나 씨뿌림에 의한다.

홀아비꽃대

Chloranthus japonicus SIEB | 홀아비꽃대과

특징 숙근성의 풀로서 키는 10~20cm 정도이다. 줄기 끝에 윤기 나는 네 개의 잎이 십자형을 형성하면서 펼쳐지는데, 꽃이 피기 시작할 무렵에는 아직 제대로 자라고 있지 않아 꽃을 감싸듯이 합쳐져 있다.
어린 잎 사이로부터 길이 2~3cm쯤 되는 꽃이삭이 자라 흰 꽃이 뭉쳐 핀다. 하나의 줄기에서 하나의 꽃이삭만 자라기 때문에 홀아비꽃대라고 한다.
개화기 4~5월
분포 제주도를 비롯한 전국에 분포하며 주로 산야의 나무 그늘에 난다.
재배 뿌리가 많으므로 약간 큰 분을 사용하여 산모래에 부엽토를 20~30% 섞은 흙으로 가볍게 심어준다. 거름을 좋아하므로 꽃이 핀 뒤부터는 매달 한 번씩 깻묵가루를 분토 위에 놓아준다.
봄부터 장마가 시작될 무렵까지는 햇빛을 충분히 쪼이게 하고, 그 이후는 반 그늘진 자리로 옮겨 가꾼다. 강한 바람은 막아주고 물은 보통보다 약간 많이 주는 것이 좋다.
뿌리가 분 속 가득 차서 물 빠짐이 불량해지면 여름철에 뿌리가 썩어 죽어버린다. 그러므로 뿌리가 가득 찬 것은 묵은 뿌리를 잘라버리고 땅속줄기를 옆으로 눕혀 새로운 흙으로 고쳐 심어준다.

화태떡쑥 백두산떡쑥

Antennaria dioica GAERT | 국화과

특징 추운 지역의 메마른 풀밭에 나는 숙근성의 풀로서 일명 두메떡쑥이라고도 하며 높이는 10~30cm쯤 된다. 꽃이 피고 난 뒤 곁가지를 신장시킴으로써 포기가 크게 자란다.
꽃이 피지 않은 가지에는 주걱꼴의 작은 잎이 많이 붙어 있고, 꽃이 피는 가지는 길게 신장하면서 약간의 피침형 잎을 가진다. 잎은 모두 뒷면에 흰 솜털이 깔려 있다. 가지 끝에 여러 송이의 흰 꽃이 뭉쳐 피는데 암꽃과 수꽃은 각기 다른 포기에 핀다. 비슷한 종류로 구름떡쑥과 들떡쑥이 있다.
개화기 4~5월
분포 백두산 정상부의 자갈이 많이 섞인 풀밭 양지바른 곳에 난다.
재배 얕은 타원형의 분에 밀생시키면 대단히 아름다운데 암석원의 돌 틈에 무성하게 키우는 것도 좋다. 흙은 가루를 뺀 산모래에 잘게 썬 이끼를 10% 정도 섞은 것이 알맞다.
가꾸는 자리는 양지바르면서도 석양빛을 가릴 수 있는 자리라면 이상적이다. 물은 하루 한 번 보통으로 준다. 거름은 봄과 가을에 하이포넥스를 월 2~3회꼴로 주면 충분하다. 2년에 한 번씩 갈아심어야 하며 이것을 게을리하면 수꽃이 피는 포기만 많아져 관상 가치가 크게 떨어진다.

흰땃딸기

Fragaria nipponica MAKINO | 장미과

특징 딸기와 같은 과에 속하는 숙근성의 풀로서 전체적으로 딸기를 소형화한 느낌이 난다. 키는 10~15cm 정도로서 온몸에 부드러운 털이 나 있다. 뿌리줄기는 짧고 가늘며 보랏빛을 띤 붉은빛의 포복줄기를 사방으로 길게 신장시키면서 늘어난다. 지름 1.5cm쯤 되는 흰 꽃이 피고 난 뒤 붉은 열매를 맺는다.

아이들은 이 열매를 따서 먹기도 하지만 별 맛이 없어 흔히 식용하지는 않는다.

개화기 4~5월

분포 제주도와 중부 지방 및 북부 지방에 분포하며 산지의 양지바른 풀밭에 난다.

재배 분 속에 굵은 왕모래를 깔아 물이 잘 빠질 수 있게만 해주면 어떤 흙으로 심어도 잘 자란다. 양지바른 자리에서 가꾸면 꽃은 잘 피지만 좀처럼 열매가 열리지 않는다. 열매가 열리게 하기 위해서는 분토가 과습 상태에 빠지지 않도록 신경을 쓰는 한편 묽은 물거름을 10일에 한 번꼴로 준다.

또한 장마철에는 바람이 잘 닿는 추녀 밑으로 옮겨 비를 맞히지 말아야 한다.

2년에 한 번은 갈아심어주어야 하며 그때 포기나누기를 하여 증식시킨다. 갈아심는 시기는 이른 봄이나 늦가을이 적기이다.

흰민들레

Taraxacum albidum DAHLST | 국화과

특징 숙근성의 풀로서 줄기를 가지지 않으며, 이른 봄에 뿌리줄기로부터 깃털 모양으로 갈라진 잎이 자라 둥글게 배열되면서 방석처럼 땅을 덮는다. 잎은 민들레보다 크고 서는 경우도 있다. 잎 사이로부터 길게 꽃자루를 신장시켜 민들레와 똑같이 생긴 흰 꽃이 핀다.

개화기 4~6월

분포 제주도를 제외한 전국에 분포하며 키 낮은 풀이 자라는 들판이나 길가 등에서 볼 수 있다.

재배 몸집을 작게 가꾸기 위해 산모래만으로 심는다. 키가 작기 때문에 얕고 넓은 분을 써야 어울리며, 두세 포기를 한 분에 심어 놓는 것이 보기가 좋다.

거름은 가급적 적게 주는 것이 무난하며 물거름을 월 2회씩 주되 한여름에는 중단한다. 생육 기간 내내 양지바른 자리에서 가꾸어야 하나 여름철의 석양빛을 가려줄 수 있는 자리가 바람직하다. 물은 보통으로 주며 2년에 한 번 갈아심어준다.

증식은 뿌리꽂이에 의하는데 굵은 뿌리를 3cm 정도로 잘라 흙 속에 얕게 묻어놓는다.

• 민들레와 함께 연한 잎을 나물 또는 국거리로 먹으며 꽃 부분은 각종 종처에 사용한다.

흰여로

Veratrum versicolor f. albidum NAKAI | 백합과

특징　숙근성의 풀로서 뿌리는 튼튼하고 땅 속 깊숙이 자란다. 줄기도 굵고 높이는 50~100cm에 이른다. 잎은 타원형이고 길이 8~20cm로서 세로 방향으로 많은 주름이 있으며 서로 어긋난 위치에서 줄기를 감싼다.

여름에 줄기 끝에 큰 원뿌리 꼴로 작은 꽃이 무수히 뭉쳐 핀다. 꽃은 지름이 1cm 정도로 6매의 흰 꽃잎으로 구성된다.

개화기　5~8월

분포　제주도와 울릉도를 제외한 전국에 분포하며 깊은 산이나 고산지대의 양지바른 풀밭에 난다.

재배　워낙 크게 자라는 풀이므로 분에 심어 가꾸는 것보다 뜰에 심는 것이 훨씬 보기 좋다. 심는 자리는 물이 잘 빠지고 흙의 알갱이가 굵은 자리가 좋다. 그러한 자리가 없을 때에는 구덩이를 크게 파서 냇모래를 채워 심어준다.

초여름까지는 햇빛이 잘 드는 곳에서 키우고 한여름에는 그늘진 자리가 가장 좋다.

거름은 닭똥을 한 해에 두세 번 주위에 고루 뿌려주면 되는데 땅 표면에 퇴비나 부엽토를 두텁게 깔아주면 좋다. 많이 늘어났을 때에는 해토 직후 알맞게 갈라 새로운 땅에 옮겨 심는다.

• 뿌리줄기는 독성이 있는데 약용한다.

흰젖제비꽃

Viola lactiflora NAKAI | 제비꽃과

특징　줄기를 가지지 않는 제비꽃으로 젖빛꽃이 핀다. 잎은 세모꼴에 가까운 피침형이나 길쭉한 타원형인데 꽃이 피고 난 뒤 점차적으로 타원형에 가까운 잎이 생겨나는 경향이 있다.

전체적으로 흰제비꽃과 흡사한 외모를 가지고 있으나 흰젖제비꽃은 아래쪽에 자리한 꽃잎에 보랏빛 줄무늬가 없는 것으로 쉽게 구별된다.

개화기　4~5월

분포　남부 지방과 중부 지방에 분포하며 산야의 수분이 윤택한 풀밭에 난다.

재배　흰제비꽃에 준해서 가꾸면 되기 때문에 흙은 산모래에 잘게 썬 이끼를 10% 가량 섞은 것을 쓴다. 단, 이 경우 물이 잘 빠질 수 있도록 심는다.

반그늘에서도 잘 자라기는 하나 많은 꽃이 피기를 원한다면 양지바른 자리에서 가꾸어야 한다.

물은 하루 한 번 주면 되고, 거름은 월 2~3회꼴로 물거름을 주면 된다.

여름철에 고온 다습한 환경에 놓이면 병충해를 입기 쉬우므로 자주 살펴주는 한편 거름 주는 일은 중단해야 한다.

증식시키기 위해서는 씨뿌림하는 것이 손쉬우며 알갱이가 작은 산모래에 뿌리면 싹이 잘 튼다.

흰제비꽃

Viola patrinii Dc. | 제비꽃과

특징 높이 10cm 정도로 자라고 흰 꽃이 피는 제비꽃이다. 줄기는 없고 짧은 뿌리줄기로부터 많은 잎이 자란다.
잎의 생김새는 넓은 피침형 또는 타원형에 가까운 피침형으로서 털이 없으며 가장자리에는 낮고 무딘 톱니를 가진다. 양쪽 가에 자리한 꽃잎의 안쪽에는 약간의 털이 있고 아래쪽에 자리한 꽃잎에는 보랏빛의 가느다란 줄무늬들이 나 있다.

개화기 4~5월

분포 전국 각지에 분포하며 들판의 풀밭 속 다소 습한 자리에 난다.

재배 가루를 뺀 산모래에 잘게 썬 이끼를 10% 가량 섞어 심는데 보수력이 좋으면서도 물이 잘 빠질 수 있게 해야 한다.
밝은 그늘에서도 충분히 자랄 수 있으나 햇빛을 쪼일 수 있는 자리에서 가꾸면 짜임새 있는 외모를 갖추는 한편 꽃도 많이 핀다.
물은 하루 한 번만 주면 되고, 거름은 월 2~3회 물거름을 준다. 장마 때와 여름철의 고온 다습한 환경에서는 병충해를 입기 쉬우므로 물 관리에 주의한다. 증식시키기 위해서는 씨뿌림하는 것이 좋으며 알갱이가 작은 산모래를 분에 담아 채종 즉시 뿌려주면 싹이 잘 튼다.

각시붓꽃

Iris rossii BAKER | 붓꽃과

특징 애기붓꽃이라고도 한다. 땅속줄기는 가늘고 적갈색의 섬유로 감싸여 있다. 뿌리는 가늘고 딱딱하며 암적갈색으로서 빳빳한 느낌을 준다.
잎은 약간 딱딱하여 꼿꼿이 서고 엽맥과 같은 여러 개의 돌기(突起) 한 줄이 있다.
짙은 녹색으로 밑동은 붉은빛을 띠며 꽃이 피고 난 뒤에는 20~30cm의 길이로 자란다.
잎보다 짧은 꽃자루 끝에 직경 4cm 안팎의 붓꽃과 같은 꽃이 한 송이 핀다. 꽃의 빛깔은 하늘빛을 띤 보랏빛이다.

개화기 4월

분포 전국 각지의 양지바른 산야에 난다.

재배 미립자의 가루를 뺀 산모래 또는 분재용 흙으로 심되 분 밑에는 반드시 왕모래를 깔아 물 빠짐이 잘 이루어질 수 있도록 한다. 햇빛을 좋아하므로 양지바른 자리에서 약간 건조하게 가꾸어 준다. 거름을 좋아하므로 충분하게 주는 것을 잊지 말고, 해충이 생기기 쉬우므로 주의한다.
증식법으로는 포기나누기와 씨뿌림이 실시되는데 포기나누기가 간편해서 좋다. 포기나누기는 이른 봄이나 가을에 한다.

갈퀴완두 연리초

Lathyrus quinquenervius LITV | 콩과

특징 스위트피와 같은 과에 속하는 숙근초로서 큰 꽃이 피어나는 모양이 매우 아름답다. 줄기는 높이 30~60cm 정도로 자라며 푸른빛으로서 양쪽에 좁은 날개 같은 돌기가 있다. 가늘고 긴 땅속줄기를 신장시켜 증식되어 나간다.
잎은 깃털 모양의 복엽으로 잎줄기의 끝은 수염으로 변하여 다른 물체로 기어오르는 습성을 가지고 있다.
이른 여름에 잎겨드랑이로부터 꽃대를 신장시켜 몇 송이의 붉은빛을 띤 보랏빛 꽃을 피운다.
개화기 5~6월
분포 중부 지방과 북부 지방의 산지 초원에 나는데, 특히 흙이 깊고 알맞은 습기를 지닌 양지바른 곳을 좋아한다.
재배 분재 용토에 잘게 썬 이끼를 20% 정도 섞은 흙으로 심어 양지바른 자리에서 가꾼다. 물기를 좋아하나 물 빠짐이 좋지 않을 때에는 뿌리가 썩을 수 있으므로 주의한다.
콩과 식물로서 뿌리혹 박테리아의 도움을 받기 때문에 거름을 주지 않아도 별 지장이 없으나 하이포넥스의 희석액을 가끔 주면 꽃이 잘 핀다. 증식시키기 위해서는 포기나누기나 씨뿌림을 한다.
• 오래 전에는 풀 전체를 신장염에 사용한 경우가 있다고 한다.

골무꽃

Scutellaria indica L | 꿀풀과

특징 꽃의 생김새로 인해 이러한 이름이 붙여졌다고 한다. 흰 털이 난 줄기는 곧게 자라 20~30cm에 이른다. 잎은 줄기의 마디마다 마주나며 둥근 하트형으로서 양면에 털이 밀생하고 있다. 꽃잎이 입술 모양을 이룬 이 꽃의 크기는 1.5~2cm이며, 붉은빛을 띤 보랏빛으로 물든다. 아래쪽에 자리한 꽃잎에는 짙은 보랏빛 반점이 있다. 꽃은 줄기 끝에 두 송이씩 여러 단으로 핀다. 비슷한 종류로 여러 종류가 있어서 구별하기가 매우 어렵다.
개화기 5~6월
분포 남부 지방과 중부 지방, 그리고 제주도의 산 속 그늘진 자리에 난다.
재배 미립자의 가루를 뺀 분재용 산모래에 20% 정도의 부엽토를 섞은 흙에 심어 가꾼다.
거름은 깻묵가루나 덩이거름을 조금씩 주면 된다. 양지바르고 바람이 잘 닿는 자리에서 물을 적게 주어 가면서 가꾼다. 특히 겨울철에는 분토가 심하게 마르는 일이 없도록 주의한다.
봄에 눈이 움직이기 시작할 무렵에 포기나누기를 겸해 갈아심는다. 꺾꽂이는 꽃이 피고 난 직후에 하는 것이 좋고 씨뿌림은 4월경에 실시하면 이듬해에는 꽃을 볼 수 있다.
• 어린 싹은 나물로 먹는다.

구슬붕이

Gentiana squarrosa LEDEB | 용담과

특징 2년생의 풀로서 키는 5cm 안팎이다. 줄기에 잔잎이 마주나며 꼭대기에 연보랏빛의 작은 종 모양의 꽃이 핀다. 꽃은 다섯 개 꽃잎으로 이루어져 있다. 이와 비슷한 종류로서 봄구슬붕이와 큰구슬붕이가 있다.

개화기 4~6월

분포 전국 각지의 야산이나 들판의 양지바른 풀밭에 난다.

재배 분 속에 왕모래를 깔고 산모래에 부엽토를 20%가량 섞은 흙으로 심어준다.
거름기를 좋아하므로 깻묵의 덩이거름이나 깻묵 생가루를 때때로 조금씩 주고 생육 상태가 좋지 못한 것은 하이포넥스의 수용액을 분무기로 잎에 뿌려준다.
물기를 좋아하므로 지나치게 말리는 일이 없도록 주의하며, 햇빛을 충분히 쪼이게 하는 한편 바람이 잘 통하는 곳에서 가꾼다.
여름철의 강한 햇빛은 잎이 타서 말라 죽는 원인이 되므로 반그늘에서 석양빛을 피해 가며 가꾼다.
분토 위에 씨가 떨어져 싹이 트므로 봄에는 포기에 붙은 흙이 떨어지지 않게 다른 분으로 옮겨 심어 배양토를 갱신해준다.

국화바람꽃

Anemone altaica FISCH | 미나리아재비과

특징 높이 10~30cm로 자라는 숙근성의 풀이다. 꽃은 연보랏빛의 것과 흰 것이 섞여 있다. 꽃대에 붙은 잎은 세 갈래씩 두 번 갈라지며 끝이 뾰족하다.
꽃은 맑게 갠 대낮에만 피는 습성이 있어 흐리거나 비가 오는 날에는 오므라진 상태가 된다.
비슷한 종류로서 외대바람꽃, 쌍둥이바람꽃, 꿩의바람꽃 등이 있는데 모두 국화바람꽃과 같은 요령으로 가꿀 수 있다.

개화기 4~5월

분포 중부 지방과 북부 지방의 인가에서 멀리 떨어진 산 속 다소 그늘진 곳에 난다.

재배 부엽토를 많이 넣는 것이 좋은데 여름철에 기후가 서늘한 지역에서는 부엽토와 산모래를 7:3의 비율로 섞은 흙으로 심어주고, 무더운 지역일 때는 반대의 비율로 섞은 흙을 쓴다. 되도록 얕게 심어 물을 충분히 준다.
봄에는 햇빛을 보이고 초여름부터는 반 그늘진 자리로 옮겨준다. 삼복더위를 제외하고 생육 기간 중에는 10일마다 물거름을 주고 가끔 나뭇재를 물에 묽게 타서 준다. 증식은 씨뿌림이 좋은데 씨가 덜 여문 시기에 골라 모래를 담은 분에 뿌린다. 가늘고 긴 땅속줄기를 잘라 흙 속에 묻으면 눈이 생겨 늘어나지만 꽃이 피기까지는 수년이 걸린다.

금란초

Ajuga decumbens THUNB | 꿀풀과

특징 숙근성의 풀로서 금창초 또는 섬자란초라고도 한다. 직접 뿌리로부터 자라는 잎은 사방으로 펼쳐져 방석과 같이 땅을 덮는다.

잎의 생김새는 피침형이고 짙은 녹색인데 때로는 보랏빛을 띠며 가장자리에는 부드러운 털이 많이 난다.

때가 되면 잎겨드랑이에 짙은 보랏빛의 작은 꽃이 여러 송이 핀다. 흙이 단단한 길가나 석축의 돌 틈 등 사람에게 밟히거나 거의 물기가 없는 곳에서도 강인하게 자라 꽃을 피우는 모습에서 금란초의 야생적이고 억센 아름다움을 느낄 수 있다.

개화기 3~5월

분포 제주도와 울릉도, 그리고 남부 지방의 들판 양지바른 곳에 난다.

재배 매우 강인한 풀이므로 가꾸기가 쉽다. 흙은 분재용 산모래와 냇모래, 부엽토를 5:3:2의 비율로 섞어 쓴다. 잘 가꾸어놓으면 덩굴처럼 신장해 나가므로 깊은 분에 서너 포기를 모아 심어 소복이 자라 오르도록 하면 더욱 아름답다. 남부 지방에서는 길가 등에서 흔히 볼 수 있으므로 5~6cm 정도의 길이로 자란 것을 캐어다 분에 올리면 된다. 거름은 소량의 깻묵가루를 달마다 한 번씩 분토 위에 뿌려준다. 가꾸는 동안 햇빛을 잘 보인다.

• 어린 잎은 나물로 먹는다.

깽깽이풀

Plagiorhegma dubia MAX | 매자나무과

특징 가련하고 아름다운 연보랏빛 꽃이 피는 낮은 숙근성의 풀이다. 3월 말부터 4월에 걸쳐 둘로 접혀진 붉은빛의 연잎을 닮은 잎이 펼쳐지면서 꽃이 핀다. 6개의 꽃잎이 달린 꽃은 매화꽃을 닮았다. 꽃이 피고 난 뒤 점차적으로 잎이 커지면서 잎자루도 자라는데 7월경에는 키가 20~25cm에 이르고 잎의 크기도 7~10cm에 달한다.

개화기 3~4월

분포 만주 지방과 우리나라의 북부 지방에 많이 나는데 광주의 무등산과 중부 지방에도 가끔 자생한다. 높은 산의 평탄한 자리에 형성되는 풀밭의 양지바른 곳에서 볼 수 있다.

재배 깊은 분 속에 1cm 안팎의 굵기를 가진 알갱이 용토를 5분의 1 정도의 깊이로 깔고 가루 흙을 뺀 산모래로 심는다. 거름은 무더위가 오기 전까지 깻묵의 덩이거름과 물거름을 충분히 준다. 봄가을에는 햇빛을 충분히 보이되 꽃이 피고 난 뒤에는 반그늘로 옮긴다. 강한 바람을 맞거나 건조하면 잎이 상하기 쉬우므로 주의하고, 물은 보통으로 준다. 옮겨 심는 것을 싫어하므로 갈아심기는 2~3년에 한 번 뿌리를 다치지 않도록 주의하면서 실시한다. 증식은 갈아심을 때 실시하는 포기나누기와 씨뿌림에 의하며, 씨뿌림은 채종 즉시 하는 것이 좋다.

• 뿌리 부분의 쓴맛을 건위제로 사용한다.

나도물통이

Nanocnide japonica BLUME | 쐐기풀과

특징　땅을 기어가는 줄기를 사방으로 신장시키면서 늘어나는 다년생(숙근초)의 풀이다. 높이는 10~20cm로서 부채 모양이고 톱니를 가진 잎이 비스듬히 자란다. 잎의 길이는 1~3cm이고 잎자루의 밑동에 작은 턱잎 두 개가 붙어 있다.

꽃은 수꽃과 암꽃이 각기 다른 자리에 피는데, 수꽃은 잎겨드랑이로부터 길게 자란 꽃대 위에 뭉쳐 피고 암꽃은 상부의 잎겨드랑이에 여러 개가 달라붙어 핀다. 화점초 또는 애기물통이라고도 부른다. 꽃 색깔은 초록빛이다.

개화기　5~7월

분포　제주도와 전라남도의 백양산에 분포하며 산록 지대의 음습한 곳에 난다.

재배　미립자의 가루를 뺀 산모래에 20% 정도의 부엽토를 섞은 흙에 심으며 몸집이 작은 풀이기 때문에 지름 18cm쯤 되는 얕은 분에 서너 포기를 심는다.

거름은 착근한 뒤부터 매주 한 번씩 묽은 물거름을 물 대신 준다. 봄에는 햇빛을 충분히 쪼이게 하고 초여름부터는 반 그늘진 자리에서 가꾼다.

물은 하루 한 번 아침에 주며 특별히 까다롭지 않아 쉽게 가꿀 수 있다. 증식은 2년에 한 번꼴로 실시하는 갈아심기 때에 포기나누기를 한다.

낚시제비꽃

Viola grypoceras A. GRAY | 제비과

특징　산야에서 흔히 볼 수 있는 제비꽃이다. 줄기는 길게 자라고 마디마다 잎을 가지는데 잎자루 밑동에 붙어 있는 턱잎의 가장자리는 빗 모양으로 갈라진다. 꽃은 보통 연한 보랏빛이지만 개체에 따라 짙고 연한 차이가 심하다. 비슷한 종류로서 좀낚시제비꽃, 흰낚시제비꽃, 졸방제비꽃 등이 있다.

개화기　4~5월

분포　중부 이남과 제주도 및 울릉도에 분포한다. 들판의 풀밭 속 양지바른 자리에 난다.

재배　지름과 깊이가 비슷한 토분 속에 분 깊이의 4분의 1까지 굵은 왕모래를 채운 다음 미립자의 가루를 뺀 산모래로 심는다. 물은 봄가을에는 매일 아침 한 번 충분히 주고, 여름철에는 저녁에 다시 한 번 준다. 겨울에는 분토가 지나치게 말라붙지 않을 정도로만 준다. 햇빛을 충분히 보이되 한여름에는 반그늘에서 시원하게 가꾸어야 하고 겨울에는 건조한 찬바람이 직접 닿지 않도록 한다. 거름은 깻묵가루나 하이포넥스의 수용액을 주되 적당히 주도록 한다.

증식법으로는 씨뿌림을 비롯하여 포기나누기, 줄기꽂이, 뿌리꽂이 등의 방법이 있다. 낚시제비꽃은 길게 자란 줄기를 짧게 다듬어주면 부정아가 늘어나고 포기도 커져 많은 꽃이 핀다.

누운주름잎

Mazus miquelii var. stolonifer f. vulgaris HARA |
현삼과

특징 다소 습한 땅에 나는 숙근초로서 키가 낮고 꽃이 핀 뒤 땅 표면을 기는 줄기가 자라 빠른 속도로 늘어난다. 봄부터 여름에 걸쳐 입술 모양의 꽃이 핀다.

꽃의 크기는 1.5cm 정도로 암술머리를 건드리면 꽃이 닫히는 습성을 가지고 있다. 때로는 보랏빛 꽃이 피는 것도 있다. 이와 흡사하게 생겼으면서 땅 표면을 기는 줄기가 없고 꽃이 약간 작게 피는 주름잎이 있다.

개화기 4~7월

분포 남부 지방의 강이나 냇가의 습한 곳에 나는데 주름잎은 전국 각지의 냇가와 논두렁에서 흔히 볼 수 있다.

재배 워낙 강인한 풀이기 때문에 지나치게 습해지지만 않는다면 어떤 흙으로 심어도 쉽게 가꿀 수 있다.

크고 얕은 분에 심어 가꾸는 것이 좋은데 둥근 형태의 분이 풀과 잘 어울린다. 묽은 물거름을 가끔 주면서 햇빛을 충분히 쪼이고 약간 흙이 마른 상태로 관리해주면 키가 작게 자라 꽃의 색채도 선명해진다. 분 속 가득 뿌리가 차기 쉬우므로 해마다 포기나누기를 겸해서 갈아심어야 한다. 씨는 익는 대로 바로 씨뿌림하는 것이 좋다.

강인하고 빠른 속도로 늘어나므로 뜰에 심어 다른 잡초류를 없애는 데 이용할 수 있다.

덩굴꽃마리

Trigonotis icumae MAKINO | 지치과

특징 그 유명한 물망초에 가까운 숙근성의 풀로서 하늘빛의 가련한 꽃이 핀다. 줄기는 기울어지면서 드물게 가지를 친다. 가지는 섬세하여 덩굴 모양으로 길게 자라며 풀의 키는 20cm 안팎이다. 온몸에 잔털이 나 있고 잎은 계란형으로 잎 가장자리에는 톱니가 없고 밋밋하다.

꽃은 줄기와 가지 끝에 5~9송이가 술 모양으로 모여 핀다. 꽃잎은 다섯 갈래로 갈라져 있으며 꽃이 피고 난 뒤 줄기는 땅 위를 뻗어나가면서 새로운 식물체를 자라게 한다. 비슷한 종류로서 꽃마리, 참꽃마리, 좀꽃마리, 물꽃마리 등이 있다.

개화기 5~6월

분포 남부 지방과 중부 지방에 분포하며 산록지대나 풀밭의 반 그늘지고 토양 수분이 윤택한 자리에 난다.

재배 말려서 잘게 부순 이끼를 산모래에 20% 정도 섞은 흙으로 심는다. 분은 얕고 넓은 것이 어울리는데 경우에 따라서는 작은 분에 심어 분 밖으로 늘어지게 가꾸는 것도 보기 좋다.

거름은 한여름을 제외하고 월 2~3회 물거름을 준다. 봄에는 양지바른 곳에서 가꾸고 초여름부터는 반그늘로 옮겨주어야 하며, 물은 하루 한 번이 표준이다.

• 어린순을 나물로 먹는다.

들깨잎골무꽃

Scutellaria laeteviolacea KOIDZ | 꿀풀과

특징　숙근성의 풀로 줄기는 모가 나 있으며
5~15cm 정도의 높이로 곧게 자란다. 잎은 길이
1~3cm로서 하트형에 가까운 계란형이다. 잎 가
장자리에는 무딘 톱니가 나 있고 마디마다 두 장
이 마주난다. 잎 뒤는 보랏빛이고 들깨잎과 흡사
하기 때문에 이러한 이름이 붙여졌다. 줄기 끝에
1~6cm 길이의 꽃이삭을 형성하여 보랏빛 꽃이
많이 핀다. 꽃의 크기는 2cm 정도로서 잎과 아름
다운 조화를 이룬다.

개화기　5~6월

분포　북부 지방에 분포하며 산의 그늘진 곳에
난다.

재배　생육력이 강한 풀이기 때문에 어떤 흙으로
심어도 잘 자란다. 그러나 키를 작게 가꾸어 내기
위해서는 가루를 뺀 산모래만으로 심어 가꾼다.
물은 하루 한 차례 흠뻑 준다.
거름은 많이 줄 필요가 없으며 매달 한 번씩 하이
포넥스나 기타의 물거름을 주면 충분하다. 포기나
누기, 꺾꽂이, 씨뿌림으로 쉽게 증식시킬 수 있으
며 저절로 씨가 떨어져 늘어난다.
갈아심기는 2년에 한 번씩 이른 봄에 실시하는 것
이 무난하다. 마당가의 암석원에 심어 가꾸어도 보
기 좋다.

등심붓꽃

Sisyrinchium angustifolium MILL | 붓꽃과

특징　골붓꽃이라고도 하는 키 작은 귀화 식물인
데, 과거에는 원예 식물로서 뜰에 심어 가꾸었지만
오늘날에는 따뜻한 지방의 들에서 흔히 볼 수 있을
정도로 크게 퍼졌다.
다년생의 풀로 높이는 10~20cm이고 석창포와
흡사하게 생겼다.
겨울에도 푸른 잎을 가지며 초여름에 잎 사이로부
터 자란 꽃자루에, 연보랏빛 바탕에 보랏빛 줄이
드는 작은 꽃이 한 송이씩 핀다.

개화기　5~6월

분포　북미 원산의 풀로서 남부 지방, 특히 제주
도에서는 야생 상태로 자라고 있는 개체를 많이 볼
수 있다.

재배　가냘픈 외모를 가지고 있으나 매우 강인하
여 흙을 가리지 않는다. 얕은 분에 씨를 뿌리면 싹
이 잘 터서 이듬해 초여름에는 귀여운 꽃이 핀다.
추운 지방에서는 분에 가꾼 것이 얼지 않도록 따뜻
한 곳으로 옮겨주어야 한다.
관리를 소홀히 해 말라 죽어도 씨만 떨어져 있다면
저절로 다시 돋아나 때가 되면 아름다운 꽃을 피운
다. 거름은 깻묵가루나 닭똥을 달마다 한 번씩 잎
에 묻지 않도록 주의하면서 분토 위에 뿌려준다.

민족도리꽃

Asiasarum heteropoides var. seoulense F. MAEKAWA | 쥐방울과

특징 숙근성의 키 작은 풀이다. 뿌리줄기는 가늘고 마디가 있으며 아주 짧은 줄기 끝에 두 장의 잎이 달린다. 잎의 생김새는 하트형으로 얇고 가장자리는 밋밋하다. 긴 잎자루에 의해 지탱되고 있는 잎은 겨울이 되면 말라 죽어버린다.
꽃은 잎이 완전히 펼쳐지기 전에 땅에 붙어 피며 어두운 보랏빛으로 직경이 1.5cm 정도이다. 꽃받침은 끝이 세 갈래로 갈라진다. 제주도와 다도해의 여러 섬에는 잎에 흰 얼룩무늬가 있는 섬족도리풀이 난다.
개화기 4~5월
분포 제주도를 비롯한 전국 각지에 분포하며 산의 습한 나무 그늘에 난다.
재배 얕은 분을 써서 산모래에 부엽토를 20% 가량 섞은 흙으로 심어준다. 다습해지거나 흙이 마르는 것을 피해야 하며 봄과 가을에는 햇빛을 충분히 쪼이게 하고 한여름에는 나무 그늘에서 가꾼다. 2~3년에 한 번꼴로 갈아심기를 해주어야 하며 갈아심기의 적기는 이른 봄이다. 이때 서로 헝클어져 있는 뿌리줄기의 마디 사이를 잘라서 갈라내는 방법으로 증식시킨다. 거름은 하이포넥스를 묽게 물에 타서 분무기로 잎에 가끔 뿌려준다.
• 뿌리를 말려서 약용한다.

반디지치

Lithospermum zollingeri Dc. | 지치과

특징 숙근성의 풀로 형광빛처럼 반짝거리는 남빛 꽃이 피어나므로 반디지치라는 이름이 붙여졌다. 온몸에 거친 털이 나 있으며 줄기는 꽃이 필 때까지 10~15cm 높이로 곧게 자라다가, 꽃이 피고 나면 그 기부로부터 땅을 기는 가지를 신장시켜 증식되어 나간다.
잎은 주걱꼴로 자루가 없으며 양면에 털이 나 있다. 줄기의 아랫부분에서는 잎이 둥글게 배열되고 위에서는 서로 어긋난 위치에 난다. 지름이 1.5cm 정도로 별처럼 생긴 꽃이 매우 아름답다.
개화기 4~5월
분포 중부 지방과 남부 지방의 산의 양지쪽 바위 위에 나는데 제주도와 울릉도에서도 볼 수 있다.
재배 다소 깊은 분을 골라 산모래에 부엽토를 약간 섞은 흙으로 심는다. 이 경우 분 속에 굵은 왕모래를 많이 깔아 물이 잘 빠질 수 있도록 하는 것을 잊지 않는다. 물은 보통으로 주면 되고 햇빛과 바람이 잘 닿게 관리해준다. 갈아심기는 해마다 꽃이 피고 난 다음에 한다. 갈아심기를 한 뒤에는 덩굴이 자라는데, 도장(徒長)하는 기미가 보일 때는 적당히 순을 쳐서 짤막하게 자라게 한다. 증식시키기 위해서는 6월경에 자라는 덩굴을 10cm 정도의 길이로 잘라 모래에 꽂아 뿌리를 내리면 된다. 그 밖에도 포기나누기와 씨뿌림 등의 방법이 있다.

봄

벌깨덩굴

Meehania urticifolia MAKINO | 꿀풀과

특징 숙근성의 풀로서 꽃자루는 15~30cm 정도의 높이로 곧게 자란다. 꽃은 선명한 보랏빛으로서 길이는 3~4cm인데 모두 같은 쪽을 향해 핀다. 꽃이 피어나는 줄기와는 별도로 땅을 기는 줄기를 가지고 있으며 꽃이 피고 나면 이 줄기가 길게 신장해나간다. 이 줄기로부터 이듬해에 꽃줄기가 자라서 꽃을 피운다. 잎은 마주나며 길쭉한 하트형인데 주름이 많고 가장자리에는 톱니를 가지고 있다.

개화기 4~5월

분포 전국의 산지, 나무 그늘에 난다.

재배 가루를 뺀 산모래에 30% 정도의 부엽토를 섞은 흙으로 심는다. 땅 위를 기는 줄기가 무성하므로 얕고 넓은 분에 심어 가꾸는 것이 좋다. 봄부터 초여름에 걸쳐 햇빛을 잘 보이고 한여름에는 반그늘로 옮겨 물을 충분히 준다.
거름은 매달 소량의 깻묵가루를 분토 위에 놓아준다. 2년에 한 번꼴로 갈아심어야 하며 그때 포기나누기를 하여 증식시킨다.
초여름에 꽃이 피지 않았던 줄기를 꺾꽂이하여 증식시키는 방법도 있다. 땅에 심어 가꾸기를 원할 때에는 알맞은 습도를 유지하는 나무 그늘에 심는다.
• 어린순을 나물로 먹는다.

봄구슬붕이

Gentiana thunbergii GRISEB | 용담과

특징 2년생의 풀로 키는 5~15cm로 매우 작다. 계란형의 잎이 둥글게 땅에 붙어 나며 그 사이에서 몇 개의 꽃자루가 자라 직경 1cm쯤 되는 꽃이 핀다. 별 모양의 꽃은 개체에 따라 약간의 차이는 있으나 투명한 하늘빛으로 위를 향해 피는 모습이 가련하고 아름답다. 비슷한 종류로 구슬붕이와 큰구슬붕이가 있다. 구슬붕이류는 용담류와는 달리 이른 봄에 꽃을 피우는 습성을 가지고 있으며 모두 키가 작다.

개화기 3~5월

분포 전국 각지에 분포하며 산야의 양지바른 곳에 키 작은 풀들이 자라는 풀밭 속에 난다.

재배 몸집이 아주 작으므로 작은 분에 심어야 어울리며 흙은 산모래에 부엽토를 20~30% 섞은 것을 쓴다. 거름을 좋아하므로 깻묵의 덩어리거름이나 깻묵가루를 주기적으로 분토 위에 놓아주고 생육 상태가 시원치 않은 것에 대해서는 잎에 하이포넥스를 뿌려주는 것을 병행한다. 물기를 좋아하므로 말리는 일이 없도록 적당한 습기를 유지하는 한편 햇빛을 잘 보여 주고 통풍이 잘 되는 곳에서 관리한다. 여름철의 강한 햇빛은 잎이 상하는 원인이 되므로 석양빛을 피하고 반그늘에서 관리해준다. 2년생 풀이므로 씨뿌림으로 가꾸어야 하며 봄구슬붕이의 씨는 어두운 곳에서만 싹트는 습성이 있으므로 유의한다.

붓꽃

Iris nertschinskia LODD | 붓꽃과

특징 숙근성의 풀로서 키는 30~50cm에 이른다. 칼같이 길고 넓게 생긴 잎을 가졌다. 땅속줄기는 갈색의 섬유로 덮여 있으며 옆으로 퍼진다. 잎은 네다섯 장이 겹쳐 자라며 그 속에서 긴 꽃자루가 자라 남빛에 가까운 연보랏빛 꽃이 두세 송이 차례로 핀다.

꽃잎은 모두 여섯 장인데 그 가운데 석 장은 크고 옆으로 넓게 펼쳐지며 밑동은 노랗고 보랏빛 나는 눈금무늬를 가진다. 나머지 석 장은 좁고 길쭉하며 꽃의 한가운데에 깃발처럼 선다.

개화기 5~6월

분포 전국 각지의 산야에 나는데 양지바르고 다소 건조한 곳을 좋아하며, 물가나 습한 땅에서는 자라지 않는다.

재배 다소 깊은 분을 택해서 석회암질의 모래를 섞은 가벼운 흙으로 심으면 좋다. 또는 가루를 잘게 썬 산모래만으로 심어도 된다.

물을 너무 많이 주거나 물이 잘 빠지지 않을 때에는 여름철에 뿌리가 썩어 죽곤 한다. 거름은 늦여름부터 초가을에 걸쳐 집중적으로 주는데 물거름이 효과적이며 가끔 잿물을 주면 뿌리가 썩는 것을 막을 수 있다. 갈아심기와 포기나누기는 꽃이 진 직후에 실시해야 한다. 분 가꾸기에서는 밀생시킬수록 키가 작게 자라 보기가 좋다.

• 뿌리줄기가 옴 등의 피부병에 쓰인다.

시로미

Empertrum nigrum var. japonicum KOCH | 시로미과

특징 상록성의 관목으로 키는 10~25cm 정도의 높이로 자란다. 줄기는 땅 위를 기면서 많은 가지를 친다.

작고 딱딱한 잎은 서로 어긋나게 붙으며 전나무잎과 비슷하게 생겼다.

5~6월에 붉은빛을 띤 보랏빛 꽃이 잔가지 위에 피고 꽃이 핀 뒤 보랏빛을 띤 까만 콩알만 한 열매를 맺는다.

개화기 5~6월

분포 제주도 한라산 정상의 백록담가에 나며 북한의 고산지대에도 자생한다.

재배 분 속 3분의 1까지 굵은 왕모래를 넣고 가루를 뺀 산모래에 가루로 만든 이끼를 조금 섞은 흙으로 심어준다.

과습 상태에 빠지지 않게 주의하면서 양지바르고 바람이 잘 닿는 자리에서 가꾸며 여름철의 석양빛은 발을 쳐서 가려준다. 거름은 월 1~2회 깻묵가루나 물거름을 주는데 한여름과 겨울 동안은 중단한다. 갈아심기는 2년에 한 번 이른 봄에 실시해야 하며 증식은 꺾꽂이에 의하는데 이른 봄 이끼에 꽂는다. 이른 봄에 다듬어주면 절단된 자리로부터 4~5개의 가지가 자라 키가 작아지면서 더부룩하게 뭉쳐져 보기가 좋아진다.

• 열매로 청량음료를 만들어 마시며 식용한다. 예부터 신선이 먹던 열매라 하여 귀중히 여겼다.

왜현호색

Corydalis ambigua CHM. et SCHL | 양귀비과

특징 10~15cm 정도의 크기로 자라는 숙근성의 풀이다. 연한 줄기는 약간 기운 상태로 자라고 잎은 두 번 세 갈래로 갈라지며 흰 가루를 쓴 것처럼 보인다.

봄에 하늘빛 입술 모양의 꽃이 줄기 끝에 많이 뭉쳐 핀다. 개체에 따라 꽃빛의 진하고 연한 차이가 많다. 비슷한 종류로서 현호색을 비롯하여 염주괴불주머니, 댓잎현호색, 들현호색, 큰현호색, 갯현호색, 산괴불주머니 등 여러 종류가 있다.

개화기 4~6월

분포 중부와 북부 지방의 산지에 흔히 난다.

재배 물이 잘 빠지게 심는 것이 가장 중요하다. 분 밑에 3분의 1까지 굵은 산모래를 깔고 산모래 속에 약간의 부엽토를 넣어 그 중심에 알뿌리가 자리하도록 심어준다. 꽃이 피고 나면 쉽게 잎이 말라 죽어버리므로 단기간 내에 거름을 주어 가꿔야 한다. 그러므로 잎이 있는 동안 하이포넥스의 수용액과 재를 물에 타서 일주일 간격으로 번갈아준다. 잎이 살아 있을 때에는 햇빛을 충분히 쬐고 꽃이 핀 뒤에는 반그늘에서 다소 물을 적게 준다.

증식은 씨뿌림에 의하는 것이 좋으며 채종 즉시 이끼 위에 뿌리도록 한다.

• 덩이줄기를 복통, 두통, 월경통에 사용한다.

자주알록제비꽃

Viola variegata f. variegata HARA | 제비과

특징 잎 뒤가 자줏빛으로 물들고 잎 표면에는 잎맥을 따라 흰 얼룩이 생겨나기 때문에 자주알록제비꽃이라는 이름이 붙여졌다. 줄기는 없으며 잎은 넓은 계란형이다. 잎자루와 꽃자루에는 잔털이 나 있고 보랏빛 꽃이 핀다.

개화기 4~5월

분포 전국적인 분포를 보이며 산지의 양지바른 자리로서 풀이 작게 나 있는 자리에서 볼 수 있다.

재배 분 속에 4분의 1까지 굵은 왕모래를 넣고 그 위에 가루를 뺀 산모래를 넣어 심는다. 거름은 하이포넥스의 묽은 수용액을 월 2~3회 주는데 한여름에는 중단한다. 물은 봄과 가을에는 아침에 한 번, 한여름에는 저녁에 다시 한 번 준다. 겨울에는 말라 죽지 않을 정도로만 준다.

햇빛이 잘 닿는 자리에서 가꾸되 한여름에는 시원한 반그늘에서 가꾼다. 겨울철에는 찬바람이 직접 닿는 일이 없도록 보호해준다.

갈아심기는 이른 봄이 제일 좋으며 묵은 뿌리를 잘라버리고 긴 뿌리는 반 정도로 다듬어 새로운 흙으로 심는다.

증식시키기 위해서는 포기나누기를 하는데 그 밖에 뿌리꽂이와 씨뿌림도 행해진다.

정향풀

Amsonia elliptica ROEL, et SCHUL | 협죽도과

특징 수감초라고도 부르는 숙근성의 풀이다. 땅속줄기는 옆으로 기며 줄기는 60cm 정도의 높이로 곧게 자라는데 거의 가지를 치지 않는다. 잎은 피침형으로서 끝과 기부가 뾰족하다.
길이가 6~10cm인 잎은 서로 어긋나게 생겨나며 가장자리는 밋밋하다. 줄기의 끝에 별처럼 생긴 하늘빛 꽃이 뭉쳐 핀다.
꽃이 핀 뒤 열매가 맺는데 그 모양은 칼집과 같고 길이는 5cm쯤 된다. 꽃의 생김새가 향료로 쓰이는 정향과 비슷하기 때문에 정향풀이라는 이름이 붙여졌다.

개화기 4~5월

분포 남부 지방과 중부 지방의 강변이나 풀밭 등의 약간 습한 땅에 난다.

재배 가루를 뺀 산모래로 심어주는데 잘게 썬 이끼를 약간 섞어도 좋다. 밝은 그늘에 놓고 아침에 한 번 물을 흠뻑 준다. 물이 잘 빠지지 않으면 뿌리가 썩을 우려가 있으므로 주의한다.
거름은 월 2~3회 하이포넥스를 표준보다 묽게 타서 준다. 증식은 가을에 갈아심을 때를 이용하여 포기나누기를 한다.
해충이 붙기 쉬우므로 정기적으로 살충제를 뿌려 주는 것을 잊지 않는다.

제비꽃

Viola mandshurica var. mandshurica HARA | 제비꽃과

특징 숙근성의 풀로서 땅 속에 자리한 짤막한 줄기에서 잎이 자라기 때문에 잎이 땅 속에서부터 나 있는 것처럼 보인다. 꽃이 하늘을 나는 제비처럼 생겼다고 해서 이런 이름이 생겨났는데, 이외에도 오랑캐꽃, 씨름꽃, 참제비꽃 등 많은 이름을 가지고 있다.
잎의 생김새는 긴 주걱형이다. 이른 봄 귀여운 보랏빛 꽃이 핀다. 여름부터 가을에 걸쳐 꽃은 피지 않은 채 계속 열매만 맺는데 이러한 꽃을 폐쇄화(閉鎖花)라고 하며 제비꽃류의 한 특징이다.

개화기 4~5월

분포 전국적인 분포를 보이며 야산 지대나 길가, 담장 밑 등에서 흔히 볼 수 있다.

재배 분 속에 4분의 1까지 굵은 왕모래를 채우고 산모래로 심어준다. 거름은 깻묵가루나 하이포넥스를 주는데 지나치지 않게 주의한다. 물은 봄 가을의 경우 아침마다 한 번 흠뻑 주고 한여름에는 저녁에 다시 한 번 준다. 여름에는 반그늘로 옮겨주어야 하며 겨울에는 찬바람이 닿지 않게 보호해준다. 갈아심기는 꽃이 핀 뒤나 가을에 하는데 묵은 뿌리와 긴 뿌리는 다듬어서 새 흙에 심어준다. 증식은 포기나누기, 씨뿌림, 뿌리꽂이 등 다양하다.

• 어린 잎은 나물로 먹는다. 뿌리와 줄기는 부스럼을 치료할 때 쓰였고 해독약으로 달여 복용한다.

제비붓꽃

Iris laevigata FISCH | 붓꽃과

특징 연자화라고도 하는 습지에 나는 숙근성의 풀이다. 다른 붓꽃류와 크게 다르지 않은 생김새를 가지고 있으며 꽃의 한가운데에 솟아 있는 꽃잎이 제비의 꼬리와 흡사하다. 키는 50~70cm 정도이고 밑동에서 서로 겹쳐진 잎은 넓고 칼처럼 생겼다. 꽃은 직경이 10cm | 를 넘으며 짙은 보랏빛이다.

개화기 5~6월

분포 우리나라에서는 지리산에만 난다.

재배 습지를 좋아하는 풀이기 때문에 연못 속에 심어주면 가장 잘 자란다. 흙은 논 흙을 쓰는 것이 좋다. 뜰에 심을 수도 있는데 이 경우에는 부식질이 섞이지 않은 땅을 골라 심어야 한다. 분에도 가꿀 수 있는데 분은 다소 큰 것을 골라 논 흙이나 밭흙으로 심는다. 흙이 마르지 않게 물을 충분히 주고 거름은 봄과 가을, 그리고 꽃이 핀 뒤 깻묵가루를 분토 위 서너 군데에 놓아준다. 생육 기간 중 햇빛을 충분히 보여주는 것이 좋으며 갈아심기는 꽃이 핀 직후 또는 이른 봄에 실시한다. 이때 3~5개의 새로운 눈을 한 단위로 뿌리줄기를 갈라 증식시키는데 꽃이 핀 뒤에 포기나누기를 할 때에는 모든 잎을 20cm 정도의 길이만 남겨두고 잘라버려야 활착(活着) 상태가 좋다. 꽃이 피기 직전에 야도충(거염벌레)이 꽃망울을 갉아먹는 일이 많으므로 자주 살펴봐야 한다.

좀현호색

Corydalis decumbens PERS | 양귀비과

특징 숙근성의 풀로서 많은 현호색 가운데에서 꽃이 작기 때문에 좀현호색이라는 이름이 생겨났다. 키는 15cm 정도로서 몸집이 연하기 때문에 곧게 서지 못하고 비스듬하게 자란다.
잎은 두 번씩 세 갈래로 갈라지며 가끔 흰 반점이 생기기도 한다. 봄철에 붉은빛이 감도는 보랏빛 꽃이 술모양으로 모여 핀다. 다른 종류의 현호색에 비해 꽃이 피는 수가 적다.
땅 속에 둥근 뿌리를 가지고 있는데 이것은 줄기의 밑동이 살찐 것으로서 식물학상 괴경(塊莖)이라고 부르며 한약재로 쓰인다.

개화기 4~5월

분포 제주도에 분포하며 들판의 풀밭이나 산록지대의 밝은 숲속에 난다.

재배 분 속에 3분의 1정도까지 굵은 왕모래를 채운 다음 가루를 뺀 산모래로 심는데 괴경이 놓이게 될 자리에 부엽토를 깔아 그 위에 괴경을 얹어 심으면 잘 자란다. 잎을 가지고 있는 동안에는 하이포넥스와 묽은 잿물을 매주 한 번씩 교대로 준다. 꽃이 질 때까지는 햇빛을 잘 보이고 그 뒤에는 반 그늘진 자리에서 분토가 습해지지 않게 물을 조금씩 준다. 증식은 씨뿌림에 의하며 이끼 위에 뿌린다.

• 덩이줄기를 복통, 두통, 월경통에 사용한다.

천남성

Arisaema amurense var. serratum NAKAI |
천남성과

특징 천사두초리라고도 불리는 구근식물이다. 높이 50cm쯤 되는 줄기가 곧게 자라고 그 끝에 여러 개의 작은 잎으로 구성된 두 장의 잎을 가진다. 줄기에는 푸른 바탕에 보랏빛 반점이 나 있다. 작은 잎의 생김새는 길쭉한 타원형이고 가장자리에는 톱니가 없으며 밋밋하다.

줄기 끝에 뚜껑을 가진 깔때기처럼 생긴 꽃이 한 송이 핀다. 이 꽃은 꽃받침이 변한 것으로서 참된 꽃은 그 속에 자리하고 있는 노랑 막대기처럼 생긴 부분이다. 꽃받침은 푸른 바탕에 흰 줄이 나 있다. 꽃이 핀 뒤 많은 열매가 덩어리지는데 익으면 붉게 물들어 아름답다.

개화기 5~6월

분포 전국에 분포하며 산 속 나무 그늘에 난다.

재배 산모래에 부엽토와 잘게 썬 이끼를 각각 10% 정도씩 섞은 것으로 심되 분 밑에는 굵은 왕모래를 깔아 물이 잘 빠질 수 있게 해주어야 한다. 월 3~4회 묽은 물거름을 계속 주어야 하나, 한여름에는 뿌리가 상할 염려가 있으므로 중단한다. 석양빛을 가릴 수 있고 바람이 잘 닿는 자리에서 가꾸고, 한여름에는 발을 쳐서 햇빛을 가려준다.

• 독성이 강한 식물로, 뿌리는 거담(祛痰)과 경련에 사용한다.

청미래덩굴

Smilax china L | 백합과

특징 다른 나무나 키가 큰 풀에 기대어서 자라는 덩굴성의 키 작은 나무인데 풀처럼 보인다. 땅속줄기는 굴곡하며 단단하고 드물게 잔뿌리를 낸다. 줄기 또한 마디마다 좌우로 굴곡하여 가지를 치면서 1m 이상 자란다.

둥근 잎은 길이가 3~10cm로서 어긋나며 3~5개의 평행된 잎맥이 뚜렷하고 윤기가 난다. 봄철에 잎겨드랑이로부터 자라는 꽃대에 작고 푸른 꽃이 모여 핀다. 꽃이 피고 난 뒤 생겨나는 둥근 열매는 가을이 깊어감에 따라 붉게 물들어 매우 아름답다.

개화기 4~5월

분포 전국에 분포하며 산록지대 풀밭에서 흔히 본다.

재배 흙은 산모래에 부엽토를 30% 정도 섞은 것을 쓴다. 깊은 분을 준비하여 이른 봄 눈이 움직이기 전에 심는다. 눈이 자라기 시작하면 너무 길게 자라지 않도록 적심(摘心)을 되풀이하면서 현애작(懸崖作)과 같은 모양으로 가꾼다. 열매를 맺기 어려우나 열매가 없어도 충분히 감상할 만한 가치가 있다. 거름은 깻묵가루를 매달 한 번씩 분토 위에 올려놓는 정도로 충분하며 물은 흙이 마르지 않을 정도로만 준다.

• 열매는 생식하며 어린순은 나물로 먹는다. 뿌리는 약용한다.

큰개불알풀

Veronica persica POIR | 현삼과

특징 양지바른 자리에서 우연히 발견하게 되면 봄이 왔음을 느끼게 하는 가련한 꽃이다. 하루살이 꽃으로 저녁에는 꽃이 지지만 양지바른 곳에서는 차례로 봄이 끝날 무렵까지 계속 핀다.

줄기는 밑동에서 갈라져 많은 가지를 치면서 옆으로 눕는 습성이 있다. 잎은 계란형에 가까운 둥근형으로 서로 어긋나게 나며 잎가에는 무딘 톱니를 가진다.

꽃은 잎겨드랑이에서부터 한 송이씩 피는데 연보랏빛의 4장의 꽃잎으로 이루어진다. 원래 유럽과 아프리카 지역에 나는 풀로서 우리나라에 귀화한 지는 오래 되었다.

개화기 1~5월

분포 중부 이남의 지역과 제주도에 분포하며 풀밭이나 길가 등 양지바른 자리에 난다.

재배 매우 손쉽게 가꿀 수 있으며 처음에는 꽃이 피고 있는 것을 채집하여 뜰의 양지바른 곳에 심거나 또는 원예용 흙으로 얕은 분에 올린다.

특별한 관리법은 없지만 햇빛을 충분히 쪼이게 하지 않으면 생육 상태가 좋지 못하다. 2년생의 풀이므로 뜰에 심으면 저절로 씨가 떨어지며, 해마다 이 씨를 거두어 모아 가을에 분에 담은 흙에 씨뿌림해 준다. 이른 봄에 꽃이 피는 다른 산야초와 함께 심어 가꾸면 잘 어울린다.

큰구슬붕이

Gentiana zollingerii FAWCETT | 용담과

특징 꽃봉오리는 붓 끝처럼 생겼으며 키는 5~10cm 정도이다. 2년생 풀로서 잎은 길이 5~15mm이며 잎 가장자리는 딱딱하고 반투명이다. 꽃은 종 모양으로 생겼으며 연한 하늘빛이다. 꽃의 끝부분은 다섯 갈래로 갈라져 있고 밤에는 다물어 버리는 습성이 있다. 워낙 몸집이 작으면서도 꽃이 크고 여러 송이 뭉쳐 피기 때문에 쉽게 눈에 띈다.

개화기 4~5월

분포 전국에 분포하며 산야의 활엽수림이나 숲가에 많이 난다.

재배 산모래에 부엽토를 20% 섞은 흙으로 심는다. 거름을 좋아하므로 매달 한 번씩 깻묵가루를 분토 위에 놓아주며 생육 상태가 시원치 않은 것에 대해서는 깻묵가루 이외에 하이포넥스 용액을 분무기로 잎에 뿌려준다. 물을 좋아하므로 흙이 마르지 않게 주의해야 하며, 습기를 적당히 유지해주는 것이 좋다. 햇빛과 바람이 잘 닿는 곳에서 가꾸어야 하는데 여름에 강한 햇빛을 받으면 잎이 타고 아랫잎이 말라 죽어버린다. 그러므로 여름철에는 반그늘로 옮기고 석양을 가려줘야 한다. 다른 풀과 함께 심어 포기 사이에 씨를 뿌려놓으면 싹이 잘 튼다. 구슬붕이류는 밝은 곳에서는 싹트기 어려우므로 씨를 뿌린 분은 싹이 틀 때까지 어두운 곳에 놓아두어야 한다.

큰오랑캐

Viola vaginata MAX | 제비꽃과

특징 줄기가 없는 제비꽃으로서 고깔제비꽃처럼 꽃이 핀 다음에 잎이 자라는 습성을 가지고 있다. 잎은 다소 감겨 있는 상태로 흙 속에서부터 나타나며 완전히 펼쳐지면 하트형을 이룬다.
잎 표면은 털이 없고 얇다. 꽃은 대개 연보랏빛이고 흰 꽃이 피는 경우도 있다. 다른 제비꽃보다 크게 피어나 풍만한 느낌을 준다. 일명 삼각민둥제비꽃이라고도 한다.

개화기 4~5월

분포 중부 지방과 북부 지방에 분포하며 산의 나무 그늘에 난다.

재배 분 속에 4분의 1 높이까지 굵은 왕모래를 넣은 다음 가루를 뺀 산모래로 심는다.
거름은 묽은 물거름을 월 3~4회 준다. 물은 봄과 가을에는 매일 아침 한 번 주고 여름에는 저녁에 다시 한 번 주어야 한다.
겨울에는 흙이 지나치게 마르지 않을 정도로만 주면 된다. 봄가을에는 햇빛을 충분히 쪼이게 하고, 한여름에는 바람이 잘 닿는 반그늘로 옮겨주어야 한다. 포기가 커지면 갈아심어주어야 하는데 그 시기는 꽃이 핀 뒤 또는 초가을이 좋다.
묵은 뿌리는 따버리고 긴 뿌리는 알맞게 다듬어 새로운 흙으로 심어야 싱싱해진다.

타래붓꽃

Iris pallasii var. chinensis FISCH | 붓꽃과

특징 난초와 같이 생긴 잎을 가진 숙근성의 풀로서 흔히 건조한 땅에서 난다. 잎의 길이는 30~40cm에 이르며 좁고 길쭉한 선 모양으로서 흰빛이 감도는 푸른빛으로 너비는 5mm 내외이다. 다른 붓꽃류는 잎이 밋밋하게 자라 올라가는데 이 타래붓꽃은 두세 번 꼬이는 특징을 가지고 있으며 그로 인해 타래붓꽃이라는 이름이 생겨났다. 꽃의 지름은 4cm 안팎이고 다른 붓꽃에 비해 꽃잎이 현저히 좁고 빛깔도 연하다.

개화기 5~6월

분포 우리나라 전역과 만주 지방에 널리 분포하며 대개 산야의 메마른 땅에 난다.

재배 습한 것을 싫어하므로 가루를 뺀 산모래만으로 심되 분 속에는 굵은 왕모래를 충분히 깔아 물이 잘 빠질 수 있게 해주어야 한다. 분은 얕은 것이 생육상 좋을 뿐만 아니라 풀의 생김새와도 잘 어울린다.
가꾸는 자리는 양지바른 자리라야 하며 물을 적게 주어 다소 건조하게 가꾸어야 잎이 짧아져 보기 좋다. 거름은 매달 한 번씩 깻묵가루를 분토 위에 놓아준다. 증식은 포기나누기에 의하는데 씨뿌림으로도 증식시킬 수 있다.

• 뿌리줄기를 인후염과 지혈제로 사용한다.

현호색

Corydalis turtschaninowii BES | 현호색과

특징 땅 속에 둥근 알뿌리를 가지는 숙근성의 풀이다. 줄기는 연하나 높이 20cm까지 곧게 자란다. 잎은 서로 어긋나게 나며 긴 잎자루 위에서 두 번 갈라진다.

꽃은 줄기 끝에 5~10 송이가 술 모양으로 모여 피는데 크기는 1.5cm 정도로 하늘빛에 가까운 연보랏빛이다. 꽃이 피고 난 뒤 길이 2cm쯤 되는 꼬투리처럼 생긴 열매를 맺는다. 비슷한 종류로서 큰 현호색, 댓잎현호색, 세잎현호색, 빗살현호색 등이 있다.

개화기 4~5월

분포 제주도와 울릉도를 제외한 전국 각지에 분포하며 산야의 풀밭에 난다.

재배 분 가꾸기에 있어서 가장 중요한 것은 물이 잘 빠질 수 있게 심어야 한다는 점이다. 흙은 산모래를 쓰되 구근 주위를 부엽토로 감싸서 심어주면 잘 자란다. 꽃이 피고 나면 이내 잎이 말라 휴면기로 접어들기 때문에 그 전에 거름을 잘 주어 실하게 가꾸어놓아야 한다. 즉 잎이 살아 있는 동안에는 매주 한 번 하이포넥스와 묽은 잿물을 번갈아 주면서 충분히 햇빛을 쪼이게 해준다. 꽃이 핀 뒤에는 반그늘로 옮겨 다소 물을 적게 주어 가면서 가꾼다. 증식은 씨뿌림에 의한다.

• 덩이줄기는 한방약재로 쓰인다.

호제비꽃

Viola yedoensis MAKINO | 제비꽃과

특징 중부 지방에서 가장 흔한 제비꽃이다. 줄기는 없고 많은 잎이 땅 속으로부터 뭉쳐 자라며 뿌리는 희고 땅 속 깊이 파내려간다.

잎의 생김새는 넓은 피침형이고 가장자리에는 무딘 톱니가 있다. 잎 뒤는 불그스레한 빛으로 물든다. 잎 사이로부터 10cm 정도의 높이로 꽃자루를 신장시켜 한 송이의 보랏빛 꽃이 핀다. 꽃잎은 길이 1~1.5cm 정도이고 양쪽 가에 위치한 꽃잎에는 털이 없다.

개화기 3~4월

분포 중부 지방에만 분포하며 길가나 풀밭에 난다.

재배 흙을 가리지 않으나, 산모래에 약간의 부엽토를 섞어 사용하는 것이 가장 무난하다. 분은 얕은 것이나 약간 깊은 것이 잘 어울린다. 거름은 가끔 깻묵가루를 조금씩 분토 위에 뿌려주면 된다. 물은 보통으로 주고 햇빛을 잘 보인다.

해마다 이른 봄이나 늦가을에 갈아심어주어야 한다. 이때 묵은 뿌리는 다듬어버리고 긴 뿌리는 알맞게 잘라준다. 가꾸기가 쉬우며 씨뿌림이나 포기나누기로 잘 늘어난다. 창문 밑이나 현관의 테라스 주위 등 양지바른 곳에 씨를 뿌려두면 해마다 이른 봄에 귀여운 꽃이 핀다.

흰털제비꽃

Viola hirtipes MOORE | 제비과

특징 숙근초로서 키는 10cm 안팎이다. 줄기는 없고 땅 속으로부터 잎이 자란다. 잎의 생김새는 길쭉한 계란형이고 잎자루와 꽃자루에는 희고 부드러운 털이 나 있다.

꽃은 제비꽃 가운데에서는 가장 커서 지름이 3cm에 이르며 연한 보랏빛이다. 또한 꽃잎이 넓게 펼쳐져 평면적인 모양을 보이는 것이 이 제비꽃의 특징이다.

개화기 4~5월

분포 제주도를 비롯하여 남부 지방과 중부 지방에 분포하며 낮은 산의 양지바른 풀밭에 난다.

재배 분 속에 물이 잘 빠질 수 있게 굵은 왕모래를 충분히 깐 다음 가루를 뺀 산모래로 심어준다. 거름은 꽃이 피고 난 뒤부터 장마가 시작될 때까지는 깻묵가루를 매달 한 번씩 주고 여름에는 하이포넥스를 월 2~3회 주는 것이 무난하다.

9월부터 잎이 말라 죽을 때까지는 매달 한 번씩 깻묵가루를 주며 매주 한 번씩 하이포넥스 주기를 병행한다. 물은 봄가을에는 매일 한 번, 여름에는 두 번 주면 된다.

햇빛을 잘 보여주되 한여름에는 반그늘로 옮긴다. 꽃이 피고 난 뒤 또는 초가을에 묵은 뿌리는 잘라 버리고 긴 뿌리는 반 정도로 다듬어 새로운 흙으로 고쳐 심는다.

갯메꽃

Calystegia oldanella ROEM. et SCHULT | 메꽃과

특징 해변가 모래밭에 나는 덩굴성의 숙근초이다. 갯메꽃은 다른 메꽃과는 달리 거의 원형에 가까운 콩팥형의 잎을 가지고 있다는 점에서 쉽게 구별된다.

잎은 직경 3~5cm로서 두텁고 광택이 나므로 매우 아름답다. 꽃대는 잎자루보다 길게 자라 오각형에 가까운 분홍빛 꽃이 핀다. 잎과 꽃의 대조가 매우 화려해 가꾸어 즐길 만하다.

개화기 4~5월

분포 전국 각지의 해변가 모래밭에 난다.

재배 다소 크고 깊은 분에 분재용 산모래만으로 심어 가꾼다. 거름은 달마다 깻묵덩이 거름을 한두 개씩 분토 위에 놓아주면 되고, 거름을 많이 줄 때에는 좀처럼 꽃이 피지 않는다는 점에 유의한다.

가꾸는 자리는 하루 종일 햇빛이 닿는 자리가 좋다. 갯메꽃은 메마른 땅에 즐겨 나는 성질을 가지고 있기 때문에 토질이 좋은 땅에 심어 가꾸면 덩굴만 무성하여 좀처럼 꽃이 피지 않는다. 따라서 꽃을 보려면 거름기가 거의 없는 상태로 가꾸어야 한다.

• 어린 싹은 나물로, 땅속줄기는 삶아서 먹는다.

갯완두

Lathyrus japonicus WILLD | 콩과

특징　해변의 모래밭에 나는 숙근성의 풀로 그 생김새가 완두콩과 흡사해 갯완두라는 이름이 붙여졌다. 줄기는 모가 난 각주형으로 땅 위를 옆으로 기어가며 끝부분이 비스듬히 일어선다. 잎은 짝수로 이루어진 깃털 모양의 복엽으로 끝은 덩굴손으로 변한다.

꽃은 보랏빛을 띤 붉은빛으로서 지름이 2.5~3cm나 되기 때문에 매우 화려하고 아름답다. 꽃이 피고 난 뒤 길이 5cm 가량의 큰 열매를 맺는다. 때때로는 흰 꽃이 피는 변이종도 있다.

개화기　4~6월

분포　전국 각지의 해변가 모래밭에 난다.

재배　냇모래나 분재용 산모래로 물 빠짐이 잘 이루어질 수 있게 심어 햇빛을 충분히 쪼이게 한다. 봄에 눈이 돋아나기 전에 포기나누기를 겸해서 갈아심어 준다.

씨뿌림은 10월에 채종 즉시 실시한다. 지나치게 거름을 많이 주어 가꾸면 꽃이 피는 수가 적어진다. 그러므로 제대로 꽃을 피우려면 거름은 묽은 물거름을 월 2회 정도만 주고 약간 건조하게 물을 조절한다. 다소 크고 얕은 분에 심어 알맞은 크기의 돌을 곁들이는 한편 흙 표면에 모래를 덮어주면 해변의 분위기를 연출해 보기 좋다.

• 어린 싹을 이뇨 및 해독제로 사용하고 산후병에도 쓰이는데, 검은콩의 대용 약재로도 사용한다.

고깔제비꽃

Viola rossi HEMSL | 제비꽃과

특징　굵고 짧막한 땅속줄기를 가지고 있으며 줄기는 가지고 있지 않다. 잎은 하트형으로 양면에 가느다란 털이 나 있고 잎 가장자리에는 톱니가 있다. 꽃이 필 무렵에는 잎이 아직 펼쳐져 있지 않으며 길쭉하게 감겨져 있는 것이 보통이다.

꽃은 선명한 분홍빛으로서 꽃잎은 둥그스름하게 생겼다.

개화기　4~5월

분포　전국의 산지에 분포하며 대체로 반 그늘진 자리를 좋아한다.

재배　겨울만 제외하고 언제든지 심을 수 있으나, 봄에 피어나는 꽃을 위해 꽃이 피고 난 직후나 9월에 심는 것이 가장 무난하다.

지름과 높이가 9cm 정도 되는 분(소위 세치분이라 한다)을 골라 한 포기만 심는다. 흙은 가루를 뺀 산모래를 쓰되 분 속에는 굵은 용토를 깔아 물이 완벽하게 빠질 수 있게 해야 한다. 거름은 매달 한 번씩 깻묵가루를 분토 위에 놓아준다.

꽃이 필 때까지는 햇빛을 충분히 쪼여주고, 꽃이 피고 난 뒤에는 반그늘로 옮겨 잎이 상하지 않도록 유의한다. 갈아심기는 꽃이 진 직후 또는 초가을에 실시한다.

• 어린 싹은 산나물로 먹으며 풀 전체를 종처(부스럼)에 사용한다.

광대나물

Lamium amplexicaule L | 꿀풀과

특징 코딱지나물이라고도 하는 2년생 풀이다. 가느다란 뿌리로부터 자라는 단면이 네모꼴인 줄기는 밑동에서 여러 갈래로 갈라져 10~30cm 높이로 자란다.

잎은 반원형으로 크기는 1.5~2cm 정도이고 톱니를 가지고 있다. 아래쪽에 나는 잎은 잎자루를 가지고 있으나 위에 나는 것은 줄기를 감싸면서 서로 마주난다.

위쪽의 잎겨드랑이에 붉은빛을 띤 보랏빛 꽃이 여러 개씩 윤생한다.

개화기 4~6월

분포 전국 각지의 풀밭과 밭두렁, 길가 등에 나며 아세아 전역과 유럽에까지 널리 분포한다.

재배 특별한 흙을 선택하지 않아도 잘 자라 가능하면 밭 흙에 부엽토를 약간 섞어서 쓴다. 이른 봄 키가 자라기 전에 얕은 분에 옮겨 심어 꽃이 피는 것을 감상한다. 2년생 풀이기 때문에 해마다 꽃이 피고 난 뒤 씨를 모아 마당 구석에 씨뿌림해 둔다. 거름으로는 잘 썩은 닭똥을 가끔 주면 된다. 세밀하게 관리하지 않아도 저절로 잘 자란다.

• 연한 잎은 나물로 해 먹으며 풀 전체는 토혈(吐血)에 쓰인다.

금낭화

Dielytra spectabilis G. DON | 양귀비과

특징 몸집이 연하고 부드러우며 전체적으로 흰빛이 감도는 숙근성의 풀이다. 50~70cm의 높이로 자라고 잎은 깃털 모양으로 갈라진다. 하나하나의 작은 잎은 4~7cm 정도의 길이를 가진다.

줄기 끝과 잎겨드랑이로부터 비스듬히 기울어지는 꽃대를 신장시켜 옛날에 여성들이 차고 다니던 돈주머니와 같은 생김새의 분홍꽃이 한 줄로 늘어져 핀다. 전에는 중국 원산의 화초로 알려져 있었으나 지리산이나 경상북도의 산악지대에서도 발견되었다. 꽃이 아름답기 때문에 며느리주머니라고도 하고, 마치 입술 사이에 밥풀이 끼어 있듯이 보여 밥풀꽃이라고도 부른다.

개화기 4~6월

분포 지리산과 경상북도 산악지대의 양지바른 풀밭에 난다.

재배 반 그늘지고 물이 잘 빠지는 뜰에 심어 가꾸면 꽃이 잘 핀다. 분 가꾸기를 원할 때에는 가루를 뺀 분재용 산모래에 30% 정도의 부엽토를 섞은 흙으로 물이 잘 빠질 수 있는 상태로 심어준다. 물은 하루 한 번 충분히 주고, 봄부터 초여름까지 하이포넥스를 묽게 타서 10일 간격으로 물 대신 준다. 증식은 포기나누기나 연한 줄기를 꺾꽂이한다.

• 일본에서는 풀 전체가 탈항증(脫肛症)에 쓰여 왔다.

봄

꿩의밥

Luzula capitata NAKAI | 골풀과

특징 숙근초로서 이른 봄부터 많은 잎이 자란다. 직접 뿌리로부터 자라는 잎은 줄모양 또는 피침형으로서 길이 5~15cm, 너비 2~6mm 정도로서 잎 가장자리에는 길고 흰 털이 많이 난다. 잎 사이로부터 10~20cm 정도의 길이를 가진 꽃대를 신장시켜 꼭대기에 잔 꽃이 둥글게 뭉쳐 핀다. 꽃의 색깔은 적갈색이고 여문 씨는 짙은 청흑색으로 물든다.

개화기 4~5월

분포 전국 각지에 널리 분포하며 길가나 산야, 황폐지 등의 양지바른 곳에 난다.

재배 흙은 가리지 않으나 분재용 산모래에 약간의 부엽토를 섞어 얕은 분에 돌을 곁들여 심는다. 햇빛이 잘 닿는 자리에 놓고 하루 한 번씩 물을 준다. 거름은 별로 필요 없으나 매달 1~2회 하이포넥스를 묽게 타서 주면 좋다.
포기나누기로 잘 늘어나며 포기나누기를 하는 시기는 이른 봄이 무난하지만 따뜻한 지방에서는 가을에도 가능하다.
뜰의 양지바른 자리에 씨를 뿌려 군락을 이루게 하는 것도 흥미로운 방법이다. 원래 메마른 자리에 나는 풀이므로 거름을 줄 필요는 없고 가끔 잡초를 뽑아주는 정도로 충분하다.

덩굴광대수염

Glechoma hederacea var. grandis KUDO | 꿀풀과

특징 이른 봄 들판에 갖가지 풀꽃이 피기 시작할 무렵, 길가나 집 주위 등에서 흔히 볼 수 있는 숙근성의 풀이다. 꽃이 피고 난 뒤 줄기가 쓰러져 덩굴과 같이 길게 자란다.
줄기는 모가 나 있으며 향기를 풍기는 잎은 콩팥형이다. 담홍색이고 아래 꽃잎에 붉은 점이 박히는 이 꽃이 무리를 이루어 피어나는 모습은 매우 아름답다.
봄을 알리는 큰개불알풀과 함께 사람의 마음을 부드럽게 해주는 가련한 봄꽃이다.

개화기 3~5월

분포 제주도와 남부 지방에 난다.

재배 강인한 생장력을 가지고 있기 때문에 쉽게 가꾸어 즐길 수 있다.
길고 얕은 분에 심어 분에서 넘쳐흐를 정도로 가꾸어 놓으면 매우 아름답다.
수분이 윤택한 것을 좋아하므로 산모래에 부엽토를 20% 정도 섞은 흙을 쓴다. 키가 5cm 정도로 자라났을 때가 분에 올리는 적기이다. 반 그늘진 자리에서 가꾸면 풀이 순조롭게 자라 분에서 넘치게 된다. 물은 하루 한 번 주면 된다.

땅비싸리

Indigofera kirilowi MAX | 콩과

특징 산의 반그늘에서 자라는데 특히 냇가의 바위틈이나 모래땅에 나는 낙엽성의 키 작은 관목이다. 나무이기는 하나 워낙 키가 낮고 가늘고 허약한 줄기 때문에 풀처럼 보인다. 잎은 기수우상복엽(奇數羽狀複葉)으로 생김새는 등나무 잎을 작게 축소해 놓은 것과 같다. 땅속줄기가 사방으로 뻗어나 그 끝에서 새로운 줄기가 자라남으로써 잘 늘어난다. 꽃은 분홍빛을 핀 보랏빛으로 줄기 상부의 잎겨드랑이에서 이삭 모양으로 늘어진 꽃대에 많이 뭉쳐 핀다. 꽃의 생김새는 등나무 꽃과 비슷하며 매우 아름답다. 정원의 나무 밑에 심으면 잘 어울린다.

개화기 5~6월

분포 전국 각지의 산에 나는데 특히 소나무 숲 속에서 많이 볼 수 있다.

재배 자라는 힘이 매우 강하여 땅속줄기가 길게 자라 그 끝에서 새로운 줄기가 자란다. 그것을 파올려 분에 심어 놓으면 다음 해에는 아름다운 꽃이 핀다. 얕은 분에 심어 가꾸면 훌륭한 초물분재가 된다. 흙은 보수력이 좋은 것을 쓴다.

물은 약간 많다고 느껴질 정도로 주고 오후에는 그늘진 자리에서 가꾼다. 한여름에는 아예 그늘로 옮겨주는 것이 좋다. 거름은 봄가을에 각 한 번씩 분토 위에 소량의 깻묵가루를 놓아준다.

며느리밑씻개

Persicaria senticosa NAKAI | 여뀌과

특징 한해살이풀로서 덩굴처럼 다른 물체에 기어오르고 줄기의 길이는 2m 정도에 이른다. 줄기에는 네 개의 모가 나 있고 갈퀴처럼 생긴 작은 가시를 가지고 있다. 잎은 세모꼴이고 서로 어긋나게 나며 길이는 6cm 내외로서 잎 뒤에는 줄기에 나 있는 것과 같은 가시를 가진다.

많은 가지를 치며 가지 끝마다 작은 꽃이 둥글게 뭉쳐 피는데 꽃잎은 따로 없다. 분홍빛 꽃이 피고 난 뒤 까만 열매를 맺는다.

개화기 5~8월

분포 전국적으로 분포하고 있으며 마을에서 가까운 들판이나 길가 등에 흔하다.

재배 쓸모없는 잡초로 취급되고 있으며 관상 가치도 거의 없기 때문에 분에 심어 정성들여 가꿀 만한 대상이 못 된다. 야생의 정취를 즐기기를 원한다면 가을에 씨를 거두어 모아 뜰 한 구석에 되는 대로 뿌려두면 된다.

원래 덩굴과 같이 기어오르는 성질을 가지고 있으므로 담장 가와 같은 자리에 뿌리는 것이 좋다.

한 번 가꾸면 해마다 스스로 자란다. 일본에서도 우리나라 이름과 흡사한 의붓자식의밑씻개라는 이름으로 불리고 있다.

• 어린 잎과 줄기는 나물로 먹는다.

무(우)아재비

Raphanus acanthiformis var. spontaceus NAKAI
| 배추과

특징 해변에 나는 야생의 무이다. 밭에서 가꾸는 무가 사람 손을 벗어나 야생화된 것으로 보이며 채소인 무에 비해 뿌리가 작고 여위어서 홀쭉하다. 2년생 풀로서 높이는 30~80cm 정도이다. 잎과 생김새는 무와 흡사하며 봄에 꽃자루가 솟아나 연한 보랏빛 꽃을 피운다.

그 밖에도 흰빛에 가까운 것에서부터 불그스레한 꽃이 피는 것 등 변화가 많다. 해변에 큰 군락을 이루어 일제히 꽃이 필 때에는 일대 장관을 이룬다.

개화기 4~5월

분포 전국의 해변 모래밭에 난다.

재배 깊은 분에 산모래로 물이 잘 빠지게 심는다. 햇빛을 잘 쪼이게 하고 물을 조금씩 주어가며 가꾸면 작게 자라서 꽃이 필 때에는 분과 조화를 잘 이룬다.

해마다 씨뿌림을 해서 가꾸어야 하며 한 번 가꾸면 떨어진 씨가 어느새 자라 꽃이 핀다.

매우 가꾸기 쉬운 풀로서 뜰의 양지바른 자리에 씨를 뿌려놓으면 그 뒤로는 스스로 자라 해마다 봄철에 꽃을 볼 수 있다.

바위취란화 돌앵초

Primula saxatilis KOMAR | 석죽과

특징 돌앵초라고도 하는 숙근성의 풀이다. 잎은 길이 3~9cm로 뿌리줄기로부터 자라며 타원형으로서 가장자리에는 톱니가 있다.

키는 5~6cm로 매우 작으며 보랏빛을 띤 분홍빛 꽃이 한 송이에서 다섯 송이 핀다. 꽃의 생김새는 앵초와 같으며 다섯 갈래로 갈라져 있다.

비슷한 종류로 앵초를 비롯하여 큰앵초, 설앵초, 좀설앵초 등이 있다.

개화기 4~5월

분포 북부 지방에만 분포한다. 산의 바위 위나 벼랑의 바위틈 등에 난다.

재배 부처손(양치식물의 일종)의 뿌리 덩어리에 붙여서 가꾸면 배양이 잘 된다. 분에 심을 때에는 왕모래를 충분히 깔고 가루를 뺀 2~3mm 굵기의 산모래로 심어준다.

거름에 약하므로 표준보다 2분의 1 정도로 묽게 탄 하이포넥스를 월 2회만 주되 여름에는 중단한다. 물은 흠뻑 주되 분 속이 적당한 습기를 유지하면서도 다습 상태에 빠지지 않도록 한다.

봄가을에는 햇빛을 충분히 보인다. 그러나 여름에는 바람이 잘 통하는 반그늘로 옮겨 잎이 상하지 않게 관리해준다. 갈아심기는 2~3년에 한 번 이른 봄이나 꽃이 핀 직후에 실시하며 그때 포기나누기도 한다.

복분자딸기

Rubus coreanus MIQ | 장미과

특징 낙엽성 관목으로서 높이는 1.5m~2m 정도가 되며 덩구렁 가까운 외모를 가지고 있다. 줄기와 가지, 그리고 잎자루에는 예리한 가시가 산재한다. 잎은 5~7장의 작은 잎으로 구성되어 있다. 우상복협이고 작은 잎의 생김새는 계란형 내지 타원형이다. 잎 가장자리에는 크고 작은 톱니가 나 있다. 꽃은 잔가지의 끝에 다섯 송이 정도가 모여 피는데 연분홍빛이고 둥근 열매는 7~8월에 검붉게 익는다. 전라도 지방에서는 곰딸이라고 부른다.

개화기 4~5월

분포 제주도로부터 중부 지방에 이르는 지역에 분포한다. 주로 산록지대의 양지바른 곳에서 볼 수 있다.

재배 키가 꽤 크므로 분에 심어 가꾼다는 것은 어려운 일이다. 그러므로 뜰에 심어 검붉게 익어가는 열매를 즐긴다. 심는 자리는 양지바르고 토양 수분이 윤택한 곳이라야 하며 흙은 사질 토양이면 이상적이다. 또한 심을 자리는 물이 잘 빠져야 하며 파놓은 구덩이 속에 물기가 남아 있는 자리에서는 제대로 자라지 못한다. 거름은 심기에 앞서서 구덩이 속에 잘 썩은 퇴비를 넣어 주면 된다.

• 열매를 이뇨제로 쓰고, 식용하기도 한다.

민미꾸리낚시

Persicaria sieboldii var. aestiva OHKI | 마디풀과

특징 습한 땅에 나는 한해살이 풀이다. 줄기는 모가 졌으며 밑동 가까운 곳에서 가지를 쳐 옆으로 눕는 습성이 있다. 높이는 30cm 정도로서 줄기에는 잔가시가 나 있고 마디마다 서로 어긋나게 하는 잎은 화살의 깃털과 같은 생김새를 가진다. 잎자루에도 잔가시가 돋아 있으며 꽃은 3~4mm 정도의 크기로 새로운 가지 끝에 둥글게 뭉쳐 피는데 색채는 희거나 연분홍빛이다. 비슷한 종류로서 고마리가 있는데 잎은 세모꼴에 가까운 것이 민미꾸리낚시와 다른 점이다.

개화기 5~9월

분포 전국에 분포하며 하천이나 도랑가 등 물에 가까운 습한 땅에 난다.

재배 습한 땅을 좋아하는 한해살이 풀이므로 밭흙과 부엽토, 그리고 모래를 5:3:2의 비율로 섞어 분에 담아 씨뿌림한다. 분은 얕고 넓은 것이 어울리며 씨뿌림은 이른 봄에 실시한다. 흙이 마르지 않게 관리해주고 싹이 트면 알맞게 솎아준다.

봄가을에는 양지바른 곳에서 가꾸고, 한여름에는 반그늘로 옮겨서 관리한다. 거름은 월 2~3회 물거름을 주면 되고, 흙이 심하게 마르는 일이 없도록 물 관리를 해야 한다.

살갈퀴

Vicia angustifolia L | 콩과

특징 덩굴로 자라는 2년생 풀로 길가 등에서 흔히 볼 수 있는 잡초이다. 잎겨드랑이에 1.5cm 정도의 크기를 가진 붉은빛을 띤 보랏빛 꽃이 핀다. 꽃의 생김새는 콩과 식물의 특징대로 나비와 비슷하다. 꽃이 핀 뒤 길이 4cm쯤 되는 열매를 맺는다. 그 속에는 10개 정도의 씨가 들어 있고 까맣게 익으면 둘로 갈라져 마치 까마귀와 같은 생김새가 된다. 비슷한 종류로 새왕두와 등갈퀴덩굴, 나래왕두 등이 있는데, 잎 끝의 생김새와 크기 등으로 분별한다.

개화기 4~5월

분포 제주도를 비롯한 전국 각지에 분포하며 산야의 풀밭이나 길가 등에 흔히 난다.

재배 산모래 등 물 빠짐이 좋은 흙을 쓴다. 현애(懸崖)용 분과 같이 직경에 비해 높이가 높은 분에 심어 분 가장자리에서 아래로 늘어지게 가꾸어놓으면 보기가 좋다. 또 지름이 13~18cm 정도 되는 토분에 씨를 5~6알 뿌려 지주를 세워 유인하는 것도 한 방법이다. 이 경우 씨는 채종되는 대로 바로 씨뿌림한다. 거름은 깻묵을 잘 발효시켜 가루로 빻은 것을 매달 한 번씩 분토 위에 놓아준다. 흙이 말라붙는 일이 없도록 주의하며 양지바른 자리에서 가꾼다.

설앵초

Primula modesta var. genuina TAKEDA | 앵초과

특징 키가 10cm 정도밖에 되지 않는 아주 작은 숙근성의 풀이다. 줄기는 없고 잎은 지표에 모여나며 주걱꼴로서 표면에 주름이 있고 가장자리에는 무딘 톱니를 가지고 있다. 잎 뒷면에는 누런 가루가 많이 붙는 특징이 있다. 여름에 잎 사이로부터 꽃줄기가 자라 그 끝에 연한 보랏빛 꽃이 여러 송이 핀다. 꽃의 지름은 1cm 안팎으로 가련한 아름다움을 지니고 있다.

개화기 5~7월

분포 제주도 한라산 정상에만 난다.

재배 이끼로만 심는 것이 좋은데 여름철에 뿌리줄기가 이끼 위로 솟아오르는 단점이 있다. 또한 오래되면 뿌리 선충의 피해를 입어 말라 죽기 십상이다. 그러므로 해마다 새로운 이끼로 갈아심어주어야 한다. 거름에는 약하므로 아주 묽게 탄 물거름을 월 2회꼴로 주는데 한여름에는 중단한다. 또한 가끔 재를 물에 타서 주어 뿌리를 실하게 가꾸어 줄 필요가 있다. 물은 충분히 주어 분 속에 새로운 물과 공기를 공급해주되 물이 고이지 않게 하고 알맞은 습기를 유지할 수 있도록 한다. 갈아심기는 이른 봄에 해야 하며 그때 늘어난 눈을 갈라내어 증식시킨다.

앉은부채 우엉취

Symplocarpus renifolius SCHOTT | 천남성과

특징 천남성과의 특성인 포엽, 즉 배[舟]와 같은 모양의 변형한 잎이 발달하여 짧고 굵은 막대기 모양을 이룬 꽃의 집단을 감싼다. 꽃을 감싼 포엽의 색채는 짙은 갈색이고 크기는 10cm쯤 된다. 한 포기에 한 송이의 꽃이 피는데 땅에 달라붙은 상태로 개화한다. 잎은 꽃이 질 무렵에 펼쳐지는데 하트형이고 긴 잎자루를 가지며 윤기가 난다. 꽃이 좋지 못한 냄새를 풍기므로 가꾸는 일이 드물다. 비슷한 종류인 애기앉은부채는 한 포기에 두세 송이의 꽃이 피고 냄새를 풍기지 않는다.

개화기 4~5월

분포 전국의 산지, 계곡 물가에서 볼 수 있으며, 흙이 깊게 쌓인 음습한 곳에 난다.

재배 밭 흙에 약간의 모래를 섞어 큰 분에 심어 연못의 얕은 물 속에 앉힌다. 그러나 뜰의 나무 그늘 등에 직접 심어 가꿀 수도 있다. 바람이 잘 닿는 자리에서 석양빛을 가려주고 여름에는 시원하게 키운다. 거름을 좋아하므로 두어 달에 한 번꼴로 뿌리 주위에 말린 양미리 2개를 꽂아준다. 강인한 숙근성의 풀이므로 한 번 심으면 10년쯤은 갈아심지 않아도 무방하다. 증식은 꽃이 끝날 무렵에 포기나누기로 한다.

• 잎을 삶아 묵나물을 만든다. 뿌리에는 독성분이 있으며 약용한다.

앵초

Primula sieboldi E. MORR | 앵초과

특징 앵초라는 이름은 이 풀의 일본 발음을 그대로 따온 것으로 원래의 우리 이름은 취란화(翠蘭花)이다. 숙근성의 풀로서 가느다란 뿌리를 많이 가졌으며 잎은 직접 뿌리로부터 자란다. 잎은 길쭉한 계란형인데 털이 나 있고 주름이 많다. 잎 사이에서 높이 10~15cm쯤 되는 꽃자루가 자라 그 꼭대기에서 5~10송이의 보랏빛을 띤 분홍빛 꽃이 핀다. 꽃은 다섯 갈래로 갈라져 있으며 매우 아름답다.

개화기 4~5월

분포 전국적인 분포 상태를 보이며 산록의 풀밭 또는 계곡 물가의 습한 자리에 난다. 양지바른 자리를 좋아하며 음지에서는 나지 않는다.

재배 산모래에 심어 가꾼다. 또한 접시같이 생긴 얕은 분에 강가에서 나는 갯펄흙을 담아 심어 놓고, 물을 빨아올리게 해놓으면 생육 상태가 좋다. 물은 충분히 주어 분 속에 새로운 물과 공기를 공급해주는 한편 물이 정체하는 일이 없게 하면서도 알맞은 습기를 유지할 수 있도록 한다. 햇빛을 충분히 보여주되 석양빛은 가려 주어여 하며 여름에는 반그늘로 옮겨준다. 포기나누기는 2~3년마다 이른 봄 눈이 움직이기 시작할 무렵 또는 꽃이 피고 난 직후 갈아심기 때실시한다.

• 어린 싹은 나물로 먹는다.

얼레지 가재무릇

Erythronium japonicum DECAIS | 백합과

특징　가재무릇이라고도 하는 구근식물이며, 산자고(山茨姑)라고도 한다. 잎은 2장뿐이고 거의 땅에 붙어 마주나며 표면은 흰빛을 띤 녹색으로 불그스레한 보랏빛 얼룩이 생긴다. 잎 뒷면은 보랏빛은 띤 갈색이다. 이른 봄 잎 사이로부터 5~10cm쯤 되는 꽃자루를 신장시켜 한 송이의 보랏빛 꽃을 피운다.

개화기　4~5월

분포　전국적으로 분포하며 산지의 밝은 수림에서 난다.

재배　깊에 심어야만 잘 자라므로 깊은 분을 이용한다. 다소 입자가 굵은 산모래에 부엽토를 30% 섞어 심는다. 물은 보통으로 준다. 꽃이 핀 뒤에는 잎이 말라 죽으며 그 뒤로는 흙이 다소 건조할 정도로 물을 적게 주어야 하고, 나무 그늘에서 시원하게 여름을 나게 해준다. 거름은 봄철 꽃이 핀 뒤의 깻묵가루를 한 번만 분토 위에 놓는다. 초기가 쇠약해지면 갈아심어도 회복되기 어려우므로 꽃이 핀 뒤에는 땅으로 옮겨 심어 1~2년 배양한다.

• 잎을 나물로 먹으며, 비늘줄기에서 녹말을 채취하며 식용하거나 약용한다.

엉겅퀴

Cirsium maackii MAX | 국화과

특징　산야에서 흔히 볼 수 있는 숙근성의 풀로서 키는 60~100cm에 이른다. 잎은 크고 깊게 갈라졌으며 많은 가시가 돋아나 있다. 길게 자란 줄기의 꼭대기에 한 송이의 보랏빛을 띤 분홍빛 꽃이 핀다. 이 꽃은 많은 꽃이 한자리에 모여 이루어진 것으로서 꽃잎은 가느다란 실오라기와 같은 형태로 변해 끈 끝에 다는 술과 같은 모양을 가진다.

개화기　5~6월

분포　전국에 분포하며 양지바른 풀밭에 난다.

재배　키가 크게 자라는 풀이기 때문에 암석원이나 뜰에 가꾸어 즐기는 것이 무난하며 양지바르고 물이 잘 빠지는 자리를 골라 심어야 한다. 분에 심어 가꾸기를 원할 때에는 다소 깊은 분을 골라 물이 잘 빠지는 흙으로 심어준다. 거름은 매달 한 번씩 깻묵가루를 소량 분토 위에 놓아 주면 된다. 물은 보통으로 주고 햇빛을 충분히 쪼이게 하면서 가꾸는데, 여름철에는 분토를 지나치게 말리는 일이 없도록 주의한다. 증식은 포기나누기에 의하는데 봄이나 가을에 갈아심기 작업을 할 때 실시한다.

• 어린순은 나물로 먹으며 성숙한 것은 약으로 쓴다.

음양곽 삼지구엽초

Epimedium koreanum NAKAI | 매자나무과

특징 키가 15~30cm 정도로 자라는 숙근성의 풀로서 뿌리는 한약재로 쓰인다. 뿌리줄기로부터 다섯 개 정도의 줄기가 뭉쳐 자라며 잎은 약간 비틀어진 길쭉한 하트형으로서 세 개로 갈라진 가지의 끝에 세 장씩 난다. 4월경 연보랏빛의 닻처럼 생긴 꽃이 아래를 향해 다섯 송이 정도 핀다. 가지와 잎의 수로 인해 삼지구엽초(三枝九葉草)라고도 한다.

개화기 4~5월

분포 중부와 북부 지방에 분포하며 산지의 낙엽 활엽수림 밑에 난다.

재배 부식질을 좋아하므로 산모래에 30~40%의 부엽토를 섞은 흙으로 얕은 분에 심는다. 원래 반 그늘진 숲속에 나는 풀이기는 하나 봄부터 장마 때까지 양지바른 자리에서 가꾸면 키가 낮게 자랄 뿐 아니라 꽃도 잘 핀다. 꽃이 피고 난 뒤에는 일찍 잎이 말라 죽어버리는데 잎이 살아 있는 동안에는 월 2~3회 물거름을 주는 동시에 매달 한 번씩 분토 위에 깻묵가루를 놓아준다. 2~3년마다 반드시 갈아심어주어야 하며 그때마다 포기나누기를 해준다. 갈아심는 시기는 이른 봄이 좋다. 씨뿌림은 채종되는 대로 바로 모래를 담은 분에 뿌려야 하는데 꽃이 피기까지 3년이 걸린다. 씨뿌림은 채종되는 대로 바로 모래를 담은 분에 뿌려야 하는데 꽃이 피기까지 3년이 걸린다.

• 잎, 줄기, 뿌리는 한방의 강장제로 쓰인다.

자운영

Astragalus sinicus L | 콩과

특징 원래 중국에 나는 2년생의 풀로 거름용으로 도입되었으나 지금은 거의 야생화하여 남부 지방에서는 도처에서 볼 수 있다. 뿌리에 뿌리혹박테리아가 있어서 공기 속의 질소를 고정시켜주는 작용을 하기 때문에 녹비작물(綠肥作物)로서 논에 많이 심어졌다. 그러나 지금은 주로 화학비료가 쓰이는 바람에 하나의 들꽃으로 전락해버리긴 했으나 봄의 들판에 피어나는 자운영의 분홍빛 꽃은 일종의 농촌 풍물로서 사랑을 받고 있다.

개화기 4~5월

분포 주로 남부 지방의 논두렁이나 밭 주변, 강가의 풀밭 등에서 야생화한 것을 보게 된다.

재배 논두렁 등에 나 있는 까맣게 익은 씨를 거두어 모아 채종 즉시 지름 18cm쯤 되는 얕은 분에 논 흙을 담아 뿌린다. 옮겨 심는 것을 좋아하지 않으므로 다소 많은 씨를 뿌려 허약한 묘를 알맞은 간격으로 솎아준다. 거름은 닭똥이나 깻묵가루를 가끔 분토 위 서너 군데에 놓아주면 된다. 양지바른 자리에 두고 흙이 마르지 않도록 물 관리를 해주면 봄에 귀여운 꽃이 핀다. 뜰에 직접 뿌려 가꾸어보는 것도 괜찮다.

주걱취란화

Primula cuneifolia var. typical MAKINO | 앵초과

특징 앵초와 같은 과에 속하는 숙근성의 풀이다. 높은 산악지대에 나며 고산식물의 특징을 그대로 나타내 작은 몸집에 큰 꽃이 핀다. 잎은 주걱꼴로 두텁고 작은 톱니를 가졌으며 꽃줄기를 중심으로 해서 둥글게 자리잡는다. 꽃자루는 5~10cm의 높이를 가졌으며 끝에 지름 2cm쯤 되는 분홍빛 꽃이 두세 송이 핀다. 비슷한 종류로 설앵초와 좀설앵초, 구충앵초가 제주도 한라산에 난다. 일명 주걱깨풀이라고도 한다.

개화기 5~6월

분포 북부 지방의 높은 산지에 나며 양지바른 풀밭의 습한 자리에 많은 개체가 군락을 이룬다.

재배 이끼로 심어 가꾸는 것이 좋으며 여름에 뿌리가 길게 자라 이끼 밖으로 나오므로 갈아심거나 새로운 이끼로 덮어주어야 한다. 이끼로 심은 것은 해마다 갈아심어주면 잘 자란다. 또한 개펄흙에 심어 밑바닥으로부터 물을 빨아올리도록 해도 생육 상태가 좋아진다. 단, 이 경우 흙 표면에 이끼를 키워 알맞은 습도를 유지해주어야 한다. 거름은 하이포넥스를 앞에 뿌려주고 물은 흠뻑 주되 다습해지지 않도록 한다. 석양빛을 가려주어야 하며 여름에는 오전 중에만 햇빛을 쪼이도록 한다. 해토될 무렵에 포기나누기를 하여 증식시킨다.

진달래

Rhododendron mucronulatum TURCZ | 철쭉과

특징 낙엽성의 키 작은 나무로서 이른 봄 화사한 분홍빛 꽃이 피어나 사람들의 눈길을 끈다. 잎은 타원형이나 긴 타원형으로서 끝이 뾰족하고 윤기가 나며 털이 없다. 꽃은 연분홍빛인데 나무에 따라 짙고 연한 차이가 있고 흰꽃이 피는 것도 간혹 있다. 가지 끝에 여러 송이 뭉쳐 피는 것이 특징이고 참꽃나무라고도 부른다. 비슷한 종류로 잎에 털이 나는 털진달래와 잎이 넓은 왕진달래, 상록성인 산진달래 등이 있다.

개화기 3~4월

분포 전국에 분포하며 산의 소나무숲 가장자리 등에 많이 난다.

재배 산성 토양을 좋아하며 산모래에 잘게 썬 이끼를 30% 정도 섞은 흙으로 얕은 분에 물이 잘 빠지게 심어준다. 잔뿌리가 많으므로 잘 활착한다. 봄부터 늦가을까지 매달 한 번씩 깻묵가루를 분토 위에 놓아주고 월 2~4회 하이포넥스 등의 물거름을 준다. 물은 적게 주어 흙이 약간 마른 상태가 되도록 관리한다. 바람이 알맞게 닿고 하루 종일 햇빛이 드는 자리에서 가꾸되 한여름에는 그늘로 옮겨 석양빛을 가려준다. 증식은 그루가 큰 경우 갈라서 심을 수 있다.

• 어린아이들은 꽃을 따서 먹으며 많이 먹으면 취한다. 꽃을 약용하기도 한다.

처녀치마

Heloniopsis orientalis var. purpurea NAKAI | 백합과

특징 뿌리에서 자란 잎은 방석 모양으로 땅에 붙어 둥글게 배열되어 약간 빳빳하고 윤기가 난다. 잎의 중심으로부터 10cm 안팎의 꽃줄기가 자라 정상부에 10송이 정도의 꽃이 둥글게 뭉쳐 핀다. 꽃의 색채는 붉은빛을 띤 보랏빛이다. 꽃줄기는 꽃이 피고 난 뒤 한층 더 길게 자라 50cm 가까이에 이른다. 이 풀의 이름은 잎의 배열이 처녀가 치맛자락을 펼쳐놓고 앉은 자세와 같다 해서 붙여진 것인데, 지방에 따라서는 치맛자락풀이라고 부르기도 한다. 비슷한 종류로 흰꽃이 피는 흰처녀치마가 있다.

개화기 3~4월

분포 제주도와 울릉도를 제외한 전국에 분포하며 산지의 나무그늘과 같은 음습한 곳에 난다.

재배 산모래를 주로 하여 잘게 썬 이끼나 부처손(양치식물의 일종)의 뿌리를 썬 것을 섞어서 심는다. 이것은 되도록 굵은 산모래로 공기가 잘 드나들 수 있도록 하면서 보수력이 좋아야 하기 때문이다. 이렇게 심어주어도 심하게 마르는 경우가 있는데 그러한 경우에는 얕은 물에 분을 담가놓기도 한다. 거름을 좋아하므로 깻묵가루를 20일 간격으로 분토 위에 놓아준다. 물을 많이 주면서 바람이 잘 닿는 반그늘에서 가꾼다. 증식은 꽃이 핀 뒤 포기나누기로 한다.

큰앵초

Primula jesoana var. glabra TAKEDA | 앵초과

특징 짧은 뿌리줄기를 가진 숙근성의 풀로서 온몸에 짤막한 털이 나 있다. 잎은 모두 뿌리줄기로부터 자라며 길이 15~20cm쯤 되는 긴 자루를 가지고 있다. 잎은 둥근꼴로 5~7갈래로 얕게 갈라지며, 지름이 6~12cm 정도로서 가장자리에는 고르지 않은 톱니를 가진다. 잎 사이로부터 길이 15~40cm쯤 되는 꽃자루가 자라 지름 1.5~2cm 크기의 분홍빛 꽃이 핀다.

개화기 5~6월

분포 제주도를 비롯한 전국에 분포하며 높은 산의 약간 습한 땅에 난다. 앵초는 많은 포기가 한자리에 모여 나는 경우가 많으나 큰앵초는 집단적으로 나는 일이 없다.

재배 공기가 잘 드나드는 토분을 써야 하며 가루를 뺀 산모래에 20% 정도의 부엽토를 섞은 흙으로 얕게 심어준다. 뿌리가 깊게 묻히면 생육이 불량해진다. 꽃이 필 때까지는 햇빛을 충분히 쪼일 수 있게 해주고 꽃이 피고 난 뒤부터는 반 그늘진 자리로 옮겨준다. 거름은 하이포넥스를 표준보다 묽게 타서 3~4회 주고 물은 다른 산야초보다 좀 적게 줘야 한다. 증식하기 위해서는 이른 봄 눈이 움직이기 전에 포기나누기를 한다.

• 어린순은 나물로 먹는다.

할미꽃

Pulsatilla koreana NAKAI | 미나리아재비과

특징　꽃이 피고 난 뒤 생겨난 씨에 붙어 있는 흰 털이 노파의 머리카락과 같다 해서 할미꽃이라는 이름이 붙여졌다. 숙근초로서 잎은 깃털 모양으로 깊게 갈라져 줄기 끝에 한 송이의 갈색을 띤 진보 랏빛 꽃이 핀다. 종 모양처럼 생긴 꽃은 아래를 향해 기울어진다.

개화기　4~5월

분포　전국 각지의 산야의 양지바른 풀밭에 난다.

재배　뿌리가 굵고 길기 때문에 깊은 분을 써야 한다. 분 속에 굵은 왕모래를 3cm 정도의 깊이로 깐 다름 산모래로 뿌리를 다치지 않게 주의하면서 심어준다. 거름을 좋아하므로 깻묵가루를 매달 한 번씩 분토 위에 놓아주는 한편 월 3~4회 물거름을 준다.

양지바른 곳을 좋아하므로 생육 기간 중에는 항상 햇빛을 쪼이게 해주어야 한다. 뿌리가 잘 신장하기 때문에 해마다 포기나누기를 겸해 11월경에 갈아 심어준다. 씨뿌림은 채종되는 대로 털을 잘라버리고 분에 담은 모래에 뿌려주면 2주 뒤에는 싹이 튼다. 이것을 작은 분에 옮겨 심어 잘 가꾸면 2~3년 뒤에는 꽃이 핀다.

• 독성이 있으며 뿌리를 이질, 지사제(止瀉劑) 및 신경통에 사용한다.

가는기린초

Sedum aizoon L | 돌나물과

특징　숙근성의 키 작은 풀로 한자리에 많은 줄기가 선다. 가지를 치지 않으며 좁고 길쭉한 피침형의 잎을 가진 점이 기린초와 다르며 그로 인해 가는기린초라고 불린다. 기린초와 마찬가지로 잎이 다육질이고 줄기 끝에 노란꽃이 뭉쳐 피는데, 기린꽃에 비해 보다 많은 꽃이 뭉쳐 피기 때문에 눈에 잘 띈다.

개화기　6~7월

분포　전국적인 분포를 보이며 산지의 양지바른 바위 위에 난다. 생육력이 강하기 때문에 흙을 가리지 않으나 가루를 뺀 산모래에 10% 정도의 부엽토를 섞은 흙을 쓰는 것이 좋다. 알맞은 돌을 골라 그 돌로 뿌리를 누르듯이 심어 놓으면 생육 상태가 보다 양호해진다.

거름은 깻묵가루를 매달 한 번씩 분토 위에 놓아주거나 물거름은 월 2~3회 준다. 건조에 강하므로 가급적 햇빛이 강하게 내리쪼이는 자리에서 물을 적게 주어가며 가꾸면 짜임새 있는 외모를 갖추게 된다.

이른 봄에 갈아심어주는데 오래 묵은 포기의 경우 뿌리를 건드리는 것을 싫어하므로 꺾꽂이로 증식하는 것이 무난하다.

강아지풀

Setaria viridis BEAUV | 벼과

특징 20~60cm 정도의 높이로 자라는 1년초이다. 대개 밑동에서 줄기가 여러 갈래로 갈라져 포기로 자란다. 잎은 칼과 같이 길쭉한 피침형으로 끝이 뾰족하며 표면이 거칠고 서로 어긋나게 붙는다. 줄기 끝에 초록빛의 작은 꽃이 무수히 뭉쳐 원기둥 형태의 꽃이삭이 늘어진다. 꽃이삭이 자줏빛을 띠는 것을 자주강아지풀, 노란 것을 금강아지풀이라 한다. 꽃이삭은 농촌 어린이들의 장난감으로 쓰인다.

개화기 8~11월

분포 세계의 온대 지방에 널리 분포한다. 양지바른 길가나 밭 주변, 또는 황폐한 들에서 흔히 볼 수 있다.

재배 특별히 가꾸지 않아도 야외로 나가면 흔히 볼 수 있다. 뜰 안이나 분에 가꾸어 즐기기를 원한다면 가을에 씨를 채집해 두었다가 4월 초에 씨뿌림하여 가꾸어 나간다. 흙은 가리지 않으나 거름기가 적은 흙을 써서 물을 적게 주면 작게 가꿀 수 있다. 자리는 하루 종일 햇빛이 닿는 자리가 좋다. 관리에 별로 신경을 쓰지 않아도 이삭이 잘 자라며 가을의 정취를 느낄 수 있다.

• 종자를 식용한다(구황식물로 흉년 때 식용하기도 한다).

개구리연 개연꽃

Nymphozenthus japonica FERN | 수련과

특징 개연꽃이라고도 부르는 수초이다. 숙근성의 식물로 옆으로 뻗어나가는 땅속줄기에 의해 증식되어 나간다. 땅속줄기는 굵고 복잡하게 갈라져 있으며 표면은 보랏빛을 띤 검은빛이다. 그 아래쪽에는 가늘고 긴 수염과 같은 뿌리가 많이 나 있다. 잎은 두 가지 형태를 가지고 있는데, 물 위에 떠 있는 잎은 방패형으로 길이는 30cm 가까이나 되고 윤기가 난다. 이 잎과는 별도로 물속에는 해조와 같은 가늘고 긴 잎이 무성하게 자라는데 이것을 수중엽(水中葉)이라고 한다. 여름철에 잎 사이로 꽃대를 신장시켜 지름 4cm 정도의 노란꽃이 한 송이 핀다.

개화기 6~9월

분포 중부와 남부 지방의 늪이나 연못 또는 냇물 속에 난다.

재배 분에 심어 연못 속에 넣어 가꾸거나 또는 직접 연못 바닥에 심어도 좋다. 흙은 논 흙이나 진흙이 좋으며 심을 때 말린 멸치나 양미리를 뿌리의 크기만큼 흙 속에 묻어준다. 양지바른 자리를 좋아하므로 가급적 하루 종일 햇빛이 닿는 곳에서 가꾼다. 포기나누기로 증식한다. 싹이 잘 트기 때문에 여문 씨를 포기 주위의 흙 속에 밀어넣어주면 이듬해 여름에 어린 묘가 생겨난다.

• 풀 전체를 강장 및 지혈제, 또는 부인병에 사용한다.

겹금매화

Trollius macropetalus FR. SCHMID | 미나리아재비과

특징 숙근성의 키 큰 풀로서 줄기는 60cm까지 곧게 자라며 때때로 가지를 친다. 잎은 뿌리에서 직접 자라는 것과 줄기에서 나는 것이 있는데 모두 단풍나무 잎처럼 세 갈래 내지 다섯 갈래로 길게 갈라진다.

잎 가장자리에는 크고 작은 톱니가 있고 표면은 윤기가 난다. 뿌리에서 나오는 잎은 지름이 10cm쯤 된다. 꽃은 줄기 끝에 두세 송이가 핀다. 9~10장의 꽃잎으로 보이는 것은 꽃받침이기는 하나 붉은빛을 띤 짙은 노란빛의 꽃은 모란꽃을 보는 듯한 아름다움을 지니고 있다. 5~7장의 참된 꽃잎은 수술처럼 생겼다. 일면 큰금매화라고도 한다.

개화기 7~8월

분포 북부 지방의 고산지대에 분포하며 고원의 풀밭 속에 난다.

재배 산모래에 잘게 썬 이끼를 10% 정도 섞은 흙으로 물이 잘 빠질 수 있게 심는다. 햇빛이 잘 닿는 자리에 두고 물을 충분히 주어야 하는데, 여름에는 밝은 나무 그늘로 옮겨준다. 거름을 적게 주어 키를 낮게 가꾸는 것이 보기 좋으므로 물거름은 월 2회 정도가 적당하다. 증식은 포기나누기와 씨뿌림에 의하는데 고산식물인 만큼 가꾸기가 어렵다.

고추나물

Hypericum erectum var. erectum HARA | 물레나물과

특징 숙근초로서 높이 20~60cm로 자란다. 피침형 의 잎은 마주나는데 각 마디마다 잎이 붙는 방향이 90도 각도로 달라지기 때문에 정연한 외모를 보인다. 줄기 끝에 여러 송이의 노란꽃이 차례로 피는데 꽃잎의 배열이 마치 팔랑개비와도 같다. 꽃의 크기는 1.5~2cm로 중심부에 수술이 많이 뭉친다.

개화기 7~9월

분포 전국 각지의 낮은 산과 들판의 풀밭, 양지 바른 곳에 핀다.

재배 분 속에 거친 왕모래를 2~3cm 깊이로 깔고 산모래에 잘게 썬 이끼를 20% 정도 섞은 흙으로 심는다. 햇빛이 잘 들고 바람이 잘 닿는 곳에 두며 물은 보통으로 준다. 거름은 한 달에 한 번씩 깻묵가루를 소량 분토 위에 뿌려주는 정도로 충분하다. 봄이나 가을에 갈아심고 씨뿌림은 채종 즉시 실시해야 한다.

• 어린순은 나물로 먹는다. 성숙한 것은 지혈, 세척제로 쓰이는데, 민간에서는 생잎을 비벼 벌레 물린 곳이나 상처에 사용한다.

곤달비

Ligularia stenocephala MATSUM. et KOIDZ | 국화과

특징 높이 60~100cm의 숙근초로서 곧게 자라는 줄기는 털이 없고 붉은빛을 띤 보랏빛으로 물든다. 뿌리에서 나오는 잎에는 긴 자루가 붙어 있고 잎은 하트형에 가까운 세모꼴로 양끝은 화살 무늬와 같은 형태를 이룬다.

가장자리에는 많은 톱니가 나 있다. 줄기 끝에 아름다운 황금빛 꽃이 긴 이삭을 이루며 피어 올라간다. 곰취하고도 부르며 나물로 먹는다.

개화기 6~9월

분포 제주도와 남부 지방의 산 속 음습한 곳에 난다.

재배 분재용 산모래에 30% 정도의 부엽토를 섞은 흙으로 직경 15cm 정도의 분에 심는다. 거름은 깻묵의 덩이거름이나 깻묵가루를 분토 위에 놓아주고 아랫잎이 노란빛을 띠게 되면 물거름을 매주 한 번꼴로 준다. 진딧물 등 해충이 붙기 쉬우므로 주기적으로 살충제를 뿌려 예방한다. 원래 음습한 자리에 나는 풀이기는 하나 분에 심어 가꿀 때에는 되도록 햇빛이 잘 들고 바람이 잘 통하는 자리에 두어야 제대로 자란다. 증식시키기 위해서는 5월경에 자란 새 눈을 모래에 꽂아 뿌리내리게 한다.

• 연한 순을 묵나물(따서 말려 묵힌 나물)로 하며, 뿌리는 부인병에 사용한다.

곰취

Ligularia fischeri TURCZ | 국화과

특징 높이 1~2m로 자라는 대형 숙근초로서 흔히 무리를 이루어 자란다. 뿌리로부터 자라는 잎은 둥근 하트형으로 잎 가장자리는 주름이 잡히며 크기는 30cm 정도이다. 줄기에는 3매의 잎이 붙는데 위의 것일수록 크기가 작다. 줄기 꼭대기에 직경 2~3cm 정도의 노란꽃이 큰 이삭을 이루어 피어나는데 그 길이는 50cm를 넘는다. 비슷한 종류로 왕곰취, 긴잎곰취가 있다.

개화기 7~10월

분포 전국 각지의 깊은 산 속 수림 밑에 난다.

재배 식물체가 매우 크기 때문에 분에 심어 가꾸기에는 적합하지 않다. 뜰의 서늘한 장소에 심고, 심는 자리는 밝은 나무 그늘이 알맞다.

산모래에 부엽토와 약간의 퇴비를 섞어 주는 것이 좋다. 그러나 진한 거름기가 없도록 해야 알맞은 크기로 자란다. 마당에 심어 가꿀 경우 대개는 물을 줄 필요가 없으나 흙이 지나치게 말랐을 경우에는 물을 흠뻑 준다. 증식시키기 위해서는 봄에 일찍 포기나누기를 한다.

• 어린 잎은 귀중한 묵나물의 하나이다.

꼭두서니

Rubia akane NAKAI | 꼭두서니과

특징 숙근성의 덩굴풀로서 가삼자리라고도 한다. 길가나 풀밭 등 어디서든지 흔히 볼 수 있다. 땅속에서 캐낸 굵은 뿌리 색이 주황빛으로 변하기 때문에 옛날에는 물감으로 쓰이기도 했다. 모가 난 줄기에 가시가 나 있어서 다른 풀에 기어오른다. 하트형의 잎은 마디마다 4매가 윤생하여 십자형을 이룬다. 잎겨드랑이로부터 잔가지를 신장시켜 연한 황색의 작은 꽃이 원뿌리 꼴로 뭉쳐 핀다.

개화기 8~10월

분포 전국 각지의 낮은 산과 풀밭, 길가 등에서 흔히 볼 수 있다.

재배 흔히 볼 수 있기 때문에 가꿀 만한 가치가 없는 것으로 생각하기 쉬우나, 난분과 같은 높은 분에 심어 분 가장자리로부터 늘어지게 가꾸어 놓으면 충분히 감상할 만한 가치가 있다. 흙은 가리지 않으나 통기성이 좋아야 한다. 거름을 적게 주는 한편 햇빛을 충분히 쪼이게 하여 짜임새 있게 자라도록 한다.

• 뿌리를 약용하거나 염료로 사용하고, 연한 부분은 식용한다.

구름제비꽃

Viola crassa MAKINODianthus superbus L |
제비과

특징 줄기가 서는 제비꽃으로서 고산지대에 나며 제비꽃 가운데에서는 드물게 노란꽃이 핀다. 잎은 콩팥형으로 잎가에 고른 톱니가 나 있다. 뿌리에서 나는 잎과 줄기에서 나는 잎이 있는데, 뿌리에서 나는 잎은 긴 잎자루를 가졌고, 줄기에서 나는 잎은 짧은 잎자루로 서로 어긋난다. 잎에는 털이 없고 짙은 녹색으로 윤기가 난다. 일명 큰장백오랑캐라고도 한다.

개화기 7~8월

분포 북부 지방의 고산지대에 분포하며 자갈밭 같은 곳에 난다. 평북의 노봉·낭림산, 함남의 부전고원, 함북의 관모봉 등지에서 볼 수 있다.

재배 약간 깊은 분을 골라 가루를 뺀 산모래로 물이 쉽게 빠질 수 있는 상태로 심어준다. 거름은 표준보다 반 정도로 묽게 탄 하이포넥스를 일주일에 한 번씩 주되 한여름에는 중단한다. 물은 하루 한 번 분 바닥에서 흘러나올 정도로 흠뻑 주고 저녁에는 마른 정도에 따라 적절히 보충해준다. 햇빛을 잘 보이고 여름에는 시원한 반그늘에서 가꾼다. 갈아심기는 2년에 한 번씩 이른 봄이나 늦가을에 실시하는데, 포기를 가르고 묵은 뿌리를 딴 후 새로운 흙으로 고쳐 심는다.

금달맞이꽃 <small>달맞이꽃</small>

Oenothera odorata JACQ | 바늘꽃과

특징 숙근성의 풀로서 줄기는 50~90cm 정도의 높이로 곧게 자란다. 줄기에는 피침형의 잎이 촘촘히 붙는다.
여름철 저녁에 크고 산뜻한 노란꽃이 피는데 다음날 아침에는 시들어 주황빛으로 변해버린다. 이처럼 저녁에 꽃이 피기 때문에 달맞이꽃이라는 이름이 붙여졌다.

개화기 7~8월

분포 남미 칠레 원산의 풀인데, 오늘날에는 각지의 강가나 해변 등에 자생하는 귀화식물의 하나가 되었다.

재배 분에 심어 즐길 만한 것은 못 되며 뜰에 심어 자연스럽게 자라도록 하여 꽃이 피는 모습을 감상하는 것이 좋다.
매우 강인한 풀이므로 이른 봄 아직 키가 작을 때에 캐어 뜰 안에 심으면 쉽게 뿌리가 붙고 잘 자란다. 야생의 메마른 땅에서 작게 자란 것을 캐어다가 작은 분에 심어 거름과 물을 조금씩 주어가며 가꾸면 꽤 감상 가치가 높은 식물이 되기도 한다.
가을에 잘 여문 씨를 따서 양지바른 자리에 뿌리는 것도 한 방법이다. 거름은 가끔 닭똥을 주는 정도로 충분하다. 한 번 옮겨 심어 놓으면 해마다 꽃을 즐길 수 있다.
• 어린 잎은 소가 먹는데 성숙하면 먹지 않는다.

금방망이

Senecio ovatus WILLD | 국화과

특징 숙근성의 풀이다. 거칠고 튼튼한 줄기는 60~90cm의 높이로 곧게 자란다.
잎은 넓은 피침형으로 작고 얕은 톱니를 가졌으며 끝은 뾰죽하고 밑동은 줄기를 감싸면서 어긋나게 달린다.
줄기의 끝은 여러 갈래로 갈라져 직경 2~3cm의 노란꽃을 무수히 피운다.

개화기 8~9월

분포 우리나라에서는 제주도와 북부 지방의 산지, 양지바른 곳에 나는데 중국, 시베리아, 유럽 등지로 넓은 분포를 보인다.

재배 흙은 미립자의 가루를 뺀 산모래에 30% 정도의 부엽토를 섞은 것을 쓴다.
분은 지름과 깊이가 18~20cm 정도 되는 것을 써서 키가 10~15cm 정도로 자라났을 때에 적심(摘心)해서 심는다.
흙이 지나치게 말라붙는 일이 없도록 관리해주어야 하며, 여름에는 바람이 잘 닿는 자리로 옮겨준다. 거름은 한 달에 한 번씩 잘 발효한 깻묵의 덩어리를 3~4개씩 분토 위에 놓아준다.
원래 키가 크게 자라는 습성을 가지고 있으므로 생육 기간 중에는 햇빛을 충분히 쪼이게 하여 조금이라도 키가 작아질 수 있게 관리해야 한다.

금불초

Inula britannica subsp. japonica KITAM | 국화과

특징 숙근성의 풀로서 땅속줄기를 신장시켜가면서 증식된다. 줄기는 곧게 자라고 가지를 치지 않는다. 온몸에 털이 있으며 잎은 피침형이고 잎자루를 가지지 않는다. 마디마다 서로 어긋나게 나며 줄기의 상부에 나는 잎은 줄기를 감싼다.
여름부터 가을에 걸쳐 산뜻한 노란꽃이 줄기 끝에 서너 송이 피며, 씨에는 많은 털이 붙어 있다. 비슷한 종류로 가는금불초와 버들금불초가 있다.

개화기 7~9월

분포 전국 각지에 분포하며 들판의 풀밭이나 논두렁 등 다소 토양 수분이 윤택한 곳에 난다.

재배 산모래에 부엽토를 10%가량 섞은 흙으로 물이 잘 빠질 수 있게 심어준다.
심는 시기는 이른 봄 또는 늦가을이어야 한다. 햇빛이 잘 비치는 자리에서 물을 조금씩 주어가며 가꾸면 키가 작아지면서 꽃이 피므로 모양이 좋아진다.
거름은 깻묵가루를 매달 한 번씩 분토 위에 놓아주거나 또는 물거름을 월 2~3회씩 준다. 겨울철에는 서리를 맞을 염려가 없는 자리로 옮겨 보호해준다. 증식은 포기나누기에 의하며 갈아심을 때에 함께 실시한다.

• 어린순은 나물로 먹으며, 꽃은 이뇨 및 구토 진정제로 사용한다.

기린초

Sedum kamtschaticum FISCH | 돌나물과

특징 굵은 뿌리로부터 여러 개의 줄기가 자라키는 10~30cm에 이른다. 숙근성의 풀로서 잎은 주걱꼴이고 다육질이며 가장자리에는 작은 톱니가 있다. 다섯 개의 꽃잎으로 이루어진 작고 노란 꽃이 줄기 끝에 밀집해서 핀다.

개화기 6~8월

분포 중부와 북부 지방 산지의 바위 위에 난다.

재배 성질이 강인해서 흙을 가리지 않으나 모래가 많이 섞인 흙으로 심어 가꾸면 잘 자란다. 작은 분을 써서 흙을 소복이 쌓아올린 위에 심거나 또는 돌을 곁들여 뿌리를 돌로 내려누르듯이 심어 놓으면 생육 상태가 좋아질 뿐 아니라 돌의 무게로 분이 쓰러지지 않는다. 돌붙임으로 가꿀 수 있는데, 돌 틈에 개펄흙이나 진흙을 발라 이 자리에 꺾꽂이를 해서 키워나간다. 건조에 견디는 힘이 강하기 때문에 가능한 강한 햇빛을 쪼이게 하고 물을 적게 준다. 이른 봄 눈이 움직이기 시작할 무렵에 갈아 심는데, 오래 가꾼 포기는 갈아심기를 하면 죽어버리는 경우가 있으므로 꺾꽂이로 갱신시키는 쪽이 낫다. 거름은 깻묵가루를 분토 위에 소량 뿌려주면 되는데 돌붙임의 경우에는 묽은 물거름을 자주 주어야 한다.

• 연한 순을 나물로 먹는다.

긴담배풀

Carpesium divaricatum SIEB. et ZUCC | 국화과

특징 줄기가 곧게 서는 숙근성의 풀로서 높이는 30~100cm에 이르며 줄기의 상단부에서 여러 개로 갈라진다. 잎은 어긋나게 나며 아래쪽에 나는 잎은 긴 잎자루를 가지고 있으나 위쪽의 잎일수록 잎자루가 짧아진다.

잎은 10~20cm 정도의 길이를 가진 계란형으로 끝이 뾰죽하고 가장자리에 얕은 톱니가 있다. 줄기와 잎에는 부드러운 털이 난다. 갈라진 줄기의 끝에 직경 8mm의 노란꽃이 아래를 향해 핀다.

개화기 8~9월

분포 전국 각지의 낮은 산의 풀밭에 난다.

재배 가루를 뺀 산모래에 30% 정도의 부엽토를 섞은 흙으로 심는다. 분은 직경과 깊이가 20cm 정도 되는 것을 써서 10cm 정도의 크기로 자란 것을 한 포기 심는다. 그대로 키우면 키가 크게 자라 볼품이 없으므로 일찍 적심(摘心)을 해서 가급적 작게 가꾸는 것이 좋다.

거름은 날마다 한 번씩 깻묵가루를 큰 숟갈로 하나 분토 표면에 뿌려준다.

초여름까지는 햇빛을 충분히 쪼이게 하고 그 뒤로는 반 그늘진 곳으로 옮겨 가꾼다.

• 어린순을 식용하고, 성숙한 것은 꽃이 붙은 잎과 줄기를 약용한다.

나도승마

Kirengeshoma coreana NAKAI | 범의귀과

특징 숙근초로서 키는 80~120cm 정도이다. 잎은 단풍잎과 흡사하게 생겼으며 어두운 녹색으로 약간의 윤기가 난다. 길이와 너비는 10~20cm로 꽤 크다. 왜승마라고도 하며 꽃은 노랗게 핀다.

개화기 8월

분포 지리산과 백운산에서만 발견되었으며 석회암지대의 습기가 있는 원시림 속에서 자란다.

재배 땅에 심어 가꿀 때에는 밝은 반그늘로, 여름철에는 완전히 그늘지는 시원한 곳으로 옮겨야 하는데, 생육시키기가 꽤 어렵다. 분 가꾸기의 경우에는 분 속에 분 높이의 3분의 1까지 1.5~2cm 지름의 돌덩어리를 넣고 그 위에 3~5mm 굵기의 산모래에 이끼를 잘게 썬 것을 20~30% 섞은 흙으로 심어준다. 거름은 봄가을에 월 2~3회씩 묽은 하이포넥스 용액을 준다. 물이 잘 빠지지 않을 때에는 생육 상태가 불량해지고 물이 적어 분토가 마를 때에는 가장자리에서부터 잎이 타들어간다. 그러므로 봄가을에는 매일 아침에 한 번, 여름에는 저녁에 다시 한 번 물을 주어야 한다. 겨울에는 3~7일에 한 번 정도 분토의 건조 상태에 따라 적절히 준다. 봄가을에는 반그늘에서, 그 리고 여름철에는 완전히 그늘진 곳에서 가꾼다.

갈아심기는 3월 하순부터 4월 상순 사이에 실시한다. 씨가 여무는 대로 바로 씨뿌림하여 증식한다.

노랑매발톱

Aquilegia oxysepala var. pallidiflora NAKAI | 미나리아재비과

특징　매발톱이 변한 것으로서 매발톱은 꽃받침이 자갈색이고 꽃잎만 노란 데 반하여 노랑매발톱은 꽃 전체가 미색에 가까운 노랑빛으로 유독 식물의 하나이기는 하나 은은한 아름다움을 보인다.

개화기　7~8월

분포　중부 지방과 북부 지방의 산지 양지바른 풀밭에서 난다.

재배　미립자의 가루를 뺀 분재용 산모래를 쓴다. 분 밑에 굵은 왕모래를 넣어 물이 잘 빠지는 상태로 심어 준다. 분은 분벽을 통해 공기가 잘 드나드는 토분을 써야 한다. 7월경까지는 햇빛이 잘 닿는 양지바른 자리에서 가꾸고 한여름에는 바람이 잘 통하고 반 그늘진 자리로 옮겨 시원하게 가꾸어 준다.

거름은 깻묵가루를 달마다 한 번씩 분토 위에 조금씩 뿌려 주거나 또는 묽은 물거름을 매주 한 번씩 주면 된다. 2~3년 가꾸면 뿌리가 분 가득 차고 눈도 여러 개로 늘어난다. 이러한 상태가 되면 이른 봄에 포기나누기를 겸해서 갈아심어야 한다.

씨뿌림으로 쉽게 증식시킬 수 있다. 씨는 마른 곳에 갈무리해두었다가 이른 봄에 분에 담은 흙에 뿌려준다.

• 유독 식물이므로 식용에 조심해야 한다.

노랑물봉선

Impatiens noli-tangere L | 봉숭아과

특징　산지의 습한 자리에 나는 1년생의 풀이다. 줄기는 50~60cm 정도의 높이로 곧게 자라고 여러 개의 가지를 친다. 식물체 전체가 밋밋하고 많은 물기를 지니고 있다.

여름에 가느다란 꽃대 끝에 3~4cm 정도 크기의 노란꽃이 늘어져 핀다. 산골짜기의 냇물가에 군락을 이루어 일제히 꽃을 피는 모습이 장관을 이룬다. 붉은빛을 띤 보랏빛 꽃이 피는 것을 물봉선이라 하고 때로는 흰 꽃이 피는 것도 있다.

개화기　7~8월

분포　울릉도와 중부 지방 및 북부 지방에 난다.

재배　분에 심어 즐길 만한 풀은 못 되며, 뜰의 나무 그늘이나 연못가 등 습한 자리에 씨를 뿌려두면 어느새 자라 한여름에 시원스런 꽃을 피운다.

씨는 채종되는 대로 바로 씨뿌림해 주어야 한다. 거름으로는 1년 동안에 닭똥이나 깻묵가루 등 유기질의 거름을 연하게 2~3번 뿌려주는 정도로 충분하다. 줄기가 연해서 밀생되어 있지 않으면 쉽게 쓰러지는 경향이 있으므로 다른 종류의 풀과 함께 심어 가꾸는 것이 좋으며, 막대(지주)를 꽂아 지탱해주는 방법도 있다.

노랑어리연꽃

Nymphoides peltata KUNTZ | 용담과

특징 숙근성의 수초로서 땅속줄기는 물 바닥의 흙 속에서 사방으로 뻗어나간다. 물에 뜨는 잎은 수련잎과 비슷하게 생겼으며 윤기가 나는데 뒷면은 갈색을 띤 보랏빛으로 물든다.
여름에 오이꽃과 비슷한 노란꽃이 물에 떠서 핀다. 꽃잎은 다섯 개다.

개화기 6~8월

분포 남부 지방과 중부 지방에 분포하는데 연못이나 늪 속에서 떼를 지어 자란다.

재배 논 흙과 같은 거름기 많은 흙으로 알맞은 크기의 분에 심어 연못 속에 가라앉힌다. 연못 속에 물고기가 있을 때에는 분토 표면에 자갈을 깔아 물고기가 흙을 파헤치지 못하도록 조절한다.
2~3년에 한 번꼴로 이른 봄에 포기나누기를 겸해서 갈아심어준다. 그때 밑거름으로 말린 멸치나 오징어를 뿌리 주위에 꽂아준다.
바닥이 흙인 자연 그대로의 연못일 경우에는 뿌리를 직접 흙 속에 묻어 주도록 한다.
단 심을 자리를 정할 때는 이 풀이 물이 얕은 곳에만 난다는 점을 감안하도록 한다.

눈개승마

Aruncus americanus RAFIN | 조팝나무과

특징 암꽃과 수꽃이 각기 다른 포기에 피는 성질을 가지고 있으며 이러한 현상을 자웅이주(雌雄異株)라고 한다. 높이 1m 정도로 자라며 관목처럼 보이기는 하나 숙근성의 풀이다.
잎은 갈라져 많은 잔 잎을 가지는데, 잔 잎의 생김새는 계란형으로 가장자리에 많은 톱니가 있고 잎맥이 뚜렷하다. 7월경 줄기 꼭대기에 작은 미색 꽃이 많이 뭉쳐 원뿌리 형태로 배열되고 수꽃이 암꽃보다 약간 크다.

개화기 7~8월

분포 전국 산지의 숲 가장자리 양지바른 자리에 난다. 제주도의 한라산에는 한라개승마가 자란다.

재배 산모래에 부엽토를 섞은 흙으로 지름 20cm 정도의 깊은 분에 심어 가꾼다. 물은 과습 상태에 빠지지 않을 정도로 주고 양지바른 자리에서 가꾸면 키가 작아져 보기가 좋아진다.
거름은 가끔 깻묵가루를 분토 위에 뿌려주면 된다. 단 무더위가 계속되는 동안에는 거름을 중단한다.
2~3년마다 이른 봄에 갈아심어주는데 그때 포기나누기를 하여 증식시킨다.
• 잎이 피기 전의 어린순은 나물로 조리해 먹는다.

담자리꽃나무

Dryas octopetala var. asiatica NAKA | 장미과

특징 풀처럼 생긴 상록성의 관목이다. 가지는 땅 위를 기어나가며 잎은 넓은 타원형으로 2cm 정도이다. 가죽처럼 빳빳하고 뒷면에는 흰 솜털이 밀생하며 가장자리에는 무딘 톱니가 나 있다. 꽃은 잎보다 크며 지름이 3cm쯤 된다.
8매 정도의 흰 꽃잎으로 이루어져 있으며 한가운데는 노랑 수술이 뭉쳐 있어서 매우 아름답다. 오래된 줄기는 지름이 1cm나 되는 것도 있다. 열매에는 긴 털이 붙어 있다.

개화기 7~8월

분포 북부 지방에 분포하며 높은 산의 산정부에 형성된 습한 땅이나 암석지에 난다.

재배 얕고 넓은 분 속에 굵은 왕모래를 깔고 가루를 뺀 산모래로 한가운데가 높아지게 심는다. 거름은 물거름과 묽은 잿물을 월 2~3회꼴로 번갈아가면서 준다. 과습 상태에 놓이지 않게 주의하면서 봄가을에는 하루 종일 햇빛을 쪼이게 해주고, 여름에는 오전 중에만 햇빛을 보인다.
겨울에는 잔바람을 가려주어야 한다. 갈아심는 것을 별로 좋아하지 않으므로 3년에 한 번꼴로 실시한다. 증식은 씨뿌림에 의한다.

대극

Galarhoeus pekinensis HARA | 대극과

특징 산이나 구릉의 풀밭에 나는 숙근성의 풀로서 줄기는 20~70cm의 높이까지 곧게 자란다. 줄기 꼭대기에 마치 우산을 펼쳐 놓은 것과 같은 형태로 꽃이 핀다. 줄기의 상단부는 때때로 잔가지로 갈라져 흰 털이 난다. 잎은 줄기의 아래쪽에서는 서로 어긋난 자리에 나고 윗부분에서는 피침형 또는 길쭉한 타원형으로 잎자루를 가지지 않는다. 가장자리에 잔 톱니와 같은 돌기가 있다.
잎맥 가운데 주가 되는 맥은 희고 잎 뒤도 흰빛을 띤 녹색이다. 줄기 끝에 다섯 장의 잎이 둥글게 배열되어 그 사이로부터 다섯 개의 잔가지가 우산꼴로 자라 황록빛의 꽃을 가진다.

개화기 6~7월

분포 전국 각지에 난다.

재배 분에 심어 가꾸는 것보다 마당 한 구석에 심는 것이 운치가 있다. 되도록 흙이 단단한 곳을 골라 심으면 생육 상태가 좋다. 밑거름은 넣어 줄 필요가 없고 뿌리가 붙은 뒤 닭똥을 두어 번 준다. 네다섯 포기를 한자리에 집중적으로 심어 가꾸어야만 보기가 좋다.

• 유독 식물로서 뿌리를 약으로 사용한다.

대잎난초

Streptopus ajanensis var. japonica MAX | 백합과

특징 숙근성의 풀로서 가느다란 땅속줄기가 옆으로 뻗어나가 증식된다. 줄기는 비스듬히 서서 15~30cm 의 높이로 자라며 일반적으로 가지를 치지 않는다. 잎은 계란형에 가까운 피침형이고 길이는 2~7cm인데 세로 방향으로 세 개의 잎맥이 뚜렷이 보인다.

잎 표면은 미끈하고 잎자루 없이 서로 어긋난 위치에 난다. 꽃은 잎겨드랑이마다 긴 꽃대를 성장시켜 아래쪽으로 한 송이씩 핀다.

꽃은 여섯 장의 녹갈색 꽃잎으로 구성된다. 꽃이 피고 난 뒤 물기가 많은 붉은 열매를 맺는다.

개화기 6~7월

분포 남부 지방의 높은 산 침엽수림 속에 난다.

재배 흙은 가루를 뺀 분재용 산모래에 30%의 부엽토를 섞은 것을 쓴다. 분은 지름과 깊이가 20~24cm 정도 되는 것을 써서 물이 잘 빠질 수 있는 상태로 심는다. 갈아심기는 눈이 움직이기 직전 또는 잎이 말라 떨어진 직후에 실시한다. 반 그늘진 자리에서 가꾸고 물 주기는 하루 한 번을 원칙으로 하나, 겨울에는 흙이 심하게 말라붙지 않을 정도로만 준다.

거름은 달마다 한 번씩 소량의 깻묵가루를 분토 위에 뿌려주면 된다. 물거름의 경우에는 한여름을 제외하고 10일마다 한 번씩 묽게 하여 물 대신 부어준다. 증식은 포기나누기에 의한다.

딱지꽃

Potentilla chinensis SERINGE | 장미과

특징 숙근성의 풀로서 굵은 뿌리를 가지고 있으며 한자리에서 많은 줄기가 나와 비스듬히 자라 올라가 높이 40~50cm에 이른다.

온몸에 털이 나 있고 잎은 깃털꼴로서 고사리류에 가까운 외모를 지니고 있다. 특히 잎 뒷면에는 많은 잔털이 깔려 있어서 거의 흰빛을 보인다. 줄기는 끝부분에서 여러 개의 꽃대로 갈라져 양지꽃과 흡사한 노란꽃이 뭉쳐 핀다.

비슷한 종류로서 털딱지꽃, 갯딱지꽃, 좀딱지꽃, 당딱지꽃 등이 있다.

개화기 6~7월

분포 전국 각지에 분포하며 메마른 풀밭이나 냇가와 강가 또는 바닷가 등 양지바른 자리에 난다.

재배 산모래에 10% 정도의 부엽토를 섞어 분에 심는다. 양지바르고 바람이 잘 닿는 자리에서 물을 다소 적게 주어가면서 가꾼다. 거름은 월 1~2회 꼴로 물거름을 주면 된다.

2~3년에 한 번 포기나누기를 겸해서 갈아심어야 한다. 뿌리가 굵으므로 포기나누기를 할 때에는 칼을 이용해서 알맞은 크기로 갈라주어야 한다.

갈아심을 때 잔뿌리는 반 정도로 다듬고 심어주는 것이 좋다.

• 어린 싹은 나물로 먹는다.

두메솜다리

Leontopodium fauriei HANDEL-MAZZETI | 국화과

특징 키가 7~15cm밖에 되지 않는 귀여운 숙근성의 풀로서 그 유명한 에델바이스의 한 종류이다. 잎은 넓은 피침형인데 길이는 1~3cm밖에 되지 않으며 서로 어긋난 위치에 난다. 온몸에 흰 솜털이 밀생하여 섬세한 느낌을 준다. 줄기 꼭대기에 흰 털로 덮인 잎이 별 모양으로 배열되고 그 한가운데에 꽃잎이 없는 노란꽃이 뭉쳐 핀다.

개화기 7~8월

분포 북부 지방의 높은 산 양지바른 암석지에 난다.

재배 분 속에 1~2cm 굵기의 용토를 깐 다음 가루를 뺀 3mm 굵기의 산모래에 잘게 썬 이끼를 20%가량 섞은 흙으로 심는다.

생육 기간 중에는 하루 종일 햇빛이 내려 쪼이는 자리에서 가꾸어야 하며 겨울에는 얼지 않을 정도의 온도를 가진 곳에서 보호해준다.

물은 하루 한 번 아침에 흠뻑 주면 된다. 거름은 하이포넥스를 물에 타 월 1~2회 주는데 한여름에는 중단한다. 갈아심기는 해마다 봄과 가을철에 두 번 해야 하며 포기나누기를 할 때에는 포기마다 반드시 많은 뿌리가 붙을 수 있게 갈라주어야 한다.

마타리

Patrinia scabiosaefolia FISCH | 마타리과

특징 뚝깔과 같은 과에 속하는 숙근성의 키가 큰 풀이다. 줄기는 60~100cm 정도의 높이로 곧게 자라 중간 이상의 마디 부분마다 여러 개의 가지를 친다. 마디마다 잎자루를 가지지 않은 날개꼴의 잎이 마주난다. 늦은 여름부터 가을에 걸쳐 가지 끝에 좁쌀만한 크기의 샛노란꽃이 무수히 뭉쳐 핀다. 꽃이 한창 필 때에는 독특한 냄새를 강하게 풍긴다. 마타리는 지방에 따라 가얌취 또는 미역취라고도 불린다. 뚝깔이 남성적인 외모를 가진 데 비해 마타리는 여성적인 아름다움을 지니고 있다.

개화기 8~10월

분포 전국에 분포하며 산야의 양지바른 풀밭에 난다.

재배 물이 잘 빠지는 흙을 써서 뿌리를 사방으로 퍼서 심는다. 양지바른 자리에서 분토를 지나치게 말리지 않도록 가꾼다.

키가 낮게 가꾸기 위해서는 7월경에 줄기의 아래쪽에 네다섯 장의 잎을 남겨두고 줄기를 잘라버린다. 그러면 밑동에서 자라는 새 눈에 꽃이 피어 분에 어울리는 크기가 된다. 포기나누기로 증식하는데 이른 봄 또는 장마 때에 갈아심기를 겸해서 실시한다.

• 연한 부분은 나물로 먹는다. 풀 전체를 소염, 어혈, 그리고 고름을 빼는 데 사용한다.

물꽈리아재비

Mimulus inflatus NAKAI | 현삼과

특징 20~30cm 정도의 높이로 자라는 숙근성의 풀이다. 가느다란 땅속줄기를 가지고 있으며 길게 옆으로 뻗어 나가면서 여러 갈래로 갈라져 곳곳에 줄기를 세워 흔히 군락을 이룬다.
줄기는 네 개의 모를 가졌고 여러 개의 가지를 친다. 잎은 계란꼴로서 길이는 4~6cm 정도이고 가장자리에는 드물게 톱니가 나 있다.
잎겨드랑이로부터 꽃대가 자라 다섯 갈래로 얕게 갈라진 노란꽃이 매우 아름답다.
비슷한 종류로서 애기물꽈리아재비라는 것이 있는데 물꽈리아재비에 비해 몸집이 작다.
개화기 6~7월
분포 제주도와 남부 지방 및 중부 지방에 분포하며 산골짜기의 시냇가나 습도가 높은 곳에 난다.
재배 가루를 뺀 산모래에 잘게 썬 이끼를 10% 정도 섞은 흙으로 물이 잘 빠질 수 있게 심어준다. 가꾸는 자리는 반 그늘진 시원한 자리가 좋다. 물은 아침에 한 번 흠뻑 주어 흙이 말라붙는 일이 없도록 관리해 주어야 한다.
거름은 월 2~3회 하이포넥스를 표준보다 다소 묽게 해서 준다.
쉽게 늘어나므로 봄에 갈아심을 때 포기나누기를 해서 증식시킨다.

물레나물

Hypericum ascyron var. ascyron HARA | 물레나물과

특징 부드러운 외모를 가진 숙근성의 풀이다. 줄기는 60~100cm의 높이로 곧게 자라며 모가 나 있어서 단면이 네모 형태를 이룬다. 중간부 이상에서 여러 개의 가지를 친다. 잎은 피침형으로서 길이는 5~9cm 정도가 되며 줄기를 감싸면서 마주난다. 잎가에는 톱니가 없고 밋밋하다. 가지 끝에 크고 노란꽃이 한 송이씩 핀다. 꽃잎이 약간 비틀어져 있어서 완전히 개화하면 노랑 팔랑개비처럼 보인다.
개화기 7~8월
분포 전국에 분포하며 산야의 양지바른 풀밭에 난다.
재배 어떤 흙을 써도 무방하나 산모래에 약간의 부엽토를 섞어 쓰는 것이 무난하다. 하루살이꽃이기 때문에 매일 많은 꽃을 즐기기 위해서는 큰 포기로 가꾸는 것이 좋다. 그러므로 크고 깊은 분을 골라 한 포기를 심어 실하게 가꾼다. 2~3년에 한 번, 봄에 갈아심어주어야 하는데 그때 포기를 나누어 증식시킨다. 양지바른 자리에서 가꾸어야 하며 물은 보통으로 주면 된다. 거름은 깻묵가루나 닭똥을 가끔 준다. 꽃이 피고 난 뒤 맺힌 열매는 크고 재미있게 생겨 말라 죽은 뒤 줄기를 꺾어 꽃병에 꽂아두는 것도 좋다.
• 어린순을 나물로 먹는다. 연주창, 부스럼 및 구충제로도 사용한다.

물싸리

Dasiphora fruticosa RYDB | 장미과

특징　낙엽 관목으로 잔뿌리가 많고 키는 30cm 안팎이다. 잎은 길이 1.5cm 정도로서 계란형에 가까운 타원형이며 양면에 약간의 털이 나 있다. 여름철에 다섯 개의 꽃잎으로 이루어진 노란꽃이 차례로 핀다.

짙은 녹색 잎에 노란꽃이 잘 어울리며 분에 심어 가꾸어도 꽃이 잘 피기 때문에 꽃나무 분재로 가꾸기도 한다. 비슷한 종류로 흰꽃이 피는 흰물싸리가 있다.

개화기　7~8월

분포　북부 지방의 고원에 형성되는 습지에 난다. 현재 국내에서는 일본에 나는 것이 도입되어 여러 곳에서 가꾸어지고 있다.

재배　암석원이나 정원에 있는 큰 바위 옆과 같은 양지바른 자리에 심어 놓으면 잘 자란다. 뿌리가 얕게 뻗어나가므로 분 가꾸기의 경우에는 얕은 분에 왕모래를 충분히 깔아 물이 잘 빠질 수 있게 한 다음 가루를 뺀 산모래에 잘게 썬 이끼를 10% 정도 섞은 흙으로 심는다.

거름은 매월 한 번씩 깻묵가루를 분토 위에 뿌려준다. 물은 매일 아침 흠뻑 주고 양지바른 자리에서 가꾼다. 생장이 빠르기 때문에 해마다 이른 봄에 새 흙으로 갈아심어주어야 한다. 꺾꽂이로 뿌리가 내린다.

미역취

Solidago virgaurea subsp. asiatica KITAM | 국화과

특징　산야의 풀밭에서 흔히 볼 수 있는 숙근성의 풀이다. 높이 40~50cm 정도로 자라는 줄기의 꼭대기에 작은 국화 모양의 노란꽃이 이삭과 같이 뭉쳐 핀다. 아래쪽에 나는 잎은 계란형인데 위쪽에 나는 잎일수록 좁아지고 잎자루도 짧아진다. 미역취가 나는 곳보다 높은 지대에서는 산미역취가 나는데 미역취에 비해 몸집이 작아 초물분재감으로 알맞다.

개화기　8~10월

분포　전국 각지에 널리 분포한다.

재배　가루를 뺀 산모래로 심어 햇빛과 바람을 충분히 닿게 하며 과습 상태에 빠지는 일이 없도록 물 빠짐이 좋게 한다. 병충에 의한 피해는 거의 없다. 거름은 달마다 물거름을 두 번 정도만 주면 된다. 갈아심기는 봄에 잎이 나오기 직전에 하거나 꽃이 지고 난 후인 늦가을에 실시한다. 갈아심을 때에는 두세 눈 단위로 포기를 갈라 뿌리를 짧게 다듬어줌으로써 새로운 뿌리의 신장을 촉진시킨다. 씨뿌림은 가을에 채집해둔 씨를 이른 봄 잘게 부순 이끼로 꾸민 파종상에 뿌려 가꾼다. 늦가을에 한두 번 서리를 맞힌 다음 얼어붙지 않을 자리에서 겨우내 보호해두었다가 이듬해 봄철에 분에 올려준다.

• 어린순을 나물로 하고, 민간에서 건위 및 이뇨제로 사용한다.

바위돌꽃

Rhodiola tachiroei NAKAI | 돌나물과

특징 숙근성의 다육질 풀로서 뿌리줄기는 굵고 짧으며 줄기는 여러 개가 뭉쳐서 10~30cm의 높이로 자란다. 잎은 흰빛을 띤 녹색으로 여러 개가 겹쳐 연꽃 모양을 이룬다. 작은 노란꽃이 줄기 꼭대기에 뭉쳐 피며 꽃잎은 4~5장이다. 비슷한 종류로서 잎이 푸른 좁은잎돌꽃과 돌꽃 등이 있다.

개화기 7~8월

분포 남부 지방과 북부 지방에 분포하며 높은 산의 바위 표면에 붙어 산다.

재배 돌붙임으로 가꿀 수 있는데, 이 경우에는 포기를 심어 가꾸는 것보다 꺾꽂이를 해서 가꾸어 나가는 것이 키가 작아져 보기 좋다. 건조에 강하므로 되도록 햇빛을 많이 보여 주고 물을 적게 주어 가꾼다.

거름은 돌붙임의 경우 묽은 물거름을 자주 주고, 분에서 가꾸는 것은 깻묵가루를 달마다 조금씩 주면 된다. 거름이 적거나 햇빛을 적게 보일 때에는 꽃피는 상태가 불량해진다.

갈아심기는 이른 봄에 하는 것이 좋은데 오래 묵은 포기는 뿌리를 건드리는 것을 좋아하지 않으므로 꺾꽂이로 갱신시키는 것이 무난하다. 가지나 잎을 따 잘린 부분을 말린 다음 모래를 꽂아 물을 적게 준 다음 양지바른 자리에 놓아 두면 2~3일 뒤에는 뿌리가 내린다.

산미나리아재비

Ranunculus japonicus var. stevenii REGEL | 미나리아재비과

특징 숙근성의 풀로서 키는 30cm 안팎이다. 줄기는 곧게 자라고 중간부 이상에서 가지를 치며 약간의 털이 표피에 달라붙어 있다. 잎은 손바닥 모양처럼 다섯 갈래로 깊게 갈라지며 갈라진 부분은 다시 셋이나 다섯 갈래로 얕게 갈라진다. 잎 양면에는 약간의 털이 달라붙어 있다. 가지 끝에 직경 2cm쯤 되는 윤기나는 노란꽃이 핀다. 꽃은 다섯 장의 꽃잎으로 이루어져 있는데 이 꽃잎은 꽃받침이 변한 것이다. 비슷한 종류로 미나리아재비, 애기미나리아재비, 구름미나리아재비, 바위젓가락나물, 바위미나리아재비 등이 있다.

개화기 7~8월

분포 중부와 북부 지방에 분포하는데 높은 산의 습한 풀밭에 난다.

재배 가루를 뺀 산모래에 잘게 썬 이끼를 20% 가량 섞은 흙으로 심은 다음 여름 동안은 거름을 주지 말고 9월부터 월 2~3회 물거름을 준다. 물은 봄과 가을에 매일 아침 한 번, 여름철에는 저녁에도 다시 한 번 준다. 또한 봄가을에는 햇빛을 충분히 보여 주고 한여름에는 반그늘로 옮겨 시원하게 가꾸어주어야 한다. 여러 해 가꾼 것은 이른 봄 눈이 움직이기 전에 갈아심어주어야 하며, 이때 포기나누기를 하여 증식시킨다. 씨뿌림으로도 증식시킬 수 있는데, 씨는 채종 즉시 뿌려주어야 한다.

당약용담 산용담

Gentiana algida PALL | 용담과

특징 뿌리를 한약재로 쓰기 때문에 당약용담이라고 한다. 숙근성의 풀로서 키는 10~15cm 정도이다. 잎은 피침형이고 뿌리줄기로부터 자라는 것과 줄기에 붙는 것 두 가지가 있다. 잎 가장자리는 톱니가 없고 밋밋하며 윤기가 난다. 여름에 줄기 꼭대기에 두세 송이의 종 모양의 꽃이 핀다. 꽃의 길이는 4cm 안팎이고 미색에 가까운 노랑 바탕에 푸른 무늬가 돈다. 언제까지나 봉오리와 같은 형태를 유지하며 완전히 피지 못하는 성질이 있다.

개화기 8~9월

분포 북부 지방의 고산지대에 분포하며 암석지대나 풀밭에 난다.

재배 가루를 뺀 산모래에 10% 정도의 부엽토를 섞은 흙으로 심는다. 깻묵가루를 매달 한 번씩 분토 위에 놓아주고 분토가 마르지 않게 항상 알맞은 습기를 유지해준다. 여름철의 고온다습한 환경에 약하므로 바람이 잘 닿는 반그늘에서 관리한다. 이때 흙을 모두 새로운 것으로 갈아주면 생육 상태가 좋다. 5~6월에 꺾꽂이를 할 수 있으며, 이 경우 줄기를 알맞은 길이로 잘라 모래에 꽂아 양지바른 자리에서 관리한다.

산조팝나무

Hieracium japonicum FR. et SAV | 국화과

특징 숙근성의 풀이다. 땅 속에는 굵은 땅속줄기가 있고 줄기는 곧게 자라며 가지를 치지 않는다. 높이는 25~35cm 정도이다. 잎은 길쭉한 계란형으로 길이는 7~17cm이고 서로 어긋난 자리에 생겨난다.

줄기와 잎에는 거친 털이 나 있다. 줄기 꼭대기에는 직경 2cm 정도 되는 노란꽃이 몇 송이 핀다. 꽃의 생김새는 민들레꽃과 흡사하며 씨에는 연한 갈색 털이 달려 있어서 공중을 떠다닌다.

개화기 7~8월

분포 제주도와 북부 지방의 고산지대에 분포하며 약간 건조한 풀밭에 난다.

재배 산모래만으로 심거나 또는 산모래에 부엽토를 30%가량 섞은 흙으로 심어준다.

분은 지름이 15~18cm, 길이는 10~12cm쯤 되는 것을 골라 그 한가운데에 뿌리를 고정시켜 놓고 흙을 덮는다. 거름은 깻묵가루를 분토 위에 놓아주거나 또는 월 2~3회 물거름을 준다.

물은 약간 적다고 느껴질 정도로 주고 여름까지는 충분히 햇빛을 보인 다음 한여름에는 반 정도 그늘진 자리로 옮겨 가꾼다.

산흰쑥

Artemisia stelleriana BESS | 국화과

특징 온몸이 하얗기 때문에 눈빛쑥이라고도 한다. 다년생의 풀인데 줄기의 밑동은 목질화하여 추운 겨울에 살아남는다.
키는 20~50cm 정도로 많은 잎이 뭉쳐 나며 깃털 같은 모양으로 잘게 갈라져 앞뒷면 모두가 흰 솜털에 덮여 있다. 여름에 작은 노란꽃이 술 모양으로 모여 핀다. 쑥의 일종이기 때문에 꽃은 감상할 만한 것이 못 되나 눈처럼 희게 반짝이는 잎이 매우 아름답다.
개화기 7~8월
분포 북부 지방의 높은 산악지대에 난다.
재배 땅에 심어 가꿀 때에는 물 빠짐만 유의해 주면 쉽게 늘어난다. 분 가꾸기의 경우에는 분 속에 굵은 왕모래를 충분히 깔고 가루를 뺀 산모래에 잘게 썬 이끼를 10% 정도 섞은 흙으로 심는다.
거름을 줄 필요는 없고 그 대신 잿물을 가끔 주면 키를 작게 키울 수 있다. 햇빛을 잘 보여야 하나 한여름의 석양빛은 가려주어야 한다. 물은 하루 한 번 주되 습한 것을 싫어하므로 물의 양이 지나치면 아랫잎이 떨어져버린다.
해마다 이른 봄에 갈아심어야 하며 그때 포기를 나누어 증식시킨다. 6월 중 꺾꽂이 증식을 할 수도 있다.

삿갓풀 삿갓나물

Paris verticillata BIEB | 백합과

특징 숙근성의 풀로서 땅 속을 옆으로 뻗어나가는 뿌리줄기를 가지고 있다. 줄기는 30cm 정도의 높이로 곧게 자라며 가지를 치지 않는다. 잎은 줄기 끝에 6~8매가 둥글게 붙는데 그 생김새는 길쭉한 타원형으로서 잎 가장자리에는 톱니가 없고 밋밋하다.
초여름에 잎 사이로부터 짧은 꽃대를 성장시켜 한 송이의 꽃을 피운다. 꽃은 네 개의 꽃잎에 의해 이루어져 있으며 색채는 푸른빛을 띤 노란빛이다. 꽃 핀 뒤 물기 많은 열매를 맺는데 점차 보랏빛을 띤 검은빛으로 물든다.
개화기 6~7월
분포 제주도와 울릉도를 제외한 전국에 분포하며 깊은 산의 활엽수림 밑에 난다.
재배 흙은 가루를 뺀 산모래에 부엽토를 30% 정도 섞어서 쓴다. 직경이 20cm쯤 되는 얕은 분에 두세 포기를 균형 있게 심는다. 거름은 깻묵가루를 매달 한 번 씩 분토 위에 뿌려주거나 또는 묽은 물거름을 매주 한 번씩 준다.
6월경까지는 양지바른 자리에서 가꾸고 그 이후는 반 그늘진 곳으로 옮겨 흙이 말라붙는 일이 생겨나지 않게 물 관리를 한다.
• 어린순을 나물로 하지만 독성이 있으며, 특히 뿌리에 독성이 많다.

솔인진

Chrysanthemum pallasianum KOMAR | 국화과

특징　인진은 사철쑥의 중국 이름인 인진호(茵蔯
蒿)에서 유래된 것으로서 국화의 한 종류이면서 잎
이 쑥의 잎처럼 생겼으며 그 갈라진 조각들이 솔잎
처럼 가늘기 때문에 솔인진이라는 이름이 생겨났
다. 다년생의 풀로 줄기와 뿌리는 목질화(木質化)하
여 높이 10~20cm로 자란다. 잎 표면은 짙은 녹
색이고 뒷면과 줄기에는 은백색의 잔털이 밀생한
다. 여름부터 초가을에 걸쳐 곧게 자란 줄기의 끝
이 여러 갈래로 갈라져 직경 3~4mm쯤 되는 작
고 노란 구슬과 같은 꽃이 많이 뭉쳐 핀다.
개화기　8~9월
분포　중부와 북부 지방의 고산지대에 분포하며
양지바른 자갈땅에 난다.
재배　가루를 뺀 산모래로 심어 봄에 눈이 움직
이기 시작할 무렵에 깻묵의 덩이거름을 두세 개 분
토 위에 놓아준다. 1년 내내 햇빛이 잘 비치고 바람
이 잘 닿는 자리에서 물을 다소 적게 주어 가면서
가꾼다.
해마다 한 번 눈이 2~3cm 정도의 크기로 자랐
을 때 포기나누기를 겸해 새로운 흙으로 갈아심어
주어야 한다. 갈아심기를 게을리하면 아랫잎이 많
이 말라 죽는다. 병이 나기 쉬우므로 살균제를 자
주 뿌려 미연에 방지한다.

애기꽃금매화

Trollius japonicus MIQ | 미나리아재비과

특징　숙근성의 풀로서 키는 30~80cm로 고산
식물치고는 몸집이 꽤 크다. 뿌리줄기는 짧고 굵으
며 이로부터 여러 개의 잎이 자라는데 단풍나무 잎
처럼 다섯 갈래로 갈라져 있고 잎 가장자리는 다시
가늘게 갈라진다. 몸 전체에 털이 없고 잎 사이로
부터 자라는 꽃줄기에는 지름이 3~4mm나 되는
노란꽃이 한 송이씩 핀다. 꽃잎처럼 보이는 것은
꽃받침이 변한 것이다. 그 수는 5~9매로서 활짝
핀 모습이 황금빛의 매화꽃처럼 보이기 때문에 이
러한 이름이 생겨났으며 애기금매화 또는 꽃금매
화라고도 한다.
개화기　7~8월
분포　북부 지방의 고산지대의 습한 풀밭에 난다.
재배　이끼로만 심어 가꾸어야 한다. 거름은 묽
은 물거름을 월 2~3회씩 물 대신 부어준다. 봄부
터 꽃이 필 때까지는 충분히 햇빛을 쪼일 수 있게
해주고 한여름에는 반그늘로 옮겨주어 관리해야
하며, 9월 말쯤부터는 다시 햇빛을 보여주어야 한
다. 해마다 이른 봄이나 9월에 새로운 이끼로 갈아
심어준다. 증식은 씨뿌림에 의하며 채종되는 대로
분에 담은 이끼 위에 뿌려주면 잘 자란다.
　• 뿌리를 약용한다는 설이 있다.

애기원추리

Hemerocallis minor MILLER | 백합과

특징 숙근성의 풀로서 노끈과 같은 굵은 뿌리를 가졌으며 뿌리의 군데군데가 강낭콩 정도의 굵기로 도톰하다. 잎은 붓꽃잎과 흡사하나 보다 연하고 중간 부분에서 아래로 처지는 경향을 보인다. 길이는 40cm쯤 되고 넓이는 6~10mm 정도이다. 잎 사이로부터 길이 50cm쯤 되는 꽃자루가 자라 3~6송이의 노란꽃이 차례로 핀다. 꽃잎은 6장이고 은은한 향기를 풍기는데 저녁에 피었다가 다음 날 오전 중에 시들어버린다.

개화기 6~7월

분포 전국에 분포하며 산지의 양지바른 풀밭 속에 난다.

재배 분이 작으면 포기가 늘어나지 않을 뿐만 아니라 꽃도 제대로 피지 못한다. 흙은 부식질이 많이 함유되어 있고 물이 잘 빠지는 것이라면 어떤 것이든 좋다. 물은 보통으로 주고 깻묵가루를 매월 한 번씩 분토 위에 놓아주면서 양지바른 자리에서 가꾼다. 포기나누기는 이른 봄 갈아심을 때 2~3눈을 한 단위로 쪼갠다. 큰 분 하나 가득 가꾸어 놓으면 화려하고 보기 좋으나, 이를 위해서는 해마다 갈아심어야 하며 그때 포기 사이를 약간씩 떼어서 심어주어야 한다.

• 어린 잎과 꽃은 식용하며, 뿌리는 약용한다.

왜솜다리

Leontopodium japonicum MIO | 국화과

특징 에델바이스의 한 종류로서 그 무리 가운데에서는 가장 낮은 지대에서 자란다. 숙근성의 뿌리로부터 여러 대의 줄기가 자라 높이 20~50cm에 이른다. 줄기의 상부에서 가지를 쳐 꽃이 핀다. 꽃은 한가운데에 둥글게 뭉쳐 있는 노란 부분이고 꽃의 주위에는 흰 솜털에 덮인 꽃받침이 둥글게 배열되어 꽃잎처럼 보인다. 비슷한 종류로서 솜다리가 있으며, 북한의 고산지대에는 두메솜다리와 산솜다리가 난다.

개화기 7~10월

분포 중부 지방과 북부 지방의 높은 산악의 양지바른 풀밭이나 바위틈에 난다.

재배 알갱이가 굵은 산모래에 모가 나 있는 조약돌을 많이 섞어 가능한 한 물이 잘 빠지게 심어주어야 한다. 햇빛과 바람을 충분히 쏘이게 하고 물을 넉넉히 준다. 거름은 월 2회 정도 묽은 물거름을 주는 것이 좋다. 꽃이 피고 나면 반드시 갈아심는 것이 이 풀을 건실하게 가꾸는 비결이다.

갈아심을 때에는 뿌리를 짧게 다듬어 2~3눈 크기로 갈라서 반드시 새로운 흙으로 심어야 한다. 포기나누기를 할 때 뿌리가 떨어져 나간 것에 대해서는 포기의 바깥쪽에 붙어 있는 잎을 따버리고 중심부의 잎 4~5장를 남겨 이것을 모래에 꽂으면 새로운 뿌리가 내려 잘 자란다.

은양지꽃

Potentilla nivea var. vulgaris DHAM. et SCHL | 장미과

특징　고산지대에 나는 숙근초로서 키는 15cm 정도이다. 평지에 나는 양지꽃과 같은 과에 속하는 풀인데 지름 2cm 정도의 선명한 황금빛 꽃이 피어 사람의 눈길을 끈다. 제주도에 나는 좀양지꽃과 흡사하나 이것은 잎 뒤에 솜털이 나 있어서 희기 때문에 쉽게 구별할 수 있다. 여름의 고산을 아름답게 수놓는 대표적인 고산식물이다.

개화기　6~8월

분포　북부 지방에 분포하며 백두산과 관모봉의 정상부에 가까운 풀밭 양지바른 곳에 난다.

재배　비교적 가꾸기가 쉬운 풀로 물이 잘 빠지면서도 보수력이 좋은 흙으로 심은 다음 양지바르고 바람이 잘 닿는 자리에서 가꾼다. 그늘진 자리에서 가꾸면 웃자라서 은양지꽃의 특성이 사라진다. 물과 거름은 모두 보통으로 주면 된다. 여름에는 물을 다소 적게 주는 것이 안전하다. 뿌리가 잘 자라 쉽게 분 속에 가득 차버리므로 여름에만 제외하고 자주 갈아심어주는 것이 좋다.

포기나누기와 씨뿌림으로 증식할 수 있다. 씨뿌림은 씨가 여무는 대로 따서 바로 뿌려주어야 한다. 흙은 아주 얇게 덮어주어야 하며 지나치게 깊게 묻혀버릴 때에는 싹이 트지 못한다.

이고들빼기

Paraixeris denticulata NAKAI | 국화과

특징　2년생 풀로서 가을에 땅에 떨어진 씨는 이내 싹터 어린 풀로 겨울을 나고 이듬해 봄부터 크게 자라 한여름부터 늦가을에 걸쳐 꽃이 피고서 죽어버린다. 키는 30~80cm쯤이고 줄기는 딱딱하고 많은 잔가지를 친다. 잎은 주걱형으로서 잎자루가 없고 가장자리에는 작은 톱니가 있다. 잎이 손상되면 흰 즙이 나온다.

여름부터 가을까지 가지 끝에 직경 1.5cm쯤 되는 노란꽃이 많이 핀다. 수명을 다한 꽃은 꽃대가 휘어 아래를 향해 처진다. 또한 꽃이 지고 나면 민들레와 같은 털을 가진 씨가 바람을 타고 공중을 떠다닌다.

개화기　8~11월

분포　전국 각지의 산야에 난다.

재배　깊은 분을 골라 산모래에 20% 정도의 부엽토를 섞은 흙으로 물이 잘 빠지게 심어준다. 양지바른 자리에 분을 내놓고 물을 조금씩 주어 가면서 가꾼다. 거름은 깻묵가루를 매달 한 번씩 분토 위에 뿌려준다.

증식을 위해서는 해마다 가을에 씨뿌림을 해야 하는데 분토 위에 떨어진 씨는 싹이 잘 트므로 이것을 가꾸어 나가는 것도 한 방법이다.

• 어린순은 나물로 먹는다.

장백제비꽃

Viola biflora L | 제비꽃과

특징 줄기가 서는 제비꽃으로서 노란꽃이 피며 키는 10~15cm이다. 뿌리줄기로부터 두 장의 콩팥형 잎이 자라고 그 사이로부터 줄기가 나타나는데 줄기에는 한두 장의 잎이 붙어 있을 뿐이다. 잎 가장자리에는 가느다란 톱니가 규칙적으로 나 있다. 여름철에 줄기 끝으로부터 한두 개의 꽃대를 신장시켜 각기 한 송이의 꽃을 피운다.

개화기 6~8월

분포 북부 지방에 분포하며 대표적인 고산식물로서 백두산을 비롯하여 부전고원, 관모봉, 노봉 등에 난다.

재배 약간 깊은 분에다 가루를 뺀 산모래만으로 심는다. 거름은 묽게 탄 하이포넥스를 월 3~4회 준다. 물은 하루 한 차례 분 바닥의 구멍에서 흘러나올 정도로 흠뻑 주고 여름철에는 건조 상태에 따라 저녁에 다시 한 차례 소량의 물을 준다. 봄가을에는 햇빛을 충분히 쪼일 수 있게 해주고 여름에는 반그늘의 시원한 자리로 옮겨준다. 갈아심기는 늦가을 또는 이른 봄에 포기나누기를 겸하여 실시하는데 묵은 뿌리를 따버리고 새로운 흙으로 고쳐 심는다. 씨뿌림은 채종되는 대로 바로 뿌리고, 잎을 두어 장 가지게 되면 하나씩 작은 분에 옮겨 심어 가꾸어 나간다.

좀양지꽃

Potentilla matsumurae WOLF | 장미과

특징 양지꽃과 같은 과에 속하는 풀로서 양지꽃이 들판의 풀밭에 나는 데 비해 좀양지꽃은 고산지대의 바위틈에 난다. 고산식물의 특징대로 몸집이 작고 꽃이 크다. 땅속줄기의 윗부분에는 한 해 전의 잎이 말라 죽은 채로 붙어 있으며 줄기는 없다. 잎은 세 개의 작은 잎으로 구성되며 가장자리에는 톱니가 있고 약간의 털이 나 있다. 잎 사이로부터 짤막하게 꽃자루가 자라 두세 송이의 노란꽃이 핀다. 꽃의 생김새는 매화꽃과 흡사하며 지름이 2cm쯤 된다.

개화기 7~8월

분포 남부 지방과 제주도에 분포한다. 주로 고산지대의 양지바른 바위틈에 난다.

재배 물 빠짐과 보수력이 좋은 사질의 흙으로 얕은 분에 심어 가꾼다. 거름은 매달 한 번씩 분토 위에 깻묵가루를 놓아준다. 햇빛을 충분히 보여주고 물은 보통으로 주는데 여름철에는 흙이 다소 마르게끔 조절해준다. 여름에 물을 많이 주게 되면 뿌리가 상하기 쉽다. 뿌리가 잘 무성하므로 꽃이 지고 나면 바로 갈아심어주어야 하며 그때 포기나누기도 함께 실시한다. 포기나누기는 예리한 칼을 사용해서 2~3눈씩 갈라심는다. 갈아심기를 게을리하면 어느새 뿌리가 썩어 죽고 만다.

좁쌀풀

Lysimachia davurica LEDEB | 앵초과

특징　양지바르고 습한 풀밭에 나는 숙근성의 풀
이다. 높이 40~100cm로 자라고 잎은 마주나거
나 또는 3~4매씩 한자리에 둥글게 배열된다. 날
씬하게 자라 올라간 줄기의 꼭대기와 잎겨드랑이
로부터 갈라져 나간 가지 끝에 다섯 개의 꽃잎으로
이루어진 노란꽃이 원뿌리 꼴로 모여 핀다. 일명
황연화(黃連花)라고도 하며 비슷한 종류로서 큰좁
쌀풀이 있다.

개화기　7~8월

분포　전국에 분포하며 산야 습지의 풀밭 속에
난다.

재배　원래 키가 크게 자라는 풀이다. 그러므로
분 가꾸기의 경우에는 봄에 10cm 정도의 높이로
자라났을 때 순을 쳐서 될 수 있는 대로 키를 낮
게 가꾸어 놓아야 한다. 햇빛을 충분히 쪼이게 하
여 굵고 튼튼하게 자라게 함으로써 쓰러지지 않도
록 한다. 흙은 산모래만을 쓰거나 또는 산모래에
10% 정도의 부엽토를 고루 섞어 쓴다. 분은 지름
과 깊이가 20cm 정도인 것을 쓴다. 묘는 새순이 5
~10cm쯤 자라났을 무렵에 캐올려 분에 옮겨 심
는다. 거름은 깻묵가루를 매달 한 번씩 분토 위에
놓아주는데 그 양은 큰 숟갈로 하나 정도이다. 습
한 자리를 좋아하므로 물을 흠뻑 주어야 하나 그
렇다고 과습으로 인하여 뿌리가 상하게 해서는 안
된다.

• 어린순은 나물로 먹는다.

좁은잎돌꽃

Rhodiola angusta NAKAI | 돌나물과

특징　다육질의 숙근초이다. 땅속줄기는 굵고 많
은 비늘잎에 감싸여 있다. 줄기는 많은 것이 함께
뭉쳐서 서며 높이는 10~30cm 정도이다. 잎은 피
침형으로 길이 2~3cm, 너비 5~8mm로서 다육
질이고 줄기에 좁은 간격으로 어긋나게 난다. 줄기
꼭대기에 작은 노란꽃이 많이 뭉쳐 핀다. 수꽃과
암꽃이 각기 다른 포기에 피는 습성을 가지고 있
다. 비슷한 종류로서 돌꽃, 가지돌꽃, 바위돌꽃이
있다.

개화기　6~8월

분포　북부 지방에 분포하며 높은 산의 양지바른
바위 위에 난다.

재배　가루를 뺀 산모래에 잘게 썬 이끼를 10%
쯤 섞은 흙으로 분에 심어 가꾼다.

포기가 묵었을 때에는 자란 줄기 2~3개를 밑동
에서 꺾어 절단면을 약간 말린 다음 꺾꽂이를 해서
새로 가꾸어 나가는 것이 보기 좋다.

꽂은 뒤에는 물을 적게 주고 양지바른 자리에 놓
아두면 쉽게 뿌리를 내린다. 여하튼 가꾸는 자리는
하루 종일 햇빛이 닿는 자리라야 하며, 물을 적게
주어 짜임새 있는 모양을 갖도록 가꾸어야 한다.

거름은 깻묵가루를 조금씩 매달 한 번씩 분토 위에
놓아주면 된다.

짚신나물

Agrimonia pilosa var. japonica NAKAI | 장미과

특징　용아초(龍牙草)라고도 하는 숙근성의 풀로 굵고 튼튼한 땅속줄기를 가지고 있다. 높이는 50~150cm로서 온몸에 털이 많이 난다. 잎은 기수우상복엽(奇數羽狀複葉)이고 작은 잎의 크기는 고르지 않다. 잎가에는 거친 톱니가 있고 서로 어긋난 자리에 난다. 줄기의 상단부가 여러 갈래로 갈라져 직경 1cm쯤 되는 노란꽃이 술모양으로 뭉쳐 핀다. 씨는 갈퀴같이 생긴 빳빳한 털이 나 있어서 짐승의 몸에 붙어 넓은 지역에 흩어진다.

개화기　6~7월

분포　전국 각지의 산야나 길가에 흔히 난다.

재배　흙을 가리지 않으나 물이 잘 빠지게 심기 위해서는 산모래에 부엽토를 약간 섞은 흙을 쓰는 것이 좋다. 깊은 분 또는 약간 깊은 분을 골라 이른 봄에 한 포기를 심는다. 20cm 정도의 키로 자라났을 때 반 정도만 남겨두고 적심(摘心)을 해서 가지를 치게 하면 비교적 낮은 키로 가꿀 수 있다. 거름은 묽은 물거름을 월 2~3회 주거나 또는 깻묵가루를 매달 한 번씩 분토 위에 놓아준다. 물은 보통으로 주고 봄가을에는 햇빛을 충분히 보여 주는데 한여름에는 반 그늘진 자리로 옮겨 놓는다.

• 어린순을 나물로 먹으며, 풀 전체를 약용한다.

층층둥굴레　수레둥굴레

Polygonatum stenophyllum MAX | 백합과

특징　수레둥굴레라고도 하는 숙근성의 풀로서 둥굴레와 같은 과에 속하기는 하나 판이하게 다른 외모를 가지고 있다. 가느다란 줄기는 높이 50~60cm 정도로 곧게 자란다. 전혀 가지를 치지 않으며 마디마다 네다섯 장의 잎이 둥글게 배열된다. 잎은 줄 모양으로 길이는 10cm쯤 되고 잎 뒤는 흰빛을 띤다. 꽃은 잎겨드랑이에 네다섯 송이가 늘어져 피는데 색채는 담황색이고 꽃이 피고 난 뒤 물기 많은 둥근 열매를 맺는다.

개화기　6~7월

분포　중부 지방과 북부 지방에 분포하며 산록지대와 그에 가까운 논두렁 등에 난다.

재배　분에 심어 가꿀 때에는 산모래에 약간의 부엽토를 섞은 흙을 쓴다. 물은 다소 적게 주는 것이 좋으며 초여름까지는 햇빛을 충분히 보여주고 한여름에는 시원한 반그늘로 옮겨준다. 늘어난 포기는 늦가을이나 이른 봄 눈[芽]이 움직이기 전에 알맞은 크기로 포기나누기를 하여 새로운 흙으로 고쳐 심는다. 거름은 가끔 깻묵가루를 분토 위에 뿌려주면 된다.

• 연한 순과 비늘줄기를 식용하며, 땅속줄기를 황정이라 하여 약에 쓴다.

여름

큰부들

Typha latifolia L | 부들과

특징　숙근성의 수초로서 키는 2m까지 자라며 일반적으로 넓은 면적을 차지하여 큰 군락을 이룬다. 잎은 길쭉한 칼 모양으로 두텁고 약간 비비 꼬이는 습성이 있다.

여름에 잎 사이로부터 긴 꽃자루를 신장시켜 굵은 막대기같이 생긴 갈색꽃이 핀다. 이 막대기처럼 생긴 부분은 암꽃이 뭉쳐 생긴 부분이고, 그 바로 위에 보다 가늘고 노랑빛의 작은 막대기가 형성되는데 이것은 수꽃의 집단이다. 비슷한 종류로 몸집과 꽃이 보다 작은 부들과 수꽃의 집단과 암꽃의 집단 사이에 자루가 있는 애기부들이 있다.

개화기　6~8월

분포　남부 지방과 중부 지방에 분포하며 소택지나 강변의 갯펄에 군락을 형성한다.

재배　관상용으로 가꾸어지는 일은 거의 없지만 연못이 있는 집에서는 물가에 심어 야생의 정취를 즐기는 것도 나쁘지 않을 것이다.

이른 봄 땅속줄기를 캐올려 큰 분에 논 흙이나 밭 흙으로 심어 연못 속에 가라앉히는 방법이 있으며 직접 물가에 심는 방법도 있다. 콘크리트로 꾸민 연못이라면 앞의 방법으로 가꾸어야 하고 자연 그대로의 연못이라면 뒤의 방법에 따른다.

큰원추리

Hemerocallis middendorffii TRAUT. et MEYER | 백합과

특징　숙근성의 풀이다. 뿌리는 붉은빛을 띤 갈색으로 굵고 곳곳에 강낭콩만한 크기로 살찐 부분이 있다. 잎은 길이 30~60cm, 폭 1~2.5cm로서 꽤 크며 중간 부분에서 휘어져 끝은 아래로 처진다. 겹쳐진 잎 사이로부터 60cm 정도의 높이로 꽃줄기가 자라 2~4송이의 짙은 노란꽃이 차례로 피며 좋은 향기를 풍긴다. 꽃의 지름은 7cm 정도이고 깔때기 모양이다.

개화기　6월경

분포　제주도와 울릉도를 제외한 전국에 분포하며 야산지대의 풀밭에 난다.

재배　몸집이 크기는 하나 작은 분에 심어 가꾸면 꽤 작은 몸집으로 꽃을 피울 수 있다. 흙은 부식질이 많이 함유되어 있고 물이 잘 빠지는 것이라면 어떤 것이라도 좋다. 항상 양지바른 곳에서 가꾸는 것이 좋으며 물은 보통으로 준다. 거름은 깻묵가루를 매달 한 번씩 분토 위에 놓아주거나 또는 물거름을 월 2~3회 준다. 증식은 포기나누기에 의하는데 이른 봄에 갈아심는 기회를 이용하여 두세 눈을 한 단위로 갈라준다. 큰 분 가득히 무성해지면 꽤 화려해지는데 이를 위해서는 해마다 갈아심어 주어야 한다.

• 어린 잎은 식용한다. 뿌리는 이뇨, 지혈, 소염제로 쓰인다.

해란초

Linaria japonica MIQ | 현삼과

특징　해변의 모래밭에 나는 숙근성의 풀이다. 줄기와 잎 모두가 흰빛을 띤 녹색이고 털은 나지 않는다. 잎은 주걱 모양에 가까운 타원형으로 두터우며 마디마다 두 장이 마주나거나 또는 석 장이 둥글게 배열되기도 한다. 땅 위를 기다가 비스듬히 일어선 줄기 끝에 서너 송이의 꽃이 핀다. 꽃의 생김새는 가면 모양으로 노랗게 피는데 한가운데는 붉은빛을 띤 짙은 노랑빛으로 물든다. 비슷한 종류로서 잎이 좁은 가는잎해란초라는 것이 있다.

개화기　7~8월

분포　제주도와 울릉도를 제외한 전국의 해변가 모래밭에 난다.

재배　난대 지방으로부터 한대 지방까지 넓은 분포를 보이는 풀이기 때문에 어디서든지 가꾸기 쉽다. 흙은 산모래를 쓰면 된다. 다만 옆으로 기는 성질이 있기 때문에 깊이에 비해 폭이 넓은 분에 심어 햇빛을 충분히 쪼이게 하여 키를 작게 가꾸는 것이 바람직하다.

그러나 경우에 따라서는 깊은 분에 심어 현애(懸崖)처럼 늘어지게 가꿀 수도 있다. 거름은 보통의 요령에 따라 주면 되고 물은 하루 한 번 아침에 흠뻑 주어야 한다. 증식은 포기나누기에 의하는데 꺾꽂이로도 할 수 있다.

• 원줄기와 잎을 황달, 수종 및 이뇨제로 사용한다.

홉잎뱀무

Parageum calthifolium var. nipponicum HARA | 장미과

특징　숙근성의 풀로서 키는 15~30cm쯤 자란다. 잎은 둥근꼴로서 고산식물다운 외모를 갖추고 있으며 두텁고 윤기가 난다.

잎자루에는 아주 작은 잎이 하나 붙어 있다. 꽃의 지름은 2~3cm로서 노랗게 피며 미나리아재비와 흡사한 외모를 가졌다. 비슷한 종류로서 낮은 지대에 나는 뱀무와 큰뱀무가 있다.

개화기　7~8월

분포　북부 지방에 분포하며 고원의 양지바른 풀밭에 난다.

재배　물 빠짐을 돕기 위하여 굵은 왕모래를 분 밑에 충분히 깐 다음 가루를 뺀 산모래에 잘게 썬 이끼를 20%가량 섞은 것으로 심는다.

심을 때에는 굵은 뿌리줄기의 일부가 드러날 정도로 얕게 심어주어야 하며 조약돌을 한 겹 깔아놓는다. 거름은 물거름과 잿물을 번갈아가면서 준다. 하루 종일 햇빛이 잘 닿고 바람이 통하는 자리에서 가꾸어야 하며 물은 매일 아침 한 번만 주면 된다. 진딧물이나 잎진드기가 붙기 쉬우므로 자주 살펴야 한다.

봄이나 가을에 갈아심을 때 포기나누기를 해서 증식시킨다. 포기는 손으로 쉽게 가를 수 있다.

황근 갯부용

Hibiscus hamabo SIEB. et ZUCC | 무궁화과

특징 황근(黃槿) 또는 갯아욱이라고도 하는 낙엽 관목으로 키는 2m 정도가 된다. 잎은 서로 어긋나게 생겨나며 두껍고 가장자리에는 작은 톱니가 있고 뒷면 에는 희고 부드러운 잔털이 밀생하고 있다. 여름에 가지 끝에 다섯 개의 꽃잎으로 이루어진 노란꽃이 핀다. 꽃의 지름은 5~7cm로서 무궁화꽃과 흡사하며 속 바닥은 어두운 붉은빛으로 물들어 매우 아름답다. 꽃망울 때에는 꽃잎이 사사(四絲) 모양으로 감겨 있으나 완전히 개화하면 깔때기와 같은 형태를 이룬다.

개화기 7월 중

분포 제주도의 해변가에 난다.

재배 땅에 심어 가꿀 때에는 일년 내내 햇빛이 닿는 자리를 골라야 하나 따뜻한 곳에 나는 식물이므로 추운 지역에서는 겨울을 나지 못한다. 분에 심어 가꿀 때에는 가루를 뺀 분재용 모래에 20% 정도의 부엽토를 섞은 흙으로 심어주면 된다. 해변가에 나는 식물이라 해서 특별한 관리법이 있는 것은 아니다.

충분히 햇빛을 보이고 흙이 마르면 물을 주는 정도의 관리로 충분하나 지나치게 건조시키는 일이 없도록 주의한다. 겨울에는 프레임이나 지하실로 옮겨 보호해 줄 필요가 있다.

개감채

Lloydia serotina SWEET | 백합과

특징 고산지대의 바위틈이나 자갈이 깔린 풀밭에 나는 키 작은 숙근초이다. 땅 속에 거무스름한 작은 구근이 있고 잎은 가느다란 줄 모양으로 길이 15cm쯤 되는 것이 두 장 자란다. 15cm 정도의 꽃줄기에는 넉 장의 잎이 나 있다. 꽃은 6장의 흰꽃잎으로 이루어져 있으며 꽃의 바닥은 황록빛이고 꽃잎의 바깥쪽 밑동에는 불그스레한 줄무늬가 나 있다. 꽃줄기마다 한두 송이의 꽃이 핀다.

개화기 6~8월

분포 북부 지방에 분포하며 백두산과 관모봉 등 높은 산의 상부에 난다.

재배 암석원 꾸미기에 있어서 높은 자리에 어울리는 풀이다. 분 가꾸기의 경우에는 알갱이가 다소 굵은 산모래에 잘게 썬 이끼를 10% 정도 섞은 것으로 얕은 분에 물이 잘 빠질 수 있게 심어준다.

양지바르고 바람이 잘 닿는 자리에서 가꾸어야 하며 매일 아침 한 번 흠뻑 물을 준다. 거름은 하이포넥스의 1000배 용액을 월 3~4회 주되 한여름에는 중단한다. 거름을 충분히 주지 않으면 해마다 꽃을 보기가 어려우며 구근도 늘어나지 않는다. 구근이 늘어나면 이른 봄에 증식을 겸해서 새로운 흙으로 갈아심어준다.

개쉬땅나무

Sorbaria stellipilla var. typica SCHNEID | 조팝나무과

특징 높이 1~1.5m 정도로 자라는 낙엽 관목이다. 초여름이면 줄기 끝에 작은 흰꽃이 많이 뭉쳐 큰 원뿌리 모양을 이룬다. 그 모습이 아름답기 때문에 흔히 정원이나 공원 등에 재배된다.
잎은 깃털과 같은 모양의 작은 잎이 배열되는데 그 수는 20개 내외이다. 작은 잎의 생김새는 피침형이고 뒷면에는 털이 나 있으며 가장자리에는 톱니가 있다. 마가목이라고도 한다.
개화기 6~7월
분포 중부 지방과 북부 지방에 분포하며 산록지대나 골짜기의 습한 땅에 난다.
재배 키가 작은 관목이기는 하지만 분에 심어 가꾸기에는 적합하지 않으며 정원에 심어 자연스러운 자태를 즐기는 것이 무난한 방법이다.
약간 그늘진 자리에 나는 나무이기 때문에 큰 나무에 곁들여 심을 수 있으며 그럴 때 자연스러운 조화를 이루며 운치가 있다. 심을 자리는 가급적 토양 수분이 윤택한 자리를 고르는 것이 좋으며, 구덩이 속에 잘 썩은 두엄을 넣고 심어주면 한층 더 잘 자란다.
해마다 이른 봄에 나무 주위를 얕게 파헤쳐 두엄을 묻어준다.
• 어린 잎은 식용한다.

게박쥐나물

Cacalia adenostyloides MATSUMURA | 국화과

특징 깊은 산 숲속의 다소 어두운 곳에 나는 숙근초이다. 높이는 60~100cm에 이른다. 잎은 신장 모양으로서 다섯 갈래로 얕게 갈라졌으며 서로 어긋나게 난다. 줄기 끝에 작은 흰꽃이 술 모양으로 모여 핀다. 비슷한 종류로서 나래박쥐나물, 귀박쥐나물, 자주박쥐나물, 참박쥐나물, 민박쥐나물 등이 있는데 이 가운데에서 민박쥐나물과 참박쥐나물만이 남한 땅에 나고 나머지는 모두 북부 지방, 즉 북한 땅에서 자란다.
개화기 7~9월
분포 함경북도 백두산에 분포하며 깊은 숲속의 다소 어두운 곳에 난다.
재배 가루를 뺀 산모래와 부엽토를 반씩 섞은 흙으로 지름과 높이가 20cm쯤 되는 분에 한 포기씩 물이 잘 빠질 수 있는 상태로 심어준다. 밝은 그늘에 두고 약간 습하게 관리를 해주어야 하는데, 물이 잘 빠지지 않을 때에는 뿌리가 썩는 현상이 생겨나므로 주의를 해야 한다.
거름은 매달 한 번씩 깻묵가루를 분토 위에 놓아주는데 양을 적게 주어야만 마디 사이가 짧아지고 잎이 작아져 관상 가치가 높아진다. 증식은 포기나누기와 씨뿌림 등의 방법에 의한다.
• 박쥐나물류의 어린 잎은 모두 나물로 먹는다.

계뇨등 계요등

Paederia scandens var. mairei HARA | 꼭두서니과

특징　숙근성의 덩굴식물이다. 줄기는 시계바늘
과 같은 방향으로 감기면서 다른 물체로 기어오르
며 길게 자란다. 잎은 계란형으로 끝이 뾰죽하고
밑동은 심장형을 이룬다. 길이는 4~7cm, 너비는
2~7cm로서 약간의 잔털이 나 있고 서로 어긋나
게 줄기에 붙어 있다. 잎겨드랑이에 직경 1cm 정
도의 크기를 가진 꽃이 여러 송이 뭉쳐 핀다. 꽃은
종 모양으로 생겼으며 끝이 다섯 갈래로 갈라진다.
흰꽃이기는 하나 안쪽은 붉게 물들어 많은 털이 나
있다. 식물체 전체에서 독특한 향기가 풍긴다.

개화기　8~9월

분포　제주도와 울릉도를 비롯하여 남부와 중부
지방의 풀밭에 나는데 특히 양지바른 쪽을 좋아하
는 경향이 있다.

재배　흙은 별로 가리지 않으나 가급적이면 산모
래에 부엽토를 알맞게 섞은 흙을 써서 분에 심어준
다. 덩굴성이기 때문에 분은 깊은 것을 써야 하며
지주를 세워주면 감아 올라가 꽃을 피운다.
호랑나비의 애벌레가 잎을 갉아 먹는 일이 있으므
로 주의한다. 거름으로는 깻묵가루나 닭똥을 준다.
지나치게 흙이 말라붙는 일이 없도록만 해주면 어
디에 두어도 잘 자란다.

고마리 고만이

Persicaria thunbergii H.GROSS | 여뀌과

특징　냇가나 도랑가에 많이 나며 메밀과 흡사하
게 생겼다. 고마니 또는 꼬마리라고도 불리는 1년
초로 줄기는 흙 속이나 물 속을 기면서 마디에서부
터 뿌리를 내린다. 줄기의 선단부는 일어서서 30
~70cm 정도의 높이로 자라며 아래쪽으로 잔가
시가 나 있다. 잎은 방패꼴로 끝이 뾰죽하다.
가지 끝에 흰빛 또는 연분홍빛의 잔꽃이 공처럼 뭉
쳐 있다. 꽃의 색채와 개화기, 잎의 형태 등에 따른
변이가 많다.

개화기　8~10월

분포　전국 각지의 냇가나 도랑가 등 습지에서
흔히 볼 수 있다.

재배　생육력이 대단히 강한 풀로서 양지바른 자
리라면 어떤 흙에서도 잘 자란다. 분 가꾸기로 키
를 작게 가꾸려면 얕은 분에 알갱이가 작은 산모래
로 심어 햇빛을 충분히 보이고 물을 적게 주는 한
편 거름도 거의 주지 않도록 해야 한다.
씨뿌림을 하고자 할 때에는 가을에 거두어들인 씨
를 이듬해 봄에 이끼를 잘게 썰어 분에 채우고 그
위에 뿌려준다. 잎이 3~4매 생겨났을 무렵에 위
에 소개한 요령대로 얕은 분에 옮겨 심는다.

• 줄기와 잎을 지혈제로 사용한다.

고삼

Sophora flavescens AIT | 콩과

특징 산야의 풀밭에서 흔히 볼 수 있는 숙근초로서 너삼이라고도 부른다.
높이 1m 정도로 자라며 잎은 다른 콩과 식물의 경우처럼 기수우상복엽(奇數羽狀複葉)이고 15～30장의 작은 잎으로 구성된다.
6～7월에 줄기 끝이 여러 갈래로 갈라지면서 1.5cm 정도 크기의 담황색 꽃이 이삭 모양으로 핀다. 굵은 뿌리에 매우 쓴 성분이 함유되어 있기 때문에 고삼(苦蔘)이라 불리운다.
개화기 6～7월
분포 전국 각지의 야산과 들판의 풀밭에 난다.
재배 한 해 전 가을에 채취해두었던 씨를 봄철을 맞아 마당 한 구석에 뿌려서 싹이 트면 허약한 것을 솎아준다.
분에 심어 가꿀 때에는 크고 깊은 분을 써야 한다. 그러나 워낙 키가 크게 자라는 풀이므로 분에 심어 가꾸는 것보다 뜰에 심어 감상하는 쪽이 좋다. 분에 심어 가꿀 때에는 가루를 뺀 분재용 모래흙에 약간의 부엽토를 섞은 것으로 심어준다.
특별한 관리는 필요 없으며 일반 화초류를 가꾸는 요령으로 관리해주면 된다.
• 뿌리는 건위, 구충제로 쓰이며 신경통에도 쓰인다.

기름나물

Peucedanum terebinthaceum FISCH | 미나리과

특징 높이 90cm 정도로 자라는 숙근성의 풀이다. 줄기는 여러 갈래로 갈라지며 끝부분에는 잔 흰털이 나 있다. 잎이 어긋나며 잎의 생김새는 두 차례 깃털 모양으로 갈라져 전체적으로는 세모꼴을 이룬다. 잎 표면은 윤기가 난다. 가지 끝에 희고 작은 꽃이 무수히 뭉쳐 피는데 미나리과 식물의 특색을 그대로 나타내어 평면적인 배열을 보인다.
비슷한 종류로서 가는기름나물, 갯기름나물, 산기름나물 등이 있으며 기름나물을 참기름나물이라고 부르는 지역도 있다.
개화기 7～9월
분포 전국적인 분포를 보이며 산이나 들판의 풀밭 속에 난다.
재배 키가 크게 자라며 짜임새 있는 몸집을 지닌 풀이 아니기 때문에 분 가꾸기의 대상으로는 부적당하다. 그러므로 이 풀의 야취를 즐기기 위해서는 뜰에 심어 가꾸는 것이 무난하다.
심는 자리는 석양빛을 가려줄 수 있는 곳이 좋으며 수분이 윤택한 자리라면 이상적이다. 웬만한 흙이면 제대로 자라기는 하나 무성하게 자라도록 하려면 구덩이 속에 잘 썩은 퇴비를 깔아 넣고 그 위에 심어주는 것이 좋다.
• 어린 잎을 나물로 먹는다.

긴잎끈끈이주걱

Drosera anglica HUND | 끈끈이주걱과

특징　숙근초로서 땅 속에는 가느다란 수염뿌리가 나 있다. 잎은 줄 모양에 가까운 피침형으로서 길이는 5~15cm쯤 되며 뿌리에서부터 자란다. 잎 표면과 가장자리에는 붉은빛을 띤 보랏빛의 섬모가 밀생해 있어서 작은 벌레가 달라붙으면 소화 흡수하여 양분으로 삼는다. 뿌리 사이로부터 높이 10~20cm 정도 되는 꽃줄기를 신장시켜 희고 작은 꽃이 한 줄로 줄지어 피어오른다.

개화기　7~8월

분포　북부 지방의 산악지대에 분포하며 고원성의 습지대에 난다.

재배　12~15cm 지름의 분에 살아 있는 이끼를 담아 심는다. 이끼는 연식정구공 정도의 탄력이 있게 채워 주어야 하며 핀셋으로 구멍을 뚫어 뿌리를 다치지 않게 조심해서 삽입한다. 한 분에 두세 포기를 심어 놓고 분을 얕은 물에 담가 항상 분 바닥으로부터 물을 빨아올릴 수 있도록 가꾼다. 거름은 묽게 탄 하이포넥스를 일주일에 한 번씩 준다.

가꾸는 장소는 오전 중에만 햇빛이 쪼이고 오후에는 그늘지는 자리가 좋으며 겨울에는 찬바람을 막아주어야 한다. 씨가 생기면 이끼를 담은 분에 뿌려 가꾸는데 이 방법으로 가꾸는 것이 훨씬 잘 자란다.

까실쑥부쟁이

Aster ageratoides subsp. ovatus KITAM | 국화과

특징　키는 50~100cm이고 잎은 긴 계란 모양으로 거친 톱니가 나 있다. 빳빳한 털이 나 있어서 까실거려 까실쑥부쟁이라 불린다. 가을에 직경 2.5cm 정도 되는 연한 보랏빛꽃이 핀다. 때로는 흰꽃이 피는 것도 있다. 흔히 쑥부쟁이와 혼동되는데, 꽃을 분해해 보아서 길이 5mm 정도의 관모가 있으면 까실쑥부쟁이고 거의 없으면 쑥부쟁이다.

개화기　8~10월

분포　전국 각지의 낮은 산, 풀밭에 난다.

재배　가루를 뺀 산모래를 분의 중심부에 수북이 쌓아 올려 그 위에 걸터앉는 형태로 심어준다. 이 때 잔뿌리가 닿는 자리에 부엽토를 얇게 갈아 주면 생육 상태가 좋다.

깻묵가루를 조금씩 주고 물을 적게 주는 동시에 하루 종일 햇빛이 쪼이고 바람이 강하게 닿는 자리에서 가꾸면 키를 낮게 해서 꽃을 피울 수 있다.

해마다 이른 봄에 갈아심어주어야 하며 그때 묵은 뿌리를 3분의 2 정도 잘라버리고 새로운 흙으로 심어준다. 꽃망울을 보인 뒤 모래에 꽂아 뿌리내리게 하면 키를 한층 더 낮게 만들 수 있다.

• 어린순은 나물로 먹는다.

꼬리솔나물

Glaium verum var. nikkoense NAKAI | 꼭두서니과

특징　줄기가 40~70cm 정도의 크기로 곧게 자라는 숙근초이다. 잎은 솔잎과 같이 가늘고 마디마다 8~10매가 윤생한다.

줄기의 선단부와 위쪽 잎겨드랑이로부터 꽃대를 신장시켜 작고 흰꽃을 무더기로 피운다. 꽃의 크기는 3~4mm로서 4장의 꽃잎을 가지고 있다. 꽃이 작기는 하나 일제히 피어날 때에 마치 숲을 보는 듯하여 즐길 만하다. 꽃이 노랗게 피는 것을 솔나물이라고 한다.

개화기　7~8월

분포　중부 지방과 남부 지방 야산지대의 물기가 적은 풀밭이나 강가, 제방 등에 흔히 난다.

재배　분재용 산모래처럼 물이 잘 빠지는 흙을 써서 깊은 분에 눈이 움직이기 시작할 무렵 서너 포기를 합쳐 심는다.

가꾸는 자리는 햇빛이 잘 닿는 자리라야 하며 약간 건조한 상태가 되도록 물을 조절해준다.

거름은 깻묵덩어리 거름을 분토 위에 놓아주거나 또는 하이포넥스 용액을 월 2~3회 준다. 거름과 물기가 지나치면 생육 상태가 나빠지므로 주의한다. 증식시키기 위해서는 포기나누기나 씨뿌림을 한다. 씨뿌림은 채종 즉시 잔모래에 뿌린다.

• 어린순(잎)을 나물로 먹는다.

꽃바위창포 돌창포

Tofieldia nuda MAX | 백합과

특징　숙근성의 풀로서 뿌리줄기는 아주 작고 짧으며 잔뿌리가 많다. 잎은 좁은 줄 모양으로 밑동이 서로 겹쳐지면서 두 줄로 배열되어 활 모양으로 굽어 있다. 길이는 10cm 안팎이고 약간 빳빳하며 짙은 푸른빛이다. 잎 사이로부터 가늘고 긴 꽃줄기가 자라 희고 작은 꽃이 술 모양으로 모여 핀다.

꽃의 크기는 3~4mm 정도이다. 석창포처럼 꽃보다는 잎의 아름다움을 관상하기 위해 가꾸어지는 풀이다. 사람에 따라서는 돌창포 또는 꽃창포라고도 한다. 비슷한 종류로서 한라꽃창포가 제주도에 난다.

개화기　7~8월

분포　평안북도의 강계와 녕원에만 나는 것으로 알려져 있으나 최근 철원 지방에서도 발견된 바 있다. 주로 산지의 냇가나 바위 벼랑에 붙어 산다.

재배　분에 심어 가꿀 때에는 가루를 뺀 산모래에 잘게 썬 이끼를 20%가량 섞은 것을 사용한다. 돌붙임으로 하여 수반의 물 가운데에 앉혀 가꿀 수도 있다.

묽은 물거름을 월 2~3회 주면 되고, 물은 아침 저녁으로 주는데 저녁에는 잎을 적셔주는 정도로 한다. 무성하게 자라면 포기나누기를 겸해 갈아심어주어야 하는데 시기는 이른 봄이 좋다.

꿩의다리

Thalictrum aquilegifolium var. japonica NAKAI |
미나리아재비과

특징 키가 1m 가까이나 되는 꽤 큰 숙근초로서 줄기는 속이 비어 있으며 보랏빛을 띤 녹색이다. 손바닥같이 생긴 잎을 가지고 있으며 가장자리에는 작은 결각이 있고 호생(互生)한다.
여름철 줄기 꼭대기에 작은 흰꽃이 뭉쳐 핀다. 꽃잎은 없고 꽃으로 보이는 것은 수술이 뭉친 것이다. 같은 과에 속하면서 비슷하게 생긴 것이 열 가지 이상이나 있어 구별하기가 매우 어렵다.
개화기 7~8월
분포 전국적으로 나며 산지의 양지바른 건조한 풀밭에서부터, 비교적 토양 수분이 윤택한 초원, 낙엽수림의 가장자리 등에서 자란다.
재배 생육하는 힘이 강한 풀로서 흙이나 가꾸는 자리를 가리지 않으며 거름도 꽤 많이 필요로 한다. 분에서 가꿀 경우 보수력이 좋은 잔 모래에 약간량의 부엽토를 섞어 심는다. 여름철에는 잎이 짙은 푸른빛을 유지할 수 있도록 그늘로 옮겨준다. 늘어나는 힘이 강해 3~4년 동안 갈아심지 않았던 것은 포기가 지나치게 늘어나는 반면 꽃이 피는 상태가 나빠진다. 그러므로 격년으로 포기를 나누어 갈아심어주어야 한다.
• 어린 줄기와 잎을 식용으로 하고, 뿌리와 더불어 약용하기도 한다.

끈끈이주걱

Drosera rotundifolia L | 끈끈이주걱과

특징 뿌리로부터 직접 잎이 자라 방석과 같이 땅을 덮는다. 잎의 생김새는 주걱 모양으로 표면에 많은 털이 난다. 이 털은 끈끈한 액체를 분비하여 작은 벌레를 잡아 녹이는 역할을 한다. 작은 벌레를 영양원으로 삼는 식충식물이다. 봄부터 여름에 걸쳐 방석처럼 펼쳐진 잎 사이로 꽃대를 신장시켜 꼭대기에 희고 작은 꽃을 많이 피운다. 꽃은 하루만 피었다가 시들고 다음 날에는 다른 꽃이 차례로 핀다.
개화기 6~8월
분포 전국 산의 양지바른 습지에 난다.
재배 얕은 분 속에 엄지손가락의 끝마디만한 크기의 분 조각을 약간 넣고 그 위에 거친 왕모래를 3분의 1 깊이까지 깔아준다. 그 위에 깨끗이 빤은 이끼를 분 가장자리 높이까지 채우는데, 이것은 습도를 높이기 위한 조치이다. 가느다란 뿌리가 한두 개만 붙어 있으므로 이끼 표면에 송곳으로 구멍을 만들어 그 속에 살며시 뿌리를 밀어넣는다.
하이포넥스를 2,000배 정도로 묽게 탄 것을 매월 두 번 정도 주고 흙이 건조해지지 않도록 주의한다. 봄가을에는 햇빛을 충분히 보이되 바람이 잘 닿는 곳은 피한다. 여름철에는 햇빛을 가려주어야 하며 저녁 햇빛은 해롭다. 잘 익은 씨를 따서 이끼를 채운 분에 바로 뿌리면 많은 어린 묘를 얻을 수 있다.

나도개미자리

Minuartia arctica var. major NAKAI | 석죽과

특징 줄기는 밑동에서 갈라져 더부룩하게 뭉치며 많은 가지를 친다. 키는 5cm 정도밖에 되지 않는 숙근성의 풀인데 꽃은 지름이 2cm나 된다. 5장의 흰 꽃잎으로 이루어진 꽃이 무수히 뭉쳐 마치 꽃방석처럼 피기 때문에 매우 아름답다. 비슷한 종류로는 누운개미자리와 너도개미자리가 있으며 모두 북부 지방의 높은 산에서 난다.

개화기 7~8월

분포 북부 지방의 고산지대에 분포하며 분지를 이룬 자갈밭에 난다.

재배 얕고 넓은 분에 왕모래를 깔아 물이 쉽게 빠질 수 있게 하고 알갱이가 약간 굵은 산모래로 심는다. 매달 한 번씩 깻묵가루를 분토 위에 놓아 주는 한편 월 2~3회 하이포넥스를 주는데 여름에는 중단한다. 과습 상태에 빠지는 일이 없도록 물을 다소 적게 주어 가면서 바람이 잘 닿고 양지바른 자리에서 가꾼다. 여름에는 고온다습으로 죽어버리기 쉽다. 그러므로 꽃이 핀 뒤 포기를 작게 쪼개어 꺾꽂이 순에 가까운 상태로 만들어 모래 속에 꽂듯이 심어준다. 심은 뒤에는 반드시 그늘지고 바람을 가릴 수 있는 곳으로 옮겨 보호해 준다.

나도생강

Pollia japonica THUNB | 달개비과

특징 땅 속을 기어가는 땅속줄기의 여러 곳으로부터 새로운 눈이 자라 번식되어 가는 숙근초이다. 줄기는 50~80cm 정도의 높이로 곧게 자란다. 잎은 길쭉한 타원형으로서 끝이 뾰죽하며 길이는 17~30cm, 너비 3~7cm 정도이다. 줄기와 잎 모두가 미끈하고 윤기가 난다. 줄기 끝에 희고 작은 꽃이 여러 단으로 핀다. 꽃잎은 3장인데 이것과 거의 흡사한 모양의 3개의 꽃받침을 가지고 있기 때문에 꽃잎이 6장인 것처럼 보인다.

개화기 8~9월

분포 제주도와 전라남도 해남의 산지 숲속에 난다.

재배 흙을 가리지 않으므로 마당에 있는 흙에 약간의 부엽토를 섞어 쓴다. 분은 지름과 길이가 21~24cm쯤 되는 것이 풀의 크기와 어울리며 눈이 흙 위로 나타나기 시작할 무렵에 갈아심는다. 물주는 것을 잊어버려 흙이 말라붙는 일이 없도록 주의한다. 주로 숲속이나 대나무 밭에서 자라므로 강한 햇빛을 쪼이게 하는 것은 삼간다. 거름은 깻묵가루나 닭똥을 한 달에 한 번 조금씩 분토 위에 뿌려준다. 풀의 성질상 분에 심어 가꾸는 것보다 땅에 심어 가꾸는 것이 월등히 낫다. 그러나 따뜻한 지방에서 나는 풀이기 때문에 겨울 추위가 심한 지역에서는 분에 심어 가꾸어야 한다.

나물승마

Cimicifuga heracleifolia var. matsumurae NAKAI
| 미나리아재비과

특징　키는 1.5m에 이르며 2~3회 세 갈래로 갈라진 잎은 계란형 내지 타원형으로 서로 어긋난 위치에 난다. 잎가에는 결각이 있고 뾰족하며 길이 30cm 정도 되는 흰꽃이 이삭을 가진다. 이 이름은 어린 잎을 데쳐 나물로 먹기 때문에 붙여진 이름이다. 또한 제주도에만 나기 때문에 일명 섬승마라고도 부른다. 비슷한 종류로서 이삭에 꽃이 드물게 붙는 승마와 잎이 큰 왕승마 등이 있다.

개화기　8~10월

분포　제주도의 산지에 난다. 나무 그늘이나 습기가 풍부하고 양지바른 풀밭에서 볼 수 있다.

재배　다소 큰 분에 산모래에 부엽토를 섞은 흙으로 덩이줄기의 일부가 흙 위로 드러날 정도로 얕게 심어 반그늘에서 지나치게 마르는 일이 없도록 가꾼다.

덩이줄기를 깊게 묻거나 햇빛이 강할 때에는 꽃이 필 무렵 잎이 상해 관상 가치가 크게 떨어지므로 주의한다. 거름으로는 깻묵가루를 달마다 한 번씩 분토 위 서너 군데에 놓아준다. 증식하기 위해서는 봄에 갈아심을 때에 포기나누기를 한다.

• 어린 잎을 나물로 먹는다.

노랑하늘타리

Trichosanthes quadricirra MIQ | 박과

특징　산록지대나 숲 가장자리 등에 나는 숙근성의 덩굴풀이다. 덩굴손을 내어 다른 물체로 감아 올라간다. 잎은 넓은 타원형으로서 3~5갈래로 깊게 갈라진다. 꽃은 암꽃과 수꽃이 각기 다른 자리에 피는데, 암꽃은 꽃잎 끝이 실오라기와 같은 모양으로 여러 갈래로 잘라져 모양이 특이하다. 꽃의 색채는 희며 꽃이 피고 난 뒤 크고 둥근 열매를 맺는다.

개화기　7~8월

분포　제주도와 남부 지방에 분포한다. 주로 산록지대의 숲가에 나며 흙담 등에 기어오르기도 한다.

재배　덩굴이 길게 뻗어나가므로 정원수로 기어오를 수 있게 자리를 골라 심어주는 것이 좋다. 분에 심기를 원할 때에는 워낙 뿌리가 굵고 길기 때문에 분 대신 50cm 정도 깊이의 큰 나무 상자에 뿌리 하나를 심어 가꾼다. 흙은 산모래에 부엽토를 30% 정도 섞은 것을 써서 이른 봄 눈이 움직이기 전에 삼어준다.

덩굴이 자라남에 따라 알맞은 막대를 세워 감아 올린다. 거름은 심을 때 닭똥이나 깻묵가루를 몇 줌 넣어 주면 된다. 물은 흙이 심하게 말라붙지 않을 정도로 주며 과습은 피한다.

• 덩이뿌리에서 전분을 만들어 식용하고, 덩이뿌리와 종자는 약용한다.

노루발풀

Pyrola japonica KLENZ | 노루발풀과

특징 숙근성의 풀로 키는 15~20cm 정도이다. 뿌리로부터 잎이 여러 개 자라 사방으로 펼쳐지는데 그 생김새는 둥글고 긴 잎자루를 가지고 있다. 짙은 녹색이며 두껍고 윤기가 나는데 가장자리에는 약간의 얕은 톱니를 가진다.

초여름에 잎 사이로부터 길게 꽃대를 신장시켜 윗부분에 작고 흰꽃이 여러 송이 핀다. 비슷한 종류로서 연분홍꽃이 피는 분홍노루발풀과 몸집이 작은 애기노루발풀이 있다.

개화기 6~7월

분포 전국 각지에 분포하며 구릉지나 산의 낙엽수림 속에 난다.

재배 산모래에 20-30% 정도의 부엽토를 섞은 흙으로 심어 가꾸는 것으로 알려져 있으나 이러한 흙으로 심으면 거의 실패한다. 그 까닭은 이 풀의 뿌리에 공생하는 균이 있는데 흙을 바꾸면 이 균들이 없어지기 때문이다. 그러므로 생장해 있던 자리의 흙을 그대로 옮겨 여기에 모래와 부엽토를 알맞게 섞어 물이 잘 빠지는 상태로 심어야 한다. 분은 얕은 것이 좋으며 반그늘에 두고 하루 한 번 흠뻑 물을 준다. 거름은 묽은 물거름을 봄가을에만 10일 간격으로 준다.

• 줄기와 잎을 이뇨제로 사용하고, 생즙을 독충에 쏘였을 때 바른다.

눈빛승마

Cimicifuga davulica MAX | 미나리아재비과

특징 숙근성의 풀인데 굵은 줄기가 2m 이상의 높이로 자라기 때문에 작은 나무처럼 보인다. 계란 모양 또는 타원형의 작은 잎이 모여 큰 잎을 이루고 있으며 잎 가장자리에는 많은 톱니를 가진다.

암꽃과 수꽃이 각기 다른 포기에 피는 습성을 가지고 있다. 꽃은 작으나 여러 갈래로 갈라진 꽃자루에 수많은 꽃이 모여 희게 피기 때문에 멀리서 보면 마치 흰 눈이 쌓여 있는 듯이 보인다. 눈빛승마라는 이름으로 인해 붙여진 것이다. 비슷한 종류로 승마와 황새승마 등이 있다.

개화기 8월

분포 남쪽의 여러 섬과 전라도 지방을 제외한 지역에 분포하며 깊은 산 속의 수림 가장자리에 난다.

재배 키가 크고 뿌리도 크므로 꽤 큰 분에 심어 가꾸어야 한다. 흙은 20% 정도의 부엽토를 섞은 산모래를 쓰되 물이 잘 빠질 수 있게 심어주어야 한다. 봄가을에는 양지바른 자리에서, 한여름에는 나무 그늘에서 가꾼다. 거름은 한 달에 두어 번 물거름을 주는 정도가 좋다. 뿌리가 차면 갈아심어야 하는데 그때 포기나누기를 한다.

• 뿌리를 해열 및 해독제로 사용한다.

123

달구지갈퀴

Glaium trifloriforme KOMAR | 꼭두서니과

특징　30~50cm 정도의 높이로 자라는 숙근초로서 삼화갈퀴라고도 부른다. 한자리에 많은 개체가 자라 서로 의지하면서 곧게 또 비스듬히 자라오른다. 잎은 길쭉한 타원형으로 길이 2.5~4cm, 너비 1cm 정도로 마디마다 6장이 둥글게 자리잡는다. 꽃은 희고 작으며 줄기 끝에 드물게 핀다. 열매는 긴 갈고리와 같이 생긴 잔털을 밀생시킨다. 같은 과에 속하는 것으로 여러 종류가 있으며 잡초로 취급되고 있기는 하나 자세히 살펴보면 나름 개성을 지닌 풀이다.

개화기　7~8월

분포　제주도를 비롯하여 전국 각지의 산이나 풀밭에 난다.

재배　분에 심어 가꾸는 것보다 뜰 한 구석에 심어 가꾸는 것이 더 잘 어울린다.

흙은 가리지 않으나 물이 잘 빠지는 자리에 심어야만 잘 자란다. 거름은 닭똥을 가끔 주는 정도로 충분하며 다른 풀과 섞어 심어 놓으면 생육 상태가 좋아진다.

분에 심어 가꿀 때에는 산모래로 지름과 깊이가 비등한 분에 심어 적당한 관리를 해주면 된다.

더덕

Codonopsis lanceolata TRAUT | 초롱꽃과

특징　숙근성의 덩굴식물로서 몸 전체에서 고유한 더덕 냄새를 풍기는 대표적인 식용식물의 하나이다. 덩굴은 어두운 갈색으로 연하며, 다른 풀이나 나무에 감아 올라가면서 2m 정도의 길이로 자란다. 잎은 양쪽 끝이 뾰족한 타원형으로 길이는 5~7cm인데 줄기로부터 갈라져 나간 가지 끝에 3~4장씩 뭉쳐 난다. 꽃은 종모양을 하고 있으며 길이 4cm 안팎으로 잎 사이에 한 송이씩 핀다. 꽃잎은 미색이고 보랏빛을 띤 갈색의 얼룩무늬가 박힌다. 비슷한 종류로서 꽃이 작고 잎의 양면에 털이 나는 소경불알이 있다.

개화기　8~10월

분포　전국의 깊은 산 숲속에서 자란다.

재배　약간 크고 깊은 분을 골라 분 속에 굵은 왕모래를 깐 다음 산모래에 부엽토를 20~30% 섞은 흙으로 심고, 덩굴이 기어오르도록 막대를 세워준다. 바람이 강하게 닿지 않는 반그늘에서 가꾸어야 하며 물은 보통으로 주면 된다. 거름은 매월 한 번씩 소량의 깻묵가루나 닭똥을 분토 위에 뿌려준다. 땅에 심어 가꾸고자 할 때에는 반 정도 그늘지고 물이 잘 빠지는 곳에 심어 거름기를 좋게 한다.

• 뿌리를 식용하며 거담 및 건위제로 사용한다.

덩굴수국

Calyptranthe petiolaris var. ovalifolia NAKAI |
범의귀과

특징   산 속의 나무나 바위로 기어오르는 덩굴성
의 관목으로 나무라기보다는 풀과 같은 외모를 가
지고 있다. 잎은 계란형에 가까운 둥근꼴로 긴 잎
자루를 가지고 있으며 마디마다 두 장씩 난다.
가지 끝에 암술과 수술로만 이루어진 작은 꽃이
무수히 뭉쳐 큰 덩어리를 이루고 그 주위에 직경
2~3cm 되는 흰꽃 몇 송이만 핀다. 이 흰꽃은 네
개의 꽃받침으로 이루어져 암술과 수술을 가지지
않는다. 꽃이 뭉친 덩어리는 직경 10~17cm에 이
르기 때문에 바위에 붙어 흰꽃을 피우고 있는 모습
이 장관을 이룬다.
수국과는 속한 과가 전혀 다른 식물이기는 하나 꽃
피는 모양이 산수국과 흡사하고 덩굴로 자라기 때
문에 덩굴수국이라는 이름이 붙여졌다.
개화기 6~7월
분포   제주도와 울릉도의 산지 수림 속에서만
난다.
재배   길게 신장하므로 분에 심어 가꾸기보다는
담장이나 시렁에 올리는 것이 운치가 있다.
올려줄 물체 가까이에 다소 깊게 구덩이를 파고 알
갱이가 굵은 산모래에 부엽토를 섞은 흙으로 물이
잘 빠지도록 심어준다.

도깨비부채

Rodgersia podophylla A.GRAY | 범의귀과

특징   부채꼴의 잎이 매우 크기 때문에 이러한
이름이 붙여졌으며, 1m 정도 자라는 숙근성의 풀
이다. 큰 입은 다섯 갈래로 갈라져 입가에는 크고
작은 톱니가 있다. 초여름에 줄기 끝에 희고 작은
꽃이 많이 뭉쳐 핀다. 꽃은 직경 7m 정도로서 꽃잎
을 가지고 있지 않으나 워낙 많이 뭉쳐 피기 때문
에 사람의 눈길을 끈다.
개화기 6~7월
분포   중부와 북부 지방의 깊은 산 속 나무 밑의
습한 땅에 난다.
재배   몸집이 크고 뿌리가 굵기 때문에 큰 분을
골라 산모래와 부엽토를 섞은 흙으로 심는다. 물은
보통으로 주고, 거름은 달마다 한 번씩 깻묵가루를
조금씩 분토 표면에 뿌려준다. 봄부터 5월 말까지
는 햇빛을 충분히 쪼이게 하고, 그 이후는 반 그늘
진 자리로 옮겨 가꾼다. 여름에 강한 햇빛을 쪼이
게 하면 잎이 타기 쉬우므로 주의한다.
뿌리가 굵어 3~4년마다 포기나누기로 작게 하지
않으면 자라는 힘이 약해진다. 그러므로 분에 심어
여러 해 가꾼 것을 3~4월이나 10월에 포기나누기
를 하여 새로운 흙으로 갈아심어주어야 한다.

돌바늘꽃

Epilobium cephalostigma HAUS | 바늘꽃과

특징 산의 습한 땅에 나는 숙근성의 풀로 15~60cm 높이로 자란다. 가지를 치지 않으며 마디마다 2매의 피침형 잎이 서로 마주보는 위치에 난다. 온몸에 잔털이 나며 여름철에 줄기 끝의 잎겨드랑이로부터 여러 개의 꽃대를 신장시켜 연분홍빛을 띤 흰꽃을 피운다.

씨방이 바늘처럼 가늘고 길게 자라 마치 꽃대처럼 보이는데 이로 인해 바늘꽃이라는 이름이 생겨났다. 가을이 되면 잎과 줄기, 열매 할 것 없이 온몸이 붉은빛을 띤 보랏빛으로 물들어 매우 아름답다.

개화기 7~8월

분포 제주도와 울릉도, 그리고 중부 지방과 북부 지방의 산에 난다.

재배 습한 땅을 좋아하기는 하나 과습 상태에 빠지는 일이 생겨나지 않도록 유의하여야 한다. 이를 위해서는 흙의 입자를 조절해야 하는 한편 반드시 미립자의 가루흙을 쳐내고 사용한다.

물과 거름은 보통의 화초류와 같은 요령으로 주면 된다. 별로 신경을 쓰지 않아도 잘 자라는데 모양새가 나도록 키를 작게 키우려면 햇빛을 충분히 쪼이게 해주어야 한다.

• 바늘꽃과 더불어 약용한다.

등골나물

Eupatorium chinense var. simplicifolium KITAM | 국화과

특징 숙근성이며 높이 1m 안팎으로 자란다. 줄기는 곧게 자라고 가지를 치지 않는다. 잎은 마디마다 2장씩 마주나며 넓은 피침형으로 길이 10~15cm이다. 잎가에는 규칙적인 톱니가 있고 양면에 드물게 털이 난다. 줄기 꼭대기에 희거나 또는 보랏빛을 띤 흰꽃이 뭉쳐 핀다. 향등골나물과 흡사하지만 향등골나물은 땅속줄기가 없고 줄기에 짤막한 털이 많이 나 있어서 까실거리기 때문에 쉽게 구별할 수 있다.

개화기 8~10월

분포 전국에 분포하며 산지의 다소 건조한 풀밭에 난다.

재배 산모래에 약간의 부엽토를 섞은 흙을 쓴다. 분은 뿌리의 크기에 따라 약간 깊거나 또는 깊은 분을 골라 쓰도록 한다. 심은 뒤 20cm 정도의 높이로 자라면 반 정도 곁눈을 신장시킨다.

그 뒤에도 키가 높아지는 기미가 보이면 다시 한번 적당한 자리에서 잘라 되도록 키가 낮게 자라게 해야 한다. 거름은 매월 한 번씩 깻묵가루나 닭똥을 소량 분토 위에 놓아준다. 햇빛이 잘 닿는 자리에서 가꾸어야 하며 흙이 심하게 말라붙는 일이 생기지 않도록 주의한다. 뜰에 심어 큰 포기로 가꾸어놓는 것도 운치가 있어서 좋다.

• 어린순을 나물로 먹는다.

뚜깔 _{뚝깔}

Patrinia villosa JUSS | 마타리과

특징 높이가 1m 정도나 되는 큰 숙근초이다. 밑동에서 가는 줄기를 신장시켜 늘어난다. 줄기는 곧게 자라 위쪽에서 몇 개의 잔가지를 친다. 위쪽에 나는 잎은 두세 갈래로 갈라져 날개 모양을 이룬다. 잎가에는 톱니가 있고 앞, 뒷면에 거친 털이 많이 난다. 직경 4mm 정도의 흰꽃이 가지 끝에 많이 뭉쳐 핀다.

개화기 7~10월

분포 전국 각지의 산과 들판의 양지바른 풀밭에 난다.

재배 흙은 가루를 뺀 산모래에 30%의 부엽토를 섞은 것을 쓴다. 분은 지름과 깊이가 18~20cm 정도 되는 것을 골라 쓴다.

산야에서 꽃피고 있는 것을 채취해서 심을 때에는 밑동에 새눈을 가진 개체를 골라 이것을 다치지 않게 살며시 심어준다. 봄에 심을 때에는 갓 자란 어린 싹을 심어 20cm 정도로 자랐을 때 반 정도의 높이로 잘라버린다. 그러면 곁눈이 자라므로 이것을 키가 낮게 가꾼다.

양지바른 자리에 분을 놓고 물을 적당히 준다. 거름은 깻묵가루나 닭똥을 가끔 분토 위에 놓아주는 정도로 충분하다.

• 어린순을 나물로 먹는다.

린네풀

Linnaea borealis L | 인동과

특징 고산지대의 관목 밑을 기는 풀처럼 보이는 상록성의 키 작은 나무이다. 줄기는 지름이 1mm 정도밖에 되지 않으며 어린 줄기는 푸르고 가냘프다. 잎은 넓은 계란형으로 길이는 1cm 안팎인데 줄기의 아래쪽에 마주난다.

꽃줄기는 3~4cm로서 윗부분에 피침형의 작은 잎이 붙어 있고 거기에서 두 갈래로 갈라져 각기 한 송이의 꽃을 가진다. 꽃은 길이가 8~10mm의 깔때기 모양이고 꽃잎의 바깥쪽은 흰빛, 안쪽은 분홍빛으로서 매우 귀엽다.

'린네'라는 이름은 식물의 학명 명명법을 제정한 스웨덴의 식물학자 린네를 기념하기 위해서 붙인 것이다.

개화기 7~8월

분포 북부 지방 고산의 정상부에만 난다.

재배 매우 가꾸기 어려운 식물이다. 가루를 뺀 산모래에 잘게 썬 이끼를 20~30% 섞은 흙에다 물이 잘 빠질 수 있는 상태로 심어준다. 밝은 그늘에 놓고 마르지 않게 관리한다.

거름은 표준의 반 정도 탄 하이포넥스를 월 2~3회 주되 한여름에는 중단한다. 겨울에는 밤과 낮의 온도 차가 적은 곳으로 옮겨 보호해주어야 한다.

마름

Trapa bispinosa ROXB | 마름과

특징　물에서 자라는 1년생 풀이며 골뱅이라고
도 한다. 물 바닥에 가라앉은 씨가 싹트면 뿌리를
흙 속으로 박으면서 가느다란 줄기가 자란 잎이 물
위로 뜬다. 그러면서 줄기의 마디마다 많은 뿌리가
생겨나고 가지가 갈라지면서 마침내는 넓은 수면
을 덮어버린다. 잎은 가지 끝에 뭉쳐서 방석 모
양으로 둥글게 배열되며 마름모꼴에 가까운 세모
꼴이다.
잎 가장자리에는 고르지 못한 톱니가 나 있고 표면
은 윤기가 난다. 잎자루에는 방추꼴의 공기주머니
를 가지고 있기 때문에 잎 전체가 수면에 뜬다. 꽃
은 네 개의 흰 꽃잎에 의해 이루어지며 아주 작다.
비슷한 종류로 애기마름이 있다.
개화기　7~8월
분포　제주도를 비롯한 전국에 분포하며 연못이
나 늪에 난다.
재배　가을에 씨를 거두어 물을 담은 병 속에 넣
어 이듬해 봄까지 얼지 않을 정도로 온도가 낮은
곳에 갈무리해 둔다. 이른 봄에 큰 분 속에 반 정도
의 깊이로 흙을 깔고 물을 채운 다음 씨를 흙 위에
놓아 양지바른 자리에서 싹이 트기를 기다린다.
거름은 씨를 흙 위에 놓기에 앞서 마른 멸치 몇 개
를 흙 속에 꽂아놓으면 된다.
　• 열매를 식용한다.

마삭줄

Trachelospermum asiaticum var. intermedium
NAKAI | 협죽도과

특징　상록성의 덩굴나무로서 마삭나무 또는 낙
석(絡石)이라고도 한다. 잎은 길이 1.5cm 정도로
서 계란형에 가까운 피침형이고 가장자리에는 톱
니가 거의 없다. 두껍고 빳빳하고 윤기가 나며 가
을에는 일부 잎이 붉게 물들어 매우 아름답다. 희
고 작은 꽃이 줄기 끝이나 그에 가까운 잎겨드랑이
에 두세 송이 피고 긴 열매가 맺는데 좀처럼 꽃이
피지 않는다.
나무이기는 하나 줄기와 가지가 길게 뻗어나가 땅
표면이나 바위를 덮는 모양이 마치 풀과 같다.
개화기　6~7월
분포　제주도와 남부 지방에 분포하며 산의 수림
속에 난다.
재배　따뜻한 지방에서는 정원수 밑에 심는 지피
(地被)식물로 쓸 수 있다. 분에 가꿀 때에는 산모래
에 부엽토를 30%가량 섞은 흙으로 심어 추녀 끝
같은 가장자리에 매달아 가꾸는 것이 좋다.
봄가을에는 충분히 햇빛을 보이고 한여름에는 반
그늘로 옮겨준다. 거름은 물거름을 월 2~3회 주
고 물은 분토가 심하게 마르는 일이 없도록 준다.
2~3년에 한 번 갈아심는데 그때 포기를 갈라 증
식시킨다.
　• 줄기와 잎은 해열, 강장, 진통 및 통경약으로
쓴다.

매화노루발

Chimaphila japonica MIQ | 노루발풀과

특징　높이 5~15cm 정도로 자라는 상록성의 다년생 풀이다. 줄기는 가늘고 곧게 자라면서 몇 갈래로 갈라진다. 잎은 길이가 2~3cm 정도 되는 넓은 피침형으로 작은 톱니를 가지고 있으며 마디마다 몇 장이 둥글게 돌아가면서 난다.

가지 끝에 직경 1cm 정도의 흰꽃이 한 송이씩 피는데 생김새가 매화꽃과 흡사하다. 또한 잎이 차나무의 그것과 닮았기 때문에 어떤 지역에서는 풀차라고 부르기도 한다.

개화기　6~7월

분포　제주도와 울릉도 그리고 중부 지방과 북부 지방에 분포하는데 깊은 산 속의 음습한 곳에 난다.

재배　흙은 분재용 산모래에 30% 정도의 부엽토를 섞어 쓴다. 분은 지름이 15cm 정도 되는 토분이 좋으며 이른 봄에 분에 올린다. 여름에는 반 그늘지고 바람이 잘 닿는 자리나 나무 밑으로 옮겨 시원하게 지낼 수 있게 해주어야 한다. 물은 흙이 말라붙지 않도록 비교적 자주 주어야 하나 다습 상태가 되는 것은 좋지 않으므로 관리에 신경을 쓴다.

거름은 여름을 제외하고 달마다 한 번씩 깻묵덩이 거름을 한두 개 분토 위에 놓아준다. 증식은 이른 봄에 포기나누기를 한다.

모시물통이

Pilea viridissima MAKINO | 쐐기풀과

특징　한해살이 풀이다. 온몸에 물기가 많아 연하며 비스듬히 자라 가지를 많이 쳐 높이 30~40cm에 이른다. 마디마다 잎이 마주나며 계란형으로 가장자리에는 무딘 톱니가 있다.

잎 표면에는 뚜렷한 세 개의 잎맥이 보이고 크기는 2~2.5cm 안팎이다. 꽃은 잎겨드랑이에 많이 뭉쳐 피는데 암꽃과 수꽃의 구별이 있고 색채는 연한 초록빛이다.

온몸이 밋밋하고 털이 없다. 비슷한 종류로서 물통이와 나도물통이가 있다.

개화기　7~8월

분포　전국 각지에 분포하며 들판의 그늘지고 습한 땅에 난다.

재배　가꾸어 즐길 만한 가치를 가진 풀은 못 된다. 마당 한 구석에 키워 뜰을 푸르게 가꾸기에 알맞은 정도이다. 분에 심어 가꾸기를 원한다면 가을에 씨를 따서 산모래와 부엽토를 반씩 섞은 흙을 분에 담아 뿌려준다.

겨울 동안 얼지 않게 보호해두었다가 자라기 시작하면 두어 번 적심(摘心)을 되풀이하여 키를 작게 가꾼다.

• 어린 잎과 줄기는 식용한다.

물매화

Parnassia palustris var. multiseta LEDEB |
범의귀과

특징 꽃의 생김새가 매화와 흡사하기 때문에
이러한 이름이 붙여졌다. 숙근성의 풀로 높이는
10~20cm 정도이다. 하트 모양의 잎이 직접 뿌리
로부터 자라 더부룩하게 쌓이고 그 한가운데로부
터 꽃대가 길게 자란다. 꽃대 중간에는 한 장의 잎
이 붙어 있고 꼭대기에 흰 매화꽃같이 생긴 꽃이
한 송이 핀다. 제주도 한라산에는 애기물매화가 있
다.
개화기 8~9월
분포 전국 산지의 양지바른 풀밭에 난다.
재배 물이 잘 빠지면서도 보수력이 좋은 상태로
심어주는 것이 가꾸기의 비결이다. 따라서 이끼로
만 심거나 또는 가루를 뺀 2-3cm 굵기의 산모래
에 잘게 썬 이끼를 20~30% 정도 섞은 흙으로 심
는다. 밝고 시원한 가꾸기시렁 위에 놓고 눈이 움
직이기 시작하면 오전 중에는 햇빛을 충분히 쪼이
게 하며 석양은 가려준다. 한여름에는 반그늘로 옮
겨 잎이 말라 죽는 것을 방지하고 거름은 하이포넥
스를 묽게 탄 것을 10일 간격으로 주는데 여름에
는 중단한다. 포기나누기는 3월 하순부터 4월 상
순에 행하는데, 포기가 쇠약해져 실패하는 일이 많
으므로 씨뿌림으로 증식하는 것이 좋다. 가을에 채
종해서 갈무리해 두었던 씨를 이른 봄에 뿌린다.

민박쥐나물

Cacalia hastata subsp. orientalis KITAM | 국화과

특징 깊은 산 속의 습윤한 숲에 나는 숙근성의
풀로서 높이 1m 정도로 자란다.
줄기는 곧게 자라고 큰 세모꼴 잎을 가지는데, 줄
기 꼭대기에 작고 흰꽃이 원뿌리 꼴로 모여 핀다.
꽃받침이 보랏빛으로 물드는 경우도 있다.
잎이 박쥐가 날개를 펼친 것과 흡사하다 해서 이런
이름이 붙여졌다.
개화기 7~8월
분포 전국의 깊은 산 속 나무 그늘에서 난다.
재배 몸집이 워낙 크기 때문에 분에 심어 왜소
하게 가꾸기에는 어려운 식물이므로 뜰 한구석의
반 그늘지는 자리에 심어 야생미를 즐기는 것이 좋
다. 뜰에 심어 가꿀 자리를 택할 때에는 토양 수분
이 윤택해야 한다는 점을 염두에 둘 필요가 있다.
덧거름을 줄 필요는 없으나 심을 때 밑거름을 넣어
주는 것이 좋다. 일단 심어 놓으면 생장력이 좋으
므로 저절로 잘 자란다.
몇 포기를 마당에 심어 놓으면 새로 돋아난 순을
따서 나물로 무쳐 먹을 수 있고 여름철에는 깊은
산 속의 운치를 느끼게 한다.
• 어린 잎을 나물로 먹는다.

민백미 민백미꽃

Cynanchum ascyrifolium MATSUM | 박주가리과

특징 숙근성의 풀로서 줄기는 곧게 자라고 가지를 치지 않는다. 높이는 30~60cm 정도로 자란다. 잎은 마디마다 2매가 마주나며 계란 모양에 가까운 타원형이다. 길이는 5~15cm로 잎맥 위에 드물게 털이 난다.
줄기 끝에 다섯 매의 꽃잎으로 이루어진 별 모양의 흰꽃이 많이 뭉쳐서 핀다. 꽃의 지름은 2cm 안팎이다.
씨는 길쭉한 주머니 속에 들어 있어서 익으면 갈라져 긴 털이 달린 씨가 공중을 떠다닌다. 몸집 전체가 단정하고 기품을 지니고 있다.
개화기 6~9월
분포 전국에 분포하며 산야의 풀밭이나 낙엽활엽수로 이루어진 밝은 숲속에 난다.
재배 가루를 뺀 산모래로 약간 큰 분에 물이 잘 빠질 수 있는 상태로 심어준다. 양지바른 자리에 놓고 물과 거름은 보통으로 주면 된다.
가꾸기 쉬운 풀이기는 하나 가끔 해충이 피해를 주는 경우가 있으므로 주의한다.
갈아심기는 2~3년에 한 번 이른 봄에 포기나누기를 겸해서 실시한다. 땅에 심어 가꿀 때에는 반 그늘진 자리로 가급적 흙이 부드러운 곳을 골라 심어야 한다.
• 뿌리를 해열제나 기침약으로 사용한다.

바람꽃

Anemon narcissiflora L | 미나리아재비과

특징 고산지대에 나는 숙근성의 풀로서 30cm 안팎의 키를 가진다. 몸 전체에 거친 털이 나 있으며 잎은 손바닥 모양으로 3~5 갈래로 갈라지기를 반복한다.
여름에 지름 2~2.5cm 정도의 흰꽃이 피는데 꽃잎처럼 보이는 것은 실은 꽃받침이다. 그 수는 5~7매로서 일정하지 않다. 가을에 심는 구근식물의 하나인 아네모네꽃과 같은 과에 속하는 풀로서 집단적으로 꽃이 피어날 때에는 개량된 화초류에 못지않은 아름다움을 보여준다.
개화기 7~8월
분포 중부와 북부 지방의 높은 산에 형성되는 습한 풀밭에 난다.
재배 얕은 분에 왕모래를 깔아 그 위에 뿌리줄기를 펼쳐 놓은 다음, 산모래에 30% 정도의 부엽토를 섞은 흙을 3cm 두께로 덮어준다. 물을 충분히 주면서 봄에는 오전 중에만 햇빛을 쪼이게 하고 오후에는 햇빛을 가려준다. 여름에는 반그늘에서 가꾼다. 갈아심는 것을 싫어하므로 자주 갈아심으면 꽃이 피지 않는다. 그러므로 3~4년에 한 번꼴로 갈아심고, 이때 저절로 갈라진 포기를 조심스럽게 갈라준다. 거름을 꽤 좋아하므로 달마다 한 번 분토 위에 깻묵가루를 뿌려주는 한편, 10일마다 하이포넥스를 희석하여 잎에 뿌려주는 것이 좋다. 채종 즉시 씨뿌림한다.

바위수국

Schizophragma hydrangeoides SIEB. et ZUCC | 범의귀과

특징 산에 나는 덩굴성의 나무이다. 줄기의 곳곳에서부터 기근(氣根)을 내어 바위나 나무줄기에 붙어 올라간다. 덩굴수국과 매우 흡사하게 생겼으나 작고 흰꽃이 뭉쳐 있는 주위에 희고 널따란 꽃받침이 한 장씩 붙어 있으므로 쉽게 구별할 수 있다. 큰 나무에 높이 기어 올라가 많은 꽃을 피우고 있는 모습이 사람들의 눈길을 끈다.

개화기 6~7월

분포 제주도와 울릉도에 분포하는데 주로 산지의 바위 위 또는 수림 속에 난다.

재배 꽤 크고 높게 덩굴로 자라므로 웬만한 뜰에서는 가꾸기가 어렵다. 그러나 뜰에 큰 나무가 있는 집이라면 그 나무에 올려 키워볼 만하다. 이 경우 나무의 밑동 가까이에 구덩이를 파고 두엄을 조금 넣어서 심는다.

그 뒤로는 특별한 관리를 해주지 않아도 잘 자라 때가 되면 꽃이 피어서 보는 이들을 즐겁게 한다. 증식을 위해서는 꺾꽂이를 하는 것이 손쉬워서 좋다. 물기를 좋아하므로 가뭄이 심할 때에는 가끔 물을 흠뻑 줄 필요가 있다.

바위장대

Arabis glauca D.BOIS | 배추과

특징 숙근성의 풀로 높이는 30cm 정도이다. 온몸에 잔털이 많이 나 있으며 봄에 나오는 잎은 끝이 넓어지는 주걱꼴로서 가장자리에 톱니를 가지고 있다. 잎 사이로부터 자란 줄기 끝에 흰 십자형의 꽃이 많이 뭉쳐 핀다. 비슷한 종류로 남부 지방의 해변에 나는 갯장대라는 것이 있는데 이 종류는 2년생 풀로 역시 흰꽃이 핀다.

개화기 6~7월

분포 제주도에 분포하며 산지의 바위틈에 난다.

재배 여름철에 뿌리가 썩기 쉬우므로 특히 물빠짐에 주의를 해야 한다. 얕은 분을 써서 산모래에 잘게 부스러뜨린 이끼를 20% 섞은 흙으로 얕게 심어준다. 물은 하루 한 번, 겨울에는 4~5일에 한 번 주고 햇빛을 잘 쪼이게 하되 여름에는 반그늘에서 다소 건조하게 관리해준다. 거름은 한 달에 두 번 하이포넥스를 주는데 여름철에는 뿌리를 상하게 하는 경우가 많으므로 중단한다.

해마다 꽃이 핀 뒤 갈아심기를 해야 하며 이때 뿌리를 반 정도 다듬어버린다. 그렇지 않으면 포기가 작아져 꽃이 피는 상태가 시원스럽지 못하다. 증식법으로는 포기나누기, 씨뿌림, 꺾꽂이 등이 있는데 씨뿌림은 3월에 분에 뿌려 추운 곳에서 냉기를 겪게 해야 한다.

백화등

Trachelospermum majus NAKAI | 협죽도과

특징 상록성의 덩굴나무로서 같은 과에 속하는 마삭줄과 비슷하게 생겼으며 잎이 보다 크고 둥글다는 것이 차이점이다. 역시 땅을 기어가거나 바위를 덮으면서 자란다. 꽃도 희고 흡사하게 생겼으나 마삭줄보다 훨씬 크다. 때로는 마삭줄과 혼동하여 낙석이라고 부르는 경우가 있다.

개화기 6~7월

분포 제주도와 남부 지방에 분포한다. 마삭줄처럼 숲속에서 땅을 덮거나 또는 바위 위로 기어오르는데 일반적으로 마삭줄이 나는 곳보다 낮은 지대에서 볼 수 있다.

재배 마삭줄과 같은 요령으로 가꾼다. 덩굴이 길게 자라므로 매달아서 가꾸거나 또는 막대를 꽂아 세워 감아올린다. 마디에서 뿌리가 나기 쉬운 성질을 가지고 있으므로 뿌리내린 부분을 갈라내어 증식시킬 수 있다. 또한 꺾꽂이도 가능하며 크게 무성한 경우에는 포기나누기도 한다. 흙은 30% 정도의 부엽토를 섞은 산모래를 쓴다.

여름철에는 반그늘로 옮겨주고 그 이외의 계절에는 양지바른 자리에서 가꾼다. 거름은 월 2~3회 물거름을 주면 되고 물은 하루 한 번 흠뻑 준다.

• 줄기와 잎을 해열, 강장, 진통, 통경약으로 사용한다.

버드생이나물

Aster incisus FISCH | 국화과

특징 온몸에서 유자나무 열매와 같은 향기를 풍기며 지방에 따라서는 가새쑥부쟁이라고도 부른다. 높이가 50~100cm쯤 되는 숙근성의 풀인데 줄기는 단단하고 위쪽에서 여러 개의 가지로 갈라지는데 가지가 비스듬히 기울어지면서 크게 확장하는 습성이 있다.

잎은 어긋나게 나며 길쭉한 타원형으로 가늘고 깊게 갈라진다. 꽃은 약간 보랏빛을 띤 흰빛으로 잔가지 끝에 한 송이씩 핀다.

개화기 7~10월

분포 전국 각지의 산과 들판의 풀밭에 나는데 논두렁 과 같은 곳에서도 흔히 볼 수 있다.

재배 산모래로 분에 심어 가꾼다. 심을 때 잔뿌리가 닿는 자리에 부엽토를 얇게 갈아 놓으면 생육 상태가 좋아진다.

물을 적게 주고 햇빛이 하루 종일 비치면서 바람이 강하게 닿는 자리에서 가꾸면 키를 아주 작게 할 수 있다. 거름으로는 깻묵가루를 달마다 한 번, 조금씩 주면 된다.

해마다 이른 봄에 반드시 갈아심어야 하며 그때 묵은 뿌리를 3분의 2 정도 잘라버리고 새로운 흙으로 심어준다. 묵은 흙이 남아 있으면 쉽게 아랫잎이 말라 떨어진다. 꽃망울이 생겨난 뒤 꺾꽂이를 하면 키를 아주 작게 하여 꽃을 피울 수 있다.

범꼬리

Bistorta vulgaris HILL | 여뀌과

특징 잎과 꽃이삭의 생김새가 범의 꼬리와 흡사해서 이러한 이름이 붙여졌다. 숙근성의 풀로 높이 50~100cm로 곧게 자란다. 뿌리에서 나오는 잎은 땅 위에서 뭉치고 줄기에 나는 잎은 서로 어긋나게 붙는데 피침형으로 짧은 잎자루를 가지고 있다. 줄기 끝에 희거나 또는 연분홍빛의 작은 꽃이 이삭 모양으로 뭉쳐 핀다. 꽃이삭의 길이는 5~8cm 정도이며 꽃잎처럼 보이는 것은 꽃받침이 변한 것으로 5장이 있다.

개화기 7~9월

분포 전국의 깊은 산 속에 형성된 넓은 들판에 난다.

재배 어떤 흙에서라도 잘 자란다. 줄기의 밑동에 있는 감자 같은 뿌리줄기의 반 정도가 흙 위로 드러나는데 가꾸다 보면 보다 많은 부분이 흙 위로 솟아오른다. 지나치게 흙 위로 솟아오르면 생육 상태가 불량해진다. 그렇다고 깊게 심는 것도 좋지 않다. 봄가을에는 물을 조금씩 주고 한여름에는 흠뻑 준다. 생육 기간 중에는 햇빛을 충분히 보여주어야 하며 거름은 한 달에 두 번 정도 물거름을 준다. 뿌리줄기에 붙어서 새끼 알뿌리가 생겨나므로 이른 봄에 갈아심기를 할 때 잘라내서 다른 분에 심어준다. 씨 뿌림은 해토 직후에 이끼로 싸서 행한다.

• 어린 잎과 줄기는 나물로 먹는다.

벗풀

Sagittaria trifolia var. typica MAKINO | 택사과

특징 잎이 길쭉한 화살촉같이 생긴 다년생 풀로 물에서 자란다. 키는 30~40cm인데 크게 자랄 때에는 80cm에 이르는 경우도 있다. 뿌리줄기는 짤막하고 수염과 같은 많은 뿌리를 가지고 있으며 뿌리줄기로부터 긴 자루를 가진 잎이 자라 뭉친다. 뿌리줄기로부터 흙 속으로 길게 자라는 땅속 가지의 끝에 작은 알뿌리를 만들어 증식되어 나간다. 여름부터 가을에 걸쳐 잎 사이로부터 긴 꽃대를 신장시켜 세 개의 흰 꽃잎으로 구성된 꽃을 마디마다 여러 송이씩 둥글게 배열한다. 비슷한 종류로 질경이택사와 택사, 올미, 보풀, 또 둥근뿌리를 식용하는 쇠귀나물 등이 있다.

개화기 8~9월

분포 일본에 분포하는 풀인데 꽃이 아름답기 때문에 도입되었고 관상용으로 가꾸던 것이 야생화하여 논이나 연못 또는 도랑 등에서 볼 수 있다.

재배 몸집에 비해 약간 큰 분에 논 흙으로 깊게 심어 연못 속에 가라앉힌다. 약간 깊은 수반에 심어 물을 채워 양지바른 자리에서 가꾸어도 좋다. 거름은 뿌리를 심을 때나 눈이 자라기 시작한 뒤 뿌리 주위에 말린 멸치를 너댓 개 꽂아준다. 잘 늘어나며 갈아심기는 봄부터 가을 사이에 어느 때 해도 좋다.

보풀

Sagittaria aginashi MAKINO | 택사과

특징　벗풀과 같이 길쭉한 화살촉과 같이 생긴 잎을 가지고 있으나 벗풀에 비해 잎이 좁고 땅속가지를 가지지 않으며 뿌리줄기의 기부에 주아(珠芽)을 가진다는 점으로 구별할 수 있다. 다년생 풀로 키는 벗풀보다 약간 커서 50cm 안팎의 크기로 자란다.

여름부터 가을에 걸쳐 세 개의 흰 꽃잎으로 이루어진 꽃이 피는데 벗풀에 비해 피는 수가 적어 관상 가치가 약간 떨어진다.

개화기　7~8월

분포　전국의 늪이나 버려진 논 등 얕은 물에서 난다.

재배　약간 큰 분에 논 흙으로 심어 분째로 연못 속에 가라앉힌다. 때로는 깊은 수반에 심어 물을 채워 가꾸기도 한다.

그늘지는 곳에서는 생육이 불량하여 꽃이 피지 않으므로 양지바른 자리에서 가꾸어야 한다. 거름은 뿌리를 심을 때 또는 잎이 자라기 시작할 무렵에 뿌리 주위의 흙 속에 마른 멸치 몇 개를 꽂아놓으면 된다. 포기가 늘어나 뿌리가 가득 차면 포기나누기를 겸해 갈아심어주어야 하는데 그 시기는 봄부터 초가을 사이 어느 때라도 무방하다.

포기나누기로 증식할 때에 주아(珠芽)를 따내어 심어도 좋다.

비비추

DianthusHosta longipes NAKAI | 백합과

특징　시원스런 잎을 펼치는 숙근성의 풀이다. 잎은 계란형으로 끝이 뾰족하며 매우 크고 윤기가 난다. 줄기는 없으며 흙 속에 묻혀 있는 짧고 굵은 뿌리줄기로부터 많은 잎이 자라 더부룩하게 무성하다. 잎 사이로부터 비스듬히 꽃자루가 자라 여러 송이의 꽃이 같은 방향으로 기울어지면서 아래로부터 차례로 피어오른다. 꽃의 생김새는 나팔과 같으며 끝이 다섯 갈래로 갈라진다. 길이는 3cm 정도이고 색채는 연보랏빛 또는 흰빛이다.

개화기　8~9월

분포　남부와 중부 지방에 분포하며 산 속의 계곡 물가에 난다.

재배　물만 잘 빠진다면 어떤 흙을 써도 잘 자란다. 햇빛이 강해질 무렵부터는 반그늘로 옮겨 가꾸어야 한다. 물은 보통으로 주고, 거름을 좋아하므로 깻묵가루를 한 달에 한 번씩 계속 준다. 1년만 가꾸면 포기가 꽤 커지므로 2년에 한 번꼴로 3~4월에 갈아심기를 겸해서 포기나누기를 한다. 뿌리줄기가 촘촘하게 뭉쳐 있으므로 눈이 다치지 않도록 칼을 이용해서 알맞게 갈라준다. 잔뿌리가 너무 많아 심기가 어려우므로 반 정도로 다듬어준다. 우수한 개체를 증식하고자 할 때에는 씨뿌림을 하지 말고 포기나누기를 해야 한다.

• 연한 잎을 식용한다.

산떡쑥

Anaphalis margaritacea var. angustior NAKAI │
국화과

특징　다년생의 풀로서 온몸에 흰 털을 쓰고 있으며 뿌리는 땅 속을 얕게 긴다. 줄기는 곧게 자라며 높이 60cm 안팎에 이른다. 잎은 자루를 가지지 않으며 주걱꼴 내지는 길쭉한 피침형으로 서로 어긋나게 난다. 줄기의 상단부에서 가지를 쳐 5mm 안팎의 크기를 가진 담황색 꽃이 뭉쳐 핀다. 꽃망울이 흰 솜털에 덮여 있기 때문에 꽃이 피어도 거의 흰빛으로 보인다. 식물 전체에 물기가 적기 때문에 건조화로 가공하여 오래도록 즐길 수 있다.

개화기　7~8월

분포　중부와 북부에 분포하며 산의 양지바른 풀밭에 난다.

재배　산모래만으로 심는데 잘게 썬 이끼를 약간 섞어도 좋다. 햇빛이 잘 쪼이는 자리에 놓고 하루 한 번 물을 흠뻑 주는데 겨울에는 흙이 마르면 주는 정도로 충분하다.

거름으로 한 달에 한 번씩 깻묵가루를 분토 위에 놓아주거나 또는 하이포넥스의 수용액을 월 2~3회 준다. 갈아심기는 봄이나 가을에 실시한다. 여름철에 갈아심으면 뿌리가 상해 쇠약해지므로 건드려서는 안 된다. 증식은 포기나누기가 좋으며 씨뿌림도 할 수 있으나 꽃이 피기까지 여러 해가 걸린다.

산마늘

Allium victorialis subsp.platyhyllum MAKINO │
백합과

특징　깊은 산 숲속에 나는 숙근성의 풀이다. 땅 속에 길쭉한 타원형의 구근이 있고, 그 윗부분은 섬유질의 피막으로 싸여 있다. 보통 두 장의 잎을 가지며 그 생김새는 넓은 피침꼴로서 길이는 20cm 정도이다.

잎 사이로부터 긴 꽃줄기가 자라 끝에 작고 흰꽃이 둥글게 뭉쳐 핀다. 강한 마늘 냄새를 풍기는 이 풀은 산나물로 일품이다.

개화기　6~7월

분포　우리나라에서는 울릉도에만 나는데 북한 땅의 깊은 산 속에서도 볼 수 있다.

재배　가루를 뺀 산모래에 약간의 부엽토를 섞은 흙으로 보통 깊이의 분에 심는다. 원래 나무 그늘에서 자라는 풀이기 때문에 여름에는 햇빛을 가려주어야 하며 봄가을에도 석양빛을 피해야 한다. 또한 통풍에도 주의를 해야 하며 바람이 심하게 닿는 자리는 피한다.

거름은 묽은 물거름을 봄과 가을에 10일 간격으로 각각 서너 번 주면 된다.

구근의 수가 늘어나면 포기나누기를 겸해 갈아심어주어야 하는데 그 시기는 이른 봄 눈이 움직이기 시작할 때가 적기이다.

• 비늘줄기와 연한 부분을 식용한다. (구황식물)

삽주

Atractylodes japonica KOIDZ | 국화과

특징   일창출이라고도 부르는 숙근성의 풀이다. 키는 30~60cm이고 잎은 딱딱하고 가장자리에 작은 가시와 같이 생긴 톱니가 있으나 연한 어린 눈은 솜털을 쓰고 있다. 가을이 되면 줄기 끝에 여러 개의 가지를 쳐서 그물과 같은 포엽에 싸인 흰 꽃이 핀다. 꽃의 생김새는 엉겅퀴의 그것과 비슷하다. 자웅이주(雌雄異株)이지만 웅주에는 암술과 수술을 모두 갖춘 꽃이 피고 자주에는 암술만 가진 꽃이 핀다.

개화기   7~10월

분포   전국 각지의 산지, 양지바른 곳에 난다.

재배   과습에 약하고 뿌리가 썩는 일이 많으므로 물 빠짐이 좋은 흙을 사용하고 다소 건조하도록 물을 조절한다. 양지바른 곳에 자생하지만 가꿀 때는 반그늘에서 관리해야 잎의 색채가 짙어져서 보기 좋다. 줄기는 꺾어지기 쉬우므로 꽃망울이 나타날 무렵에 지주(막대)를 세워준다. 꽃이 핀 포기는 힘이 약해져 이른 봄에 흙을 털어 묵은 포기에 붙어 있는 곁눈을 갈라내어 새로운 흙에 심어 가꾼다. 거름은 월 2~3회 물거름을 주되 한여름에는 중단하여 뿌리가 썩는 것을 미연에 방지해야 한다.

• 어린순은 나물로 먹는다. 뿌리는 한약재로 쓰인다.

쇠무릎

Achyranthes japonica NAKAI | 비름과

특징   부드러운 느낌을 주는 숙근성의 풀이다. 뿌리는 별로 발달하지 않았으며 수염 같은 뿌리를 조금 가지고 있을 뿐이다.

줄기는 곧게 자라 1m 가까이나 되며 단면은 네모꼴로 딱딱하다. 마디마다 두 개의 가지를 치며 그로 인해 마디는 모두 소의 무릎처럼 굵게 부풀어 있다.

잎은 타원형으로 길이는 5~10cm쯤 된다. 약간 두텁고 잎맥이 뚜렷하며 마디마다 두 장의 잎이 마주 난다. 가지 끝에 연녹색 꽃이 이삭 모양으로 뭉쳐 핀다. 씨에는 가시가 있어서 의복 등에 잘 달라붙는다.

개화기   8~9월

분포   전국 각지의 산야와 길가 등에 난다.

재배   흔한 잡초이기 때문에 가꾸어지는 일이 거의 없으나, 거름을 적게 주고 적심(摘心)을 되풀이하여 키를 작게 가꾸어 놓으면 그런 대로 볼 만하다. 흙은 거름기 없는 산모래를 쓰고 양지바른 자리에서 충분히 햇빛을 쪼이게 하면서 가꾼다. 물은 보통으로 주고 관리에 특별하게 신경을 쓸 필요가 없다.

• 어린순을 나물로 먹는다. 뿌리는 이뇨, 통경약으로 사용하며, 민간에서 임질 및 두통에 사용한다.

암매 돌매화나무

Diapensia lapponica var. obovata FR. SCHM |
암매과

특징　꽃이 매화나무 꽃을 닮았기 때문에 암매라는 이름이 생겨났다. 키가 작은 상록 관목으로 바위 위에 쌀알만한 잎이 자라고 가지 끝에 푸른빛을 띤 흰꽃이 핀다. 꽃은 5장의 꽃잎으로 이루어지며 종 모양으로 크기는 1cm 안팎이다. 잎은 주걱꼴이고 끝이 움푹 패이고 두터워서 고산식물다운 모양을 갖추고 있다.

개화기　6~7월

분포　제주도 한라산에 나며 백록담의 암벽에 붙어산다.

재배　얕은 분 속에 굵은 왕모래를 깔고 30% 정도의 이끼를 섞은 산모래로 얕게 심어준다. 햇빛을 충분히 쪼이게 하면서 다소 마른 듯하게 가꾼다. 특히 분 속에 물이 고이는 일이 없도록 주의를 해야 하며 여름철에는 바람이 잘 닿는 반그늘로 자리를 옮겨준다. 또한 겨울철에는 직접 찬바람이 닿지 않게 보호해준다. 거름은 매월 두 번씩 묽은 물거름을 주는데 한여름에는 중단한다.
이른 봄 갈아심을 때 두세 눈 단위로 포기를 갈라 증식시킨다.

애기메꽃

Calystegia hederacea WALL | 메꽃과

특징　숙근성의 덩굴식물로서 다른 물체에 기어오르면서 신장해 나간다. 잎은 긴 자루를 가지고 어긋난 자리에 붙어 있으며 쌍날창과 같이 생겼다. 잎의 길이는 4~9cm로서 가장자리는 밋밋하고 톱니가 없다. 꽃은 잎겨드랑이마다 한 송이가 대낮에만 핀다. 수술과 암술을 모두 갖추고 있으나 대개 씨가 앉지 않는다.

개화기　6~8월

분포　전국 각지의 양지바른 풀밭이나 길가에 난다.

재배　나팔꽃처럼 분에 심어 가꿀 수 있다. 흙은 냇모래나 잔모래에 부엽토를 30%가량 섞은 것을 쓴다. 덩굴이 자라기 시작할 무렵에 지름과 깊이가 20cm 쯤 되는 분에 심는다.
신장해나가는 덩굴은 한두 번 적심(摘心)을 하여 갈라져나가는 가지는 지주(막대)를 세워 감겨 올라갈 수 있게 해준다. 햇빛을 충분히 쪼일 수 있게 해주고 물은 보통으로 준다.
거름은 매달 한 번씩 분토 위에 소량의 깻묵가루를 뿌려주면 된다. 번식은 포기나누기에 의한다.
• 어린순은 나물로 하며 땅속줄기는 밥에 넣어 먹는다. 풀 전체는 이뇨제로 사용한다.

애기물매화

Parnassia alpicola MAKINO | 범의귀과

특징　짧고 굵은 뿌리줄기와 많은 잔뿌리를 가지는 숙근성의 키 작은 풀이다. 잎은 뿌리줄기로부터 직접 자라며 콩팥형 또는 둥근 모양으로 지름이 1cm 안팎이다. 뭉친 잎 사이로부터 높이 10cm쯤 되는 꽃자루를 신장시켜 그 끝에 한 송이의 흰꽃을 피운다. 꽃자루의 중간부에는 한 장의 잎이 붙어 있고 꽃잎은 5장이다. 열매는 계란형으로 익으면 끝이 갈라져 씨가 쏟아진다.

개화기　8~9월

분포　제주도 한라산 중턱에 난다.

재배　이끼만으로 심거나 또는 산모래로 심는다. 가능하면 뿌리가 적은 다른 풀과 함께 심는 것이 좋으며 그러면 생육 상태도 월등히 나아진다. 물이 잘 빠지면서도 알맞은 물기를 유지할 수 있게 가꾸어야 하는데 여름에는 분 속에 고인 물이 뜨거워지는 일이 없도록 주의한다. 흙이 마르면 잎이 타는 현상이 생기므로 여름에는 반 그늘진 자리로 옮겨준다. 거름은 묽은 물거름을 보름에 한 번꼴로 주는데 한여름에는 중지해야 한다. 갈아심을 기회를 이용하여 포기나누기로 증식해 나간다.

약모밀 집약초

Houttuynia cordata THUNB | 삼백초과

특징　숙근성의 풀로 식물 전체에서 강한 냄새를 풍기며 흰 땅속줄기는 왕성한 번식력을 가지고 있어서 땅 속 깊이 파고들어간다. 키는 15-35cm 정도로 자라며 줄기에는 하트 모양의 잎이 서로 어긋난 자리에 난다. 가지 끝에 네 개의 꽃잎으로 구성된 흰꽃이 피는데 이것은 꽃받침이 변한 것이다. 참된 꽃은 흰꽃받침의 한가운데에 있는 노랑 막대기와 같은 부분이다. 이 풀은 꽃가루받이가 이루어지지 않아도 씨가 생겨나는 특이한 성질을 가지고 있다.

개화기　6~7월

분포　남부 지방과 제주도 및 울릉도 등 따뜻한 지역의 음습한 땅에 난다.

재배　매우 강인하고 번식력이 왕성하기 때문에 흙을 가리지 않으며 큰 분에 뜰의 흙을 담아 심어 주어도 잘 자란다. 원래 음습한 땅에 나는 식물이므로 물은 과습 상태에 빠지지 않게 주의를 하면서 충분히 주고, 한여름에는 반그늘로 자리를 옮겨준다. 뜰에 심어 가꿀 때에는 그늘진 자리로 골라 심는다.

• 땅속뿌리와 줄기, 잎을 민간에서 부스럼, 화농, 치질에 사용하고 한방에서는 임질, 요도염에 사용한다.

왕모시풀

Boehmeria holosericea BLUME | 쐐기풀과

특징 왕모시풀이라고도 하며 모시풀과 같은 과에 속하는 숙근성의 풀이다. 따라서 모시풀과 흡사하게 생겼으며 줄기는 약간 모진 원기둥꼴로 여러 줄기가 뭉쳐 1~1.5cm 정도의 높이로 곧게 자란다. 잎은 계란형에 가까운 둥근꼴이나 넓은 타원형으로 끝이 갑자기 뾰족해진다. 가장자리에는 톱니가 있고 털이 많이 나 있으며 마디마다 마주난다. 꽃은 줄기 상부의 잎겨드랑이에 작고 흰꽃이 이삭 모양으로 길게 뭉쳐 핀다. 식물 전체가 거칠고 단단하다.

개화기 7~9월

분포 제주도와 남부 지방의 바다에 가까운 산야에 나며 냇가에서도 볼 수 있다.

재배 키가 1m를 넘는 풀이기는 하나 30~40cm 정도로 작게 가꾸어 놓으면 꽤 모양새가 좋다. 가루를 뺀 입자가 딱딱한 산모래를 써서 얕은 분에 심어 자주 적심(摘心)을 하면서 더부룩한 모양이 되도록 가꾼다. 햇빛을 충분히 쪼이는 반면 물을 조금씩 주면서 가꾸어야 한다. 거름은 잘 썩은 닭똥을 분토 위에 서너 군데에 놓아준다. 한 달에 한 번씩 이러한 요령으로 거름을 주는데 한여름에는 중단한다. 잘 증식하므로 거의 해마다 이른 봄에 갈아심어주어야 하며 그때 포기나누기로 증식시킨다.

왕승마 왜승마

Cimcifuga acerina TANAKA | 미나리재비과

특징 숙근성의 풀이다. 굵고 옆으로 길게 신장하는 땅속줄기를 가지고 있으며 키는 40~100cm로서 윗부분에서 몇 개의 가지를 친다. 뿌리로부터 자라는 잎은 세 개의 작은 잎으로 구성되는 복엽으로서 크기는 15~30cm에 이른다. 작은 잎은 둥근꼴로서 다섯 갈래 내지 아홉 갈래로 중간 정도의 깊이까지 갈라지고, 가장자리에는 고르지 못한 톱니가 나 있다. 꽃은 작고 흰 것이 길쭉한 이삭 모양으로 뭉쳐 피며 가련한 아름다움을 지니고 있다.

개화기 8~9월

분포 제주도와 남부 지방의 산지의 나무 그늘에 난다.

재배 정원수 밑에 심어 가꾸는 것이 제일 보기 좋다. 분에 심어 가꿀 때에는 산모래에 잘게 썬 이끼를 약간 섞은 흙을 쓴다. 햇빛이 잘 쪼이는 자리에 놓고 물을 적게 주어가면서 가꾸면 키가 작아진다. 거름은 매달 한 번씩 깻묵가루를 분토 위에 놓아주는 한편 월 2~3회 묽은 물거름을 주되 더위가 심한 계절에는 중단한다. 진딧물이 붙기 쉬우므로 정기적으로 살충제를 뿌려줄 필요가 있다. 증식은 봄철에 갈아심기를 할 때 포기나누기를 한다. 겨울에는 말라 죽지 않을 정도로만 물을 주고 서리를 피한다.

• 뿌리를 약용한다.

외잎승마

Astilbe simplicifolia MAKINO | 범의귀과

특징　산의 암벽에 붙어사는 숙근성의 풀로서 승마과에 속하는 것으로, 이름 그대로 외잎이다. 잎의 생김새는 계란형이고 3~5 갈래로 깊이 갈라져 담쟁이덩굴 잎과 흡사하다. 잎 가장자리에는 크고 작은 톱니가 나 있고 잎 표면은 윤기가 난다.
꽃줄기는 10~30cm의 높이로 자라 원뿌리 꼴의 꽃이삭을 형성한다. 꽃잎과 꽃받침 모두가 흰 줄꼴이고 크기는 3~5mm이다. 가련하고 아름다우며 때로는 연분홍꽃이 피는 것도 있다.
개화기　6~7월
분포　북부 지방 가운데에서도 함경남도에만 난다.
재배　산모래만으로 심어 가꾸며 돌붙임도 할 수 있다. 물은 충분히 주어야 하고 항상 반그늘에서 가꾸어야 한다.
봄가을에 묽은 물거름을 월 2~3회 주거나 또는 매월 한 번씩 깻묵가루를 분토 위에 놓아준다.
갈아심기는 해마다 이른 봄 또는 이른 가을에 해주어야 한다. 꽃이 핀 뒤 분토 위에 씨가 떨어져 어린 묘가 자란다. 이것을 알갱이가 작은 산모래를 사용하여 작은 분에 올려 가끔 묽은 물거름을 주면 쉽게 자란다. 자라남에 따라 차례로 알맞은 크기의 분으로 옮겨 심어주어야 한다.

외잎쑥

Artemisia monophylla KITAMURA | 국화과

특징　쑥의 한 종류로서 잎이 다른 종류의 쑥처럼 작게 갈라지지 않기 때문에 외잎쑥이라는 이름이 생겨났다. 숙근성이고 뿌리줄기는 옆으로 누워 뻗어나가면서 새로운 포기를 만든다. 줄기는 60~100cm 정도의 높이로 곧게 자라며 한 자리에 많은 양이 모여 자란다.
잎은 계란형에 가까운 피침형으로 끝이 뾰족하다. 길이는 6~12cm, 너비 2~4cm이고 뒷면은 희다. 잎 가장자리에는 톱니가 있고 서로 어긋나게 난다. 줄기의 상단부에 2~3mm 크기의 담황빛 꽃이 원뿌리 꼴로 모여 핀다.
개화기　8~10월
분포　중부 지방과 북부 지방의 높은 산의 풀밭에 난다.
재배　산모래에 부엽토를 20% 정도 섞은 흙으로 지름 24cm쯤 되는 깊은 분에 심어 가꾼다. 눈이 움직이기 시작할 무렵에 분에 올리는 것이 좋으며, 이미 어느 정도 자란 뒤라면 땅 표면 위로 5cm 정도만 남도록 잘라버리고 심는다. 이렇게 잘라서 심으면 줄기가 많이 서게 되는 한편 키가 작아진다. 거름은 깻묵가루를 매월 한 번씩 분토 위에 놓아준다. 생육 기간 중 항상 햇빛을 충분히 쪼일 수 있게 해주어야 하고 물은 보통으로 주면 된다.

우산나물 삿갓나물

Syneilesis palmata MAX | 국화과

특징　이른 봄 땅 속으로부터 나타나는 잎이 마치 찢어진 우산을 접어놓은 듯한 모양을 하고 있기 때문에 우산나물이라는 이름이 생겨났다. 여름이 되면 키가 30~50cm로 자라 잎이 완전히 펼쳐지는데 그 생김새는 손바닥 같고 여러 갈래로 깊이 갈라진다. 이 무렵에 불그스레한 흰꽃이 이삭 모양으로 뭉쳐 피는데 워낙 작아서 볼품이 없다. 비슷한 종류로서 몸집이 작은 애기우산나물과 섬우산나물이 있다.

개화기　7월경

분포　전국 깊은 산 속의 활엽수림 밑에 난다.

재배　땅에 심어 가꿀 때에는 다소 경사지고 반그늘진 자리를 택해 흙에 퇴비를 섞어 심어준다. 분 가꾸기에 있어서는 산모래에 20~30%의 부엽토를 섞은 흙으로 얕은 분에 될수록 얕게 심어준다. 거름은 매달 한 번씩 깻묵가루를 주고 물은 보통으로 주면 된다. 원래 나무 그늘에서 나는 식물이므로 반그늘에서 관리해준다.

관상 대상은 땅 위로 솟아오르는 어린 잎이므로 잎이 크게 벌어진 뒤에는 땅에 옮겨 포기를 충실하게 생육시키고 이듬해 이른 봄에 다시 분에 올려 감상한다.

증식은 이른 봄에 포기나누기에 의한다.

• 어린 잎은 나물로 먹는다.

월귤나무

Vaccinium vitis-idaea var. minus LODD | 철쭉과

특징　상록성의 키 작은 관목으로 땃들쭉이라고도 한다. 가죽과 같이 빳빳한 잎은 검푸른빛을 가졌으며 한가운데에 뚜렷한 잎맥이 있고 윤기가 난다. 잎의 크기는 1cm 안팎이고 3년이 지나면 낙엽이 진다. 나무의 높이는 5~15cm이다. 꽃은 한 해전에 자란 줄기의 꼭대기에 몇 송이 뭉쳐 피는데 길이 6mm 안팎의 종 모양으로 흰 빛깔이다.

개화기　6~7월

분포　제주도와 중부 지방 및 북부 지방의 고산지대에서 볼 수 있으며 양지바른 암반이나 자갈밭에 난다.

재배　얕은 분에 심어야만 잘 어울린다. 산모래 또는 이것에 10% 정도의 잘게 썬 이끼를 섞어서 물이 잘 빠질 수 있도록 가볍게 심어준다. 과습 상태에 놓이면 뿌리가 쉽게 썩어버린다. 물은 보통으로 주고 햇빛과 바람이 잘 닿는 자리에서 가꾼다. 거름은 묽은 물거름을 월 2~3회씩 주는데 한여름에는 중단한다. 그러면 새로운 가지가 자라 키를 조절할 수 있을 뿐만 아니라 원하는 대로 모양을 바꿀 수 있다. 3~4년마다 한 번 갈아심어주어야 하며, 증식은 4월 초에 꺾꽂이에 의한다.

• 열매는 식용하며, 잎은 약용한다.

인동덩굴 인동

Lonicera japonica var. japonica HARA | 인동과

특징 덩굴로 자라는 나무이나 풀에 가까운 외모를 가지고 있으며 겨울에도 잎이 푸르게 살아남는다 해서 인동이라 한다. 옛날 백제 사람들이 왕의 권위를 상징하는 왕관의 무늬로 쓰던 나무로서 꽃이 달콤한 향기를 풍기기 때문에 유럽에서는 honeysuckle이라 하여 뜰에 심어 즐기는 경우가 많다. 잎은 길쭉한 타원형으로 마주나며 미세한 털이 많이 나 있다. 꽃은 희게 피었다가 누렇게 변하면서 시들어버리므로 금은화라고도 부른다.

개화기 6~8월

분포 전국에 분포하며 낮은 산의 숲이나 풀밭에 난다.

재배 땅에 심어 가꿀 때에는 양지바르고 약간의 습기가 있는 자리를 고른다. 분 가꾸기에 있어서는 다소 크고 깊은 분에 30% 정도의 부엽토를 산모래에 섞어 심어서 물이 잘 빠지도록 한다. 덩굴이 자라므로 알맞은 길이의 지주를 세워 감아올린다. 햇빛에 잘 쪼이게 하고 흙이 말라붙지 않게 물 관리를 해준다. 2~3년에 한 번꼴로 3월 하순경에 갈아 심어야 하는데 그때 포기나누기로 증식시킨다. 그밖에 꺾꽂이로도 쉽게 증식시킬 수 있다.

• 잎과 꽃을 이뇨, 건위, 해열, 근막염, 소염제로 사용한다.

자금우

Bladhia japonica var. japonica NAKAI | 자금우과

특징 키가 작아 마치 풀처럼 보이는 상록성의 관목으로 땅속줄기를 신장시켜 곳곳에 새로운 포기를 형성하면서 늘어난다. 잎은 줄기의 꼭대기에 가까운 곳에 한두 단으로 둥글게 배열되는데 생김새는 길쭉한 타원꼴이고 가장자리에 작은 톱니가 나 있다. 초여름에 희거나 연분홍빛의 꽃이 2~5송이가 늘어져 핀다. 열매는 늦가을부터 한겨울에 걸쳐 붉게 익으며 윤기가 나서 아름답다.

개화기 7~8월

분포 제주도의 낮은 산지를 덮는 상록활엽수림의 밑에 나며, 기록에 의하면 남부 지방의 바다에 가까운 따뜻한 지역에도 난다고 한다.

재배 강인한 풀이라 가꾸기 쉬우나 무거운 흙과 건조를 싫어한다. 가루를 뺀 산모래에 부엽토를 20~30% 섞은 흙을 써서 얕은 분에 올린다. 물은 여름철에는 흠뻑 주고, 겨울에는 분토가 심하게 마르지 않을 정도로 주어 공중 습도를 높여주면 잎이 짙은 푸르름을 유지하여 아름답다. 햇빛은 오전 중에 한두 시간만 쪼여주면 충분하다.

거름은 깻묵가루를 조금씩 놓아주는데 거름이 지나치면 잎과 키가 커질 뿐만 아니라 일찍 노화해버린다. 갈아심기는 봄이나 가을에 해야 하며 포기나누기 외에 꺾꽂이와 뿌리꽂이로 증식시킬 수 있다.

좀꿩의다리

Thalictrum thunbergii var. hypoleucum NAKAI | 미나리아재비과

특징 가장 흔히 볼 수 있는 꿩의다리이다. 숙근성의 풀로서 키는 50~150cm로 꽤 크게 자란다. 줄기는 곧게 자라고 윗부분에 많은 가지를 친다. 잎은 이회우상복엽(二回羽狀複葉)으로 뒷면은 은녹색으로 보이며 모양이 고르지 않다. 여름부터 가을에 걸쳐 줄기와 가지 끝에 큰 원뿌리 꼴로 미색에 가까운 흰빛의 작은 꽃이 뭉쳐 핀다. 비슷한 종류로서 은꿩의다리, 참꿩의다리, 연잎꿩의다리, 돈잎꿩의다리, 꽃꿩의다리, 금꿩의다리, 긴잎꿩의다리, 개산꿩의다리 등 여러 종류가 있다.

개화기 7~10월

분포 전국 산야의 양지바른 풀밭에 난다.

재배 분 가꾸기에 있어서는 알갱이가 작은 산모래에 약간의 부엽토를 섞은 보수력이 좋은 흙에 심는다. 뿌리가 크고 늘어나는 속도가 빠르기 때문에 분은 다소 큰 것을 써야 한다. 여름에는 분토가 심하게 마르지 않게 주의하는 한편 잎의 색채를 짙게 하기 위해 여름 동안만 그늘로 옮겨놓는다.

늘어나는 속도가 빨라 수년 동안 갈아심지 않으면 꽃이 피는 상태가 불량해진다. 그러므로 2년에 한 번 포기를 나누어 갈아심어주어야 한다. 갈아심는 시기는 이른 봄 눈이 움직이기 시작할 무렵이나 가을에 잎이 누렇게 변하기 시작할 무렵이다.

• 어린순을 묵나물로 먹는다.

좀단풍취 가야단풍취

Ainsliaea acerifolia var. subapoda NAKAI | 국화과

특징 줄기는 높이 40~60cm 정도로 곧게 자라는 숙근성의 풀이다. 한자리에 여러 포기가 모여서 군락을 이루는 경우가 많은데 때로는 외로이 한 포기만 자랄 때도 있다. 잎은 긴 자루를 가지고 있으며 줄기 한가운데에 4~8장이 돌아가면서 둥글게 붙는다. 잎의 생김새는 손바닥 모양으로 얕게 갈라져 마치 단풍나무 잎을 보는 듯한 느낌이 난다. 줄기 끝에 흰꽃이 이삭 모양으로 뭉쳐 피는데 하나하나의 꽃은 모두 옆을 향하며 꽃잎이 팔랑개비와 같은 배열 상태를 보여 매우 재미있다.

개화기 8~10월

분포 중부 지방과 남부 지방의 다소 깊은 산의 나무 밑에 난다.

재배 가루를 뺀 산모래에 10% 정도의 부엽토를 섞은 흙으로 심는 것이 좋으나 물만 잘 빠지면 어떤 흙에서도 잘 자란다. 분은 깊은 것보다 다소 얕은 것이 풀과 잘 어울린다. 생육 기간 내내 반 그늘지고 공중 습도가 약간 높은 곳에서 가꾸어야 하며 물은 하루 한 번 아침에 준다. 겨울에는 서리를 맞지 않도록 보호해주고 물은 일주일에 한 번꼴로 주면 된다.

증식은 봄철의 갈아심기 작업 때에 포기를 갈라내면 된다. 이 풀을 산채나물로 요리하면 구미를 돋우어준다.

• 어린순은 나물로 먹는다.

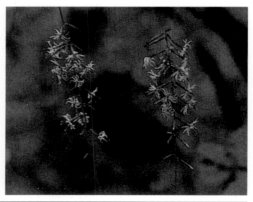

지치 자초·지초

Lithospermum erythrorhizon SIEB. et ZUCC |
지치과

특징　30~50cm 정도의 높이로 자라는 숙근성의 풀이다. 뿌리는 굵고 곧게 아래를 향해 자라며 보랏빛으로 물들어 있다. 줄기도 곧게 자라는데 위쪽에서 몇 개의 가지를 친다. 잎은 피침형이고 잎자루를 가지고 있지 않으며 전면에 거친 털이 나 있다. 길이는 3~6cm로서 서로 어긋난 자리에 난다. 가지의 위쪽 잎겨드랑이에 흰꽃이 피는데 꽃의 생김새는 통 모양이고 끝이 다섯 갈래로 갈라진다.

개화기　6~7월

분포　전국의 산야에서 드물게 볼 수 있다.

재배　흙은 산모래에 약간의 부엽토를 섞어 깊은 토분에 심는다. 오전 중에만 햇빛이 비치는 자리에 놓고 물은 적당히 준다. 거름은 이른 봄 분토 위에 깻묵가루를 놓아주고 그 뒤로는 매달 한 번씩 묽은 물거름을 주되 한여름에는 중단한다. 바이러스의 피해를 입기 쉬우므로 항상 청결한 상태를 유지하도록 관리를 해주는 한편 바이러스를 옮기는 진딧물을 없애준다. 증식은 씨뿌림에 의하는데 자라남에 따라 다른 분으로 옮겨 가꾼다.

• 뿌리는 화상, 동상, 수포 등 일반 소독약으로 쓴다. 뿌리에 함유된 보랏빛 색소는 자주색 염료로 사용한다. 민간에서 해열, 이뇨, 피임약으로도 사용한다.

질경이

Plantago asiatica L | 질경이과

특징　숙근초로서 잎은 뿌리에서 자란다. 줄기는 없으며 긴 자루를 가진 잎은 계란형 또는 타원형으로 잎 가장자리는 거의 밋밋하고 잎 표면은 윤기가 난다. 잎의 길이는 4~8cm이다. 초여름에 10cm 정도의 길이를 가진 꽃줄기를 신장시켜 윗부분에 미세한 꽃이 모여 곧게 선 꽃이삭을 형성한다. 꽃은 희게 피나 너무 작아서 관상 가치는 거의 없다. 그러나 가을에는 잎이 붉게 물들며 때로는 잎에 흰 무늬가 드는 것도 있다.

개화기　6~8월

분포　전국 각지에 분포하며 풀밭, 특히 길가에 많이 나 차전 또는 길장구, 배부장이 등의 별명을 가지고 있다.

재배　강인한 풀이기 때문에 흙을 가리지 않으며 물이 잘 빠지기만 하면 어떤 흙으로 심어도 잘 자란다. 거름은 월 2~3회 묽은 물거름을 주고 다소 건조한 듯하게 물 관리를 해준다. 생육 기간 내내 양지바른 자리에서 가꾸어야 하며 증식은 씨뿌림에 의한다. 가을에 씨를 거두어 두었다가 이듬해 봄에 분에 흙을 담아 이곳에 직접 씨뿌림한다.

• 어린 잎은 나물로 먹고, 씨앗은 이뇨제로 쓰인다.

참으아리

Clematis maximowicziana var. paniculata NAKAI
| 미나리아재비과

특징 마을에서 가까운 산록지대나 길가 등 어디서든지 흔히 볼 수 있는 반상록성의 숙근초로서 중부 지방에서는 겨울에 지상부가 완전히 말라 죽어버린다. 덩굴성의 풀로서 밑동은 목질화(木質化)하여 드물게 가지를 친다. 잎은 3~7매의 작은 잎으로 구성된 기수우상복엽(奇數羽狀複葉)으로서 작은 잎의 생김새는 계란형이다. 잎자루는 꼬불거리면서 다른 물체로 감겨 올라간다. 초가을에 줄기의 선단부와 그에 가까운 잎겨드랑이에 십자형의 흰 꽃이 뭉쳐 핀다. 흰 것은 꽃받침으로서 꽃잎은 가지고 있지 않다.

개화기 8~10월

분포 중부 지방과 남부 지방에 분포하며 산야의 양지바른 자리나 길가 등에 난다.

재배 그 해에 자란 가지가 어느 정도 굳어진 다음 5~6월에 꺾꽂이를 하거나 또는 눈에 띄는 대로 작은 묘를 뽑아 깊은 분에 심어 가꾸면 가을철에 꽃을 볼 수 있다. 흙은 산모래로만 심거나 산모래와 밭 흙 또는 부엽토를 섞어 심어도 좋다.

물은 보통으로 주고, 햇빛을 충분히 쪼이며 거름은 봄과 가을에 각 한 번씩 깻묵가루를 분토 위에 조금씩 놓아 준다. 한여름에는 더위로 인해 거의 뿌리가 내리지 않는다.

• 어린 잎은 식용하며, 뿌리는 약용한다.

참취

Aster scaber THUNB | 국화과

특징 나물취 또는 암취라고도 부르는 숙근성의 풀이다. 키는 1.5m 정도로 상당히 크게 자라며 잎은 하트 모양으로 서로 어긋나게 난다. 잎 뒷면은 흰빛을 띠며 잎 가장자리에는 고르지 않은 톱니가 나 있다. 가지 끝에 가까운 자리에 나는 잎은 길쭉한 계란형 또는 피침형이다. 가지 끝에 여러 송이의 꽃이 함께 피는데 중심부는 노랗고 가장자리에는 적은 수의 흰 꽃잎이 배열된다.

개화기 8~10월

분포 전국에 분포하며 산과 들판의 풀밭에 난다.

재배 워낙 키가 크고 꽃도 그리 많이 피지 않으므로 분에 심어 가꾸는 것보다 들에 심어 야생미를 즐기는 쪽이 낫다. 분에 심을 자리는 사질 양토로서 물이 잘 빠지고 양지바른 자리라야 한다. 한 자리에 여러 포기를 함께 심어 집단적인 군락으로서의 야생의 정취를 즐길 수 있게 하는 것이 좋다.

구덩이 속에는 잘 썩은 퇴비나 닭똥을 넣어주는 것이 좋은데 닭똥을 넣는 경우에는 같은 양의 흙과 고루 섞어넣어준 다음 흙을 5cm 정도의 깊이로 덮고 그 위에 심어 주어야 뿌리가 손상될 염려가 없다.

• 어린 잎을 나물로 먹는데, 이것이 참된 취나물이다. 성숙한 것은 두통 및 현기증에 사용한다.

초롱꽃

Campanula punctata LAM | 초롱꽃과

특징 금강초롱과 비슷하게 생긴 숙근성의 풀로서 온몸에 거친 털이 나 있다. 줄기는 30~80cm의 크기로 곧게 자라며 가지를 치지 않는다. 잎은 서로 어긋나는 자리에 나며 길쭉한 계란형으로 가장자리에는 고르지 않은 톱니가 있다. 줄기 꼭대기에서 가까운 잎겨드랑이로부터 여러 개의 꽃대가 자라 백색이나 연한 홍자색 바탕에 반점이 나 있는 꽃이 핀다. 꽃의 생김새는 초롱과 같고 크기는 4cm가량이다.

개화기 6~8월

분포 제주도와 울릉도를 제외한 전국에 분포하며 산야의 나무 그늘이나 양지바른 풀밭에 난다.

재배 물이 잘 빠지는 산모래에 심으면 키를 작게 가꿀 수 있다. 작은 분에 심어 작게 가꾸고자 할 때에는 깻묵가루를 봄과 가을에 두 번만 소량 주고, 햇빛을 잘 보이면서 물을 적게 준다. 꽃을 많이 피우려면 큰 분에 심어 생육 기간 중 계속 거름을 준다. 해마다 키를 작게 하면서 꽃을 피우려면 어린 포기를 골라 가을부터 봄 사이에 갈아심기를 되풀이한다. 또한 봄에 자란 순을 뿌리 가까이에서 적심(摘心)하여 새로운 순이 자라게 하면 작게 꽃을 피울 수 있다. 증식은 포기나누기나 초여름의 꺾꽂이로 행한다.

• 어린 잎을 나물로 먹는다.

근기생꽃 참기생꽃

Trientalis europaea var. eurasiatica KNUTH | 앵초과

특징 숙근성의 풀로서 땅속줄기는 가늘고 희다. 줄기는 10cm 정도의 높이로 매우 작으며 곧게 자란다. 잎은 서로 어긋난 자리에 나며 넓은 피침형으로 위쪽에 나는 것일수록 크다. 잎 가장자리에는 톱니가 없고 밋밋하다. 잎의 길이는 2~7cm, 폭은 1.3cm 정도이다. 꽃은 줄기의 상단부에서 가까운 잎의 겨드랑이로부터 자라는 짧은 꽃대 위에 한 송이가 핀다. 직경 2cm쯤 되는 흰꽃은 6장의 꽃잎에 의해 이루어져 있다. 비슷한 종류인 몸집이 작은 기생초나 큰기생초와 거의 같은 지역에 난다.

개화기 6~7월

분포 중부 지방과 북부 지방에 분포한다. 주로 침엽수림의 양지바른 숲가 등에 난다.

재배 흙은 가루를 뺀 분재용 산모래에 30% 정도의 부엽토를 섞은 것을 쓴다. 분은 지름 20cm 정도, 길이는 그 반 정도 되는 것을 골라 5~6포기를 함께 심는다. 거름은 묽은 물거름이 무난하며 매주 한 번씩 준다. 원래 숲가 등에 나는 풀이므로 강한 햇빛을 피해 반 그늘진 자리에서 가꾸어야 한다. 절대로 흙을 말리는 일이 없도록 물 관리를 해 주어야 하며 증식은 포기나누기에 의한다.

큰까치수염

Lysimachia chlethroides DUBY | 앵초과

특징 숙근성의 풀로 땅속줄기를 길게 신장시켜 나가면서 증식되어 나간다. 줄기는 높이 60~100cm 정도 로 곧게 자라며 밑동은 붉고 거의 가지를 치지 않는다. 잎은 길쭉한 타원형 또는 피침형으로 끝이 뾰족하다. 짧은 잎자루를 가지고 있으며 길이는 6~13cm 정도이다. 잎 가장자리에는 흰 털이 나 있다. 꽃은 줄기 끝에 술 모양으로 뭉쳐 피는데 색채는 희고 한쪽으로 기울어지는 습성이 있다. 일반적으로 많은 포기가 한자리에 모여 큰 군락을 이룬다.

개화기 6~7월

분포 전국에 분포하며 야산의 양지바른 풀밭에 난다.

재배 키가 1m 가까이나 되므로 분에 심어 되도록 키가 작게 가꾸어야 한다. 흙은 산모래에 부엽토를 30%가량 섞어 지름과 깊이가 20cm쯤 되는 분에 물이 잘 빠지도록 심는다. 키가 5~7cm 정도로 자라면 줄기를 반 정도의 길이로 잘라 밑동에서 새로 나오는 눈을 가꾸어 나간다.
거름은 깻묵가루를 분토 위에 소량씩 놓아준다. 비교적 물기를 좋아하므로 분토를 지나치게 말리는 일이 없도록 물 관리를 해준다. 증식은 포기나 누기에 의한다.
• 어린순을 그대로 먹거나 나물로 한다.

큰털이풀

Filipendula kamtschatica MAX | 장미과

특징 깊은 산 계곡 물가나 길가 등 다소 습도가 높은 곳에 나는 숙근성의 풀이다. 줄기는 1~1.5m 높이로 자라며 줄기 위에 몇 장의 큰 잎이 서로 어긋난 자리에 붙는다. 잎은 다섯 갈래로 갈라진 손바닥 모양이며 가장자리에는 거친 톱니가 나 있다. 꽃은 줄기 끝에 작고 흰 것이 무수히 뭉쳐 피는데 그 모양이 공중에 떠 있는 듯한 느낌을 준다. 비슷한 종류로서 참털이풀, 단풍털이, 털이풀 등이 있으며 북한 땅에서는 분홍빛 꽃이 피는 붉은털이가 난다.

개화기 6~8월

분포 경상북도 봉화 지방에만 분포하며 비슷한 종류 가운데 털이풀은 전국 각지의 산에 난다.

재배 몸집이 몹시 크기 때문에 분에 심어 가꾸기가 어려우며 뜰에 심어 즐기는 것이 무난하다. 장소는 반 그늘진 다소 습도가 높은 곳을 골라야만 순조롭게 자란다. 흙은 별로 가리지 않는데 구덩이를 파고 되묻은 흙에 부엽토나 퇴비를 섞어주는 것이 좋다. 한 번 심어 놓으면 그 뒤에는 특별한 관리를 해주지 않아도 해마다 아름다운 꽃이 핀다.

톱풀

Achillea sibirica LEDEB | 국화과

특징 가새풀 또는 배얌채라고도 불리는 숙근성의 키 큰 풀이다. 줄기는 60~90cm 정도의 높이로 곧게 자라며 줄기 끝의 가까운 곳에서 여러 갈래로 갈라져 흰꽃이 뭉쳐 핀다. 잎은 길쭉한 피침형으로 길이는 7~9cm쯤 되며 깃털 모양으로 깊이 갈라지고 잔 톱니를 가지고 있다. 줄기와 잎에는 부드러운 잔털이 나는데 이로 인해 톱풀이라는 이름이 붙여졌다. 비슷한 종류로서 산톱풀이 있으며 북한 땅의 높은 산악지대에도 세 가지 종류가 난다.

개화기 7~10월

분포 전국 산야의 양지바른 풀밭에 난다.

재배 흙은 가루를 뺀 산모래에 30% 정도의 부엽토를 섞어서 쓴다. 분은 지름이 20~24cm, 깊이는 그 반 정도 되는 것을 골라 두세 포기를 합쳐서 심는다. 키를 줄이기 위해 10cm 정도의 높이로 자라났을 때에 반 정도 잘라버리고 아래쪽 잎겨드랑이의 눈을 키운다.

거름은 깻묵가루를 매달 한 번씩 주거나 또는 묽은 물거름을 월 2~3회씩 준다. 가꾸는 자리는 바람이 잘 닿고 햇빛이 하루 종일 비치는 곳이라야 한다. 물은 보통으로 주면 된다.

• 어린순은 나물로 먹으며, 풀 전체는 건위 및 강장제로 사용한다.

풀산딸나무

Chamaepericlimenum canadense ASCHER. et GRAEB | 층층나무과

특징 상록성의 다년초이다. 잎과 꽃이 산딸나무와 흡사하기 때문에 풀산딸나무라는 이름이 붙여졌다. 키는 5~15cm로서 매우 작으며 잎은 계란형 또는 타원형인데 줄기 끝에 4~6장이 둥글게 배열된다. 잎이 넉 장밖에 붙어 있지 않은 줄기에는 꽃이 피지 않는다. 꽃은 직경이 1.5cm쯤 되며 넉 장의 흰 꽃잎처럼 보이는 것은 꽃받침이 변한 것이다. 늦가을에는 열매가 붉게 물들어 매우 아름답다.

개화기 6~7월

분포 북부 지방에만 분포하며 고산지대에 가까운 침엽수림 밑에 난다.

재배 산모래에 잘게 썬 이끼를 10% 정도 섞은 흙으로 얕은 분에 심는다. 거름은 매월 네 번씩 물거름을 준다. 물은 매일 아침 분 바닥의 구멍으로부터 흘러나올 정도로 흠뻑 주고 반 그늘진 나무 밑에서 가꾼다.

이른 봄 눈이 움직이기 전에 포기나누기를 겸해서 갈아심어준다. 씨뿌림은 채종되는 대로 바로 뿌려주어야 한다. 이 경우 붉은 살을 제거하고 씨를 여러 차례 물로 씻은 다음 뿌려야 제대로 싹이 튼다. 붉은 살 속에는 싹이 트는 것을 억제하는 물질이 함유되어 있기 때문이다.

호장근

Reynoutria japonica HOUTT | 여뀌과

특징　숙근성의 풀로 속이 빈 대나무같이 줄기가 lm 이상의 높이로 자란다. 갓 자라는 줄기는 붉은 빛을 띠고 있으며 자라면서 많은 가지를 친다. 잎은 마디마다 서로 어긋나게 달리며 생김새는 넓은 계란꼴이다. 자웅이주(雌雄異株)로서 여름철에 위쪽의 잎겨드랑이마다 꽃대를 신장시켜 작은 흰꽃이 이삭 모양으로 뭉쳐 핀다.

개화기　7~9월

분포　전국에 분포하며 산야에 나는데 특히 냇가 같은 곳을 좋아하는 경향이 있다.

재배　가꾸기 위해서는 자생지에서 채취한 눈[芽]을 가진 굵은 땅속줄기를 심어야 하는데, 꺾꽂이로 작은 묘를 얻을 수도 있다. 땅속줄기가 빠른 속도로 신장하여 많은 눈을 가지게 되므로 대형 분에 심거나 또는 콘크리트로 큰 상자를 만들어 심는 것이 좋다. 물은 보통으로 주고. 가끔 깻묵가루를 조금 분토 위에 뿌려 주는 정도면 잘 자란다.

워낙 크게 자라는 성질이 있으나 꺾꽂이로 뿌리내리게 한 것을 작은 분에 심어 가꾸면 그런대로 작게 자라므로 초물분재의 소재로 흔히 쓰인다.

• 어린 줄기는 식용하며 땅속줄기는 이뇨, 통경제, 진정제로 사용한다.

호장덩굴　호자덩굴

Mitchella undulata SIEB. et ZUCC | 꼭두서니과

특징　산지의 숲속에 자라는 상록성의 풀이다. 낙엽이나 이끼 위를 기어다니면서 마디로부터 뿌리를 내려 자라는 작은 풀로서 잎은 1~1.5cm 크기를 가진 하트 모양이다.

짙은 녹색의 잎은 마디마다 마주난다. 꽃은 희고 잎겨드랑이에 두 송이가 함께 피는데 씨방은 서로 붙어 있다. 열매는 붉게 물든다.

개화기　6~7월

분포　제주도와 울릉도, 남부 지방에 분포하는데 산림 속의 그늘진 자리에 난다.

재배　작은 풀이기는 하나 매우 운치가 있어서 얇고 넓으면서도 모양이 좋은 돌을 곁들여 가꾸어 놓으면 볼 만하다. 흙은 2~3mm 정도의 굵기를 가진 산모래를 쓴다. 특수한 방법으로 돌에 이끼를 붙여 가꾸어 놓고 그 위에 호장덩굴을 얹어 군데군데 이끼로 덮어주기도 한다.

반그늘에서 관리하고 지나치게 말리는 일이 없도록 주의한다. 거름은 묽은 물거름을 월 2~3회꼴로 주되 한여름에는 중단한다. 마디에서 뿌리가 내리므로 알맞게 갈라냄으로써 쉽게 증식시킬 수 있다.

황새풀

Eriophorum vaglnatum L | 사초과

특징　숙근성의 풀로서 무리를 이루어 자란다. 뿌리줄기는 아주 짧고 수염과 가느다란 뿌리가 무성하게 자란다. 잎은 짧은 선 모양으로 뿌리줄기로부터 직접 자란다.

줄기의 상부는 세모꼴로 모가 졌으며 높이 40cm 내외로서 여름에 작은 꽃이 뭉쳐 핀다. 꽃은 보잘것없으나 그 뒤에 생겨나는 흰 솜털 뭉치가 매우 아름답다. 비슷한 종류로 애기황새풀, 큰황새풀, 설령황새풀 등이 있는데 모두가 북한 땅의 고산지대에만 난다.

개화기　6~8월

분포　중부 지방과 북부 지방의 고산지대에 분포하며 양지바른 자리에 형성되는 습지에 난다.

재배　얕은 수련분에 논 흙에 부엽토를 30%가량 섞은 흙으로 심고 1~2cm 깊이로 물을 채운다. 거름은 심을 때 흙 속에 말린 양미리(생선)를 반으로 자른 것을 두어 개 꽂아넣으면 된다. 생육 기간 중에는 항상 양지바른 자리에서 가꾸어야 한다.

포기나누기는 해토 후 갈아심기를 겸해서 실시하는 것이 좋다.

해마다 포기를 작게 나누어 적당히 간격을 두어가면서 많은 포기를 모아 심어 놓으면 관상 가치가 높아진다.

숙은꽃창포 숙은돌창포

Tofieldia nutans var. rubescens NAKAI | 백합과

특징　줄 모양의 잎이 뭉쳐나는데 잎 가장자리를 만져보면 까칠하게 작은 톱니가 나 있다. 잎의 길이는 2~5cm 안팎이다. 상록성의 다년생 풀로서 애기바위창포라고도 하며 짧은 뿌리줄기에는 황갈색의 딱딱한 잔뿌리가 많이 나 있다. 여름철에 6~12cm 길이의 꽃 줄기를 신장시키며 그 끝에 술 모양으로 흰꽃이 모여 핀다. 꽃은 머리를 숙인 상태로 피며 꽃가루 주머니는 보랏빛이다.

개화기　7~8월

분포　북부 지방의 높은 산인 백두산과 노봉 등지에 분포하며 마른 풀밭이나 바위 위에 난다.

재배　가꾸기가 쉬우며 강한 햇빛 밑에서 잘 증식되어 나간다. 분에 심어 가꿀 때에는 가루를 뺀 산모래에 잘게 썬 이끼를 20% 정도 섞은 흙으로 얕은 분에 심어 가꾼다. 물은 하루 한 차례 흠뻑 주고 거름은 깻묵가루를 매달 한 번씩 분토 위에 놓아준다.

돌붙임을 할 때에는 모양이 잘 생긴 돌의 패인 곳에 개펄흙을 발라서 그 흙 속에 뿌리가 묻히게끔 붙여준다. 뿌리가 완전히 돌 틈으로 파들어간 뒤에는 얕은 수반에 물을 채우고 그 한가운데에 앉혀 감상하면 잠시나마 여름의 무더위를 잊을 수 있다.

각시취

Saussurea pulchella FISCH | 국화과

특징 숙근초로 키는 30~150cm, 잎은 깃털 모양으로 깊게 갈라져 양면에 오그라든 짧은 털을 가지고 있다. 여름철 줄기 꼭대기에 직경 1.5cm가량의 엉겅퀴같이 생긴 자홍빛 꽃이 뭉쳐 핀다. 엉겅퀴와 흡사한 작은 꽃이 송이로 뭉쳐 피는 이 무리를 분취속이라고 부르는데 우리나라에는 30여 가지가 난다. 그 가운데에서 버들분취, 구와취, 키다리분취, 서덜취 등이 대표적인 종류이다.

개화기 8~10월

분포 전국 각지에 나며 산지나 풀밭의 양지바르고 건조한 곳에서 자란다.

재배 땅에 심어 가꿀 때에는 별로 흙을 가리지 않으나, 물 빠짐이 좋고 햇빛이 잘 닿는 자리를 골라야 한다. 분에 심어 가꿀 때에는 약간 큰 분을 써서 분 속에 왕모래를 깔아 물 빠짐이 잘 이루어질 수 있도록 하고 산모래(분재용 흙)에 부엽토를 20-30% 섞은 흙으로 심는다. 하루 종일 햇빛이 닿는 자리에서 가꾸되 여름철에는 흙이 지나치게 마르는 일이 없도록 주의한다. 봄에 포기나누기를 겸한 갈아심기 작업을 하며, 씨뿌림으로 증식하고자 할 때에는 씨가 여무는 대로 채취하여 바로 뿌려놓는다.

• 어린순을 나물로 먹는다.

개미취 자원

Aster tataricus L | 국화과

특징 높이 1~2m로 자라는 숙근초로서 봄에 나오는 잎은 땅에 붙어 군생하며 긴 타원형으로 빳빳한 털이 나 있어서 거칠다. 길게 자라는 줄기에 붙은 잎은 좁고 작다. 가을에 줄기의 상단부가 여러 갈래로 갈라져 직경 3cm 정도의 연보랏빛 꽃이 많이 핀다. 국화류와의 차이점은 잎과 줄기에 향기가 없고 잎이 국화 모양으로 갈라지지 않는 점이다. 유사한 종류로 참취, 옹굿나물, 좀개미취, 들개미취, 애기개미취, 갯개미취 등이 있다.

개화기 8~10월

분포 전국 각지의 얕은 산 양지바른 곳에 난다.

재배 가루흙을 뺀 산모래와 왕모래를 반씩 섞은 흙을 수북이 쌓아올린 다음 잔뿌리가 닿을 자리에 부엽토를 얇게 깔고 심어준다. 물 빠짐이 잘 되게 하여 물을 적당히 주면서 햇빛을 충분히 쪼인다. 봄마다 갈아심기를 해야 하며 그때마다 뿌리를 3분의 2 정도만 남기고 다듬어준다. 묵은 흙을 남겨두면 아랫잎이 말라죽으므로 새로운 흙으로 갈아심어야 한다. 거름은 한 달에 한 번씩 깻묵가루를 소량 분토 위에 뿌려주면 된다. 번식은 포기나누기나 꺾꽂이로 하는데, 꺾꽂이는 6월에 줄기를 알맞게 잘라 모래에 꽂는다.

• 어린순은 나물로 먹으며, 뿌리와 풀 전체는 기침과 거담제로 사용한다.

구름체꽃

ScabIosa mansenensis f. alpina NAKAI |
산토끼꽃과

특징 고산지대의 풀밭에 나는 1~2년생 풀이다. 키는 30cm 정도로 고산식물다운 모양을 가지고 있다. 뿌리에서 돋아나는 잎은 긴 자루를 가지는데 줄기에 나는 잎은 자루를 가지지 않는다. 잎은 모두 깃털과 같이 가늘게 갈라지며 작은 톱니를 가지고 있다. 줄기 끝이 여러 갈래로 갈라져 각기 한 송이의 보랏빛 꽃을 피운다. 4~6cm 크기의 꽃은 아네모네꽃과 비슷하게 생겨 매우 아름답다.

개화기 8월

분포 제주도와 북부 지방의 고산지대에만 난다.

재배 흙은 미립자의 가루를 뺀 산모래를 쓴다. 꽃이 피고 난 뒤에는 모두 말라 죽어버리므로 해마다 씨를 뿌려 어린 묘를 가꾸어 나가도록 한다. 거름은 잘 썩은 깻묵을 조금씩 주는데 뼛가루를 함께 줄 수 있다면 더욱 좋다.

햇빛이 잘 닿고 바람이 사방으로 통하는 곳에서 가꾼다. 씨뿌림은 이른 봄 분에 흙을 담아 뿌려주는데 이때 쓰는 흙은 산모래에 20% 정도의 부엽토를 섞은 것이 좋다. 싹이 터서 잎을 3~4매 가지게 되면 원하는 분에 옮겨 심어 계속 가꾸어나간다.

금강초롱

Hanabusaya asiatica NAKAI | 초롱꽃과

특징 70cm 정도의 높이로 자라는 숙근성의 풀로서 꽃이 초롱과 비슷하게 생겨 금강초롱이라 불리는 희귀 식물이다.

잎은 줄기의 중간부에 4~5매가 근접해서 나며 길쭉한 계란형이다. 잎가에는 많은 톱니가 있고 잎 표면은 거의 털이 나지 않아 밋밋하다. 줄기 끝에 종 모양의 연보랏빛 큰 꽃이 한송이 핀다. 꽃잎은 다섯 갈래로 얕게 갈라지며 차례로 두세 송이가 필 때도 있다.

개화기 8~9월

분포 주로 강원도 금강산에 나는데 최근 설악산 줄기에서 군생지가 발견된 바 있다. 태백산과 경기도 가평군 명지산에서도 채집된 일이 있다고 한다.

재배 가루를 뺀 산모래에 부엽토를 20%가량 섞은 흙으로 물이 잘 빠지도록 심어준다. 충분히 물을 주고 햇빛과 바람이 잘 닿는 곳에서 가꾼다.

거름은 분토 위에 깻묵가루를 소량씩 가끔 뿌려주면 된다. 거름을 자주 주면 실하게 자라 꽃이 여러 송이 피기는 하나 반면 키가 크게 자라므로 거름 주는 양을 조절하여 가급적 키를 작게 가꾸어야 보기가 좋다. 갈아심기는 이른 봄 눈이 움직이기 전에 실시해야 하며 그때 눈을 갈라 증식시킨다. 씨뿌림은 채종 즉시 하는데 꽃이 피기까지 2~3년이 걸린다.

꽃고비

Polemoniurn kiushianum KITAM | 꽃고비과

특징 숙근성의 풀로서 줄기는 60~90cm의 높이로 곧게 자란다. 잎은 깃털 모양으로 8~10개나 된다. 줄기 끝에 직경이 2cm쯤 되는 하늘빛을 띤 보랏빛 꽃이 원뿌리 꼴로 모여 핀다.
꽃잎의 색채와 그 중심에 자리한 수술의 황금빛이 좋은 대조를 이루어 매우 아름답다. 때로는 흰꽃이 피는 개체도 있으며 비슷한 종류로 가지꽃고비가 있다.

개화기 7~8월

분포 북부 지방에 분포하며 깊고 높은 산에 난다.

재배 산모래에 부엽토를 30% 정도 섞은 흙으로 약간 큰 분에 심는다. 거름은 매달 세 번씩 물거름을 준다. 물을 충분히 주어가면서 양지바르고 바람이 잘 닿는 자리에서 가꾼 다. 뿌리가 속히 자라고 뿌리줄기가 살쪄 갈아심어주지 않으면 자라는 힘이 쇠약해지므로 해마다 가을에 갈아심어주어야 한다.
증식법으로는 포기나누기와 씨뿌림이 있다. 굵은 뿌리가 엉켜 있어서 이것을 풀어 주면 여러 개의 포기로 갈라진다. 그 밖에 굵은 뿌리를 잘라내어 흙에 묻으면 움이 돋아난다. 초가을에 씨를 받아 냉장고 속에 보관해두었다가 이듬해 이른 봄에 이끼 위에 뿌린다.

꿀풀

Prunella vulgaris var. lilacina NAKAI | 꿀풀과

특징 꽃에 꿀이 많기 때문에 꿀풀이라고 하며, 꽃이 피고 난 뒤 한여름에 잎이 말라 죽어버리기 때문에 하고초(夏枯草)라고도 부른다.
모가 난 줄기는 10~30cm 높이로 자라 꼭대기에 짙은 보랏빛 꽃이 많이 뭉쳐 핀다. 잎은 타원형으로 마디마다 서로 마주 달린다. 같은 무리로 두메꿀풀, 붉은꽃꿀풀, 흰꿀풀 등이 있다.

개화기 6~8월

분포 전국 각지에 널리 분포하며 산야의 양지바른 풀밭에 난다.

재배 깊이가 얕은 분에 모래를 많이 섞은 밭 흙, 또는 산모래로 심는다. 깻묵가루나 덩어리거름을 조금씩 달마다 주거나 또는 물거름일 때에는 묽게 타서 10일마다 준다.
건조에 견디는 힘이 강하며 물 주는 양이 많거나 그늘진 곳에서 가꿀 때에는 도장(徒長)하여 모양이 짜임새가 없게 된다. 그러므로 햇빛을 충분히 쪼일 수 있도록 하는 한편 물을 적게 주는 것에 유의한다. 포기나누기는 봄이 되어 눈이 움직이기 시작할 무렵에 실시하는 것이 좋다. 씨뿌림은 봄이나 가을에 행한다.
• 어린순은 나물로 먹는다. 성숙한 풀 전체는 꽃이 진 이후 이뇨제로 사용하거나 연주창(連珠瘡)에 쓰인다.

나비나물

Vicia unijuga var. typica NAKAI | 콩과

특징 일명 참나비나물이라고도 불리는 숙근초이다. 굵고 튼튼한 뿌리를 가졌으며 줄기는 모가 졌다. 몇 개의 줄기가 한자리에서 30~70cm 정도의 높이로 곧게 자란다.

마디마다 두 개의 작은 잎사귀로 이루어진 잎을 가진다. 작은 잎사귀는 넓은 피침형으로 빳빳하며 길이 3~7cm로서 덩굴손은 가지지 않는다. 잎겨드랑이로부터 꽃대가 자라 붉은빛을 띤 보랏빛 꽃이 이삭처럼 뭉쳐 핀다.

개화기 6~10월

분포 전국 각지에 분포하며 야산과 풀밭에 난다.

재배 다공질로서 보수력이 좋은 산모래에 30% 정도의 부엽토를 섞은 흙으로 심는다. 분은 지름과 깊이가 같은 토분이 좋으며 키가 5~7cm 크기로 자라면 분에 올린다. 키가 커져 쓰러질 것에 대비해 분에 올릴 때 자라 있는 눈은 밑동으로부터 꺾어버리는 것이 좋다. 햇빛이 잘 닿는 자리에서 가꾸어야 하고 거름은 매달 2~3개의 깻묵 덩어리거름을 분토 위에 놓아주면 좋다. 증식은 갈아심기를 할 때 포기나누기로 한다.

• 어린 잎과 줄기는 나물로 먹는다.

넓은잎갈퀴

Vicia japonica A. GRAY | 콩과

특징 덩굴로 자라는 숙근성의 풀이다. 땅속줄기를 가졌으며 한자리에서 여러 개의 줄기가 1m 정도의 키로 곧게 자란다. 줄기는 옆으로 눕는 습성이 있고 모가 져 있다.

잎은 8장 정도의 작은 잎에 의해 구성되는 깃털꼴이고 끝은 덩굴손으로 변해 다른 물체로 감긴다. 잎은 마디마다 서로 어긋나게 나며 잎 뒤는 흰빛을 띤다. 잎겨드랑이부터 자란 긴 꽃자루에 많은 꽃이 술모양으로 달려 피는데 하나의 꽃대에 피는 꽃은 모두 같은 방향으로 향하는 습성이 있다. 꽃의 크기는 1cm 안팎이고 붉은빛을 띤 보랏빛으로 핀다.

개화기 6~8월

분포 전국적인 분포를 보이며 산록지대나 들판의 풀밭에 나는데 양지바른 자리를 좋아하는 습성이 있다.

재배 산모래에 10% 정도의 부엽토를 섞은 흙으로 지름과 깊이가 24cm쯤 되는 분에 한 포기씩 심어 가꾼다. 가꾸는 자리는 양지바른 자리라야 하며 물은 하루 한 번 흠뻑 준다.

거름은 매달 한 번씩 깻묵가루를 분토 위에 놓아주면 된다. 2년에 한 번꼴로 갈아심어주어야 하는데 이 기회에 포기나누기를 실시하여 증식시킨다.

• 어린 잎과 줄기는 식용하며, 사료에 적당하다.

누린내풀

Caryopteris divaricata MAX | 마편초과

특징 잎을 만지작거리고서 냄새를 맡아보면 누린내가 나기 때문에 이러한 이름이 붙여졌다. 때로는 구렁내풀이라고도 부르는 숙근성의 풀이다.
높이 1m 정도로 곧게 자라는 줄기는 윗부분에서 갈라져 몇 개의 가지를 가진다. 잎은 계란형으로 길이는 6~13cm 정도이다. 가장자리에 톱니와 잎자루를 가지고 있으며 마디마다 2매가 마주난다. 보랏빛으로 피는 꽃은 입술형으로 특히 아랫입술이 크게 발달하여 모양이 특이하다. 또한 수술과 암술이 휘어지면서 꽃잎 밖으로 길게 자란다.

개화기 8~9월

분포 제주도와 남부 및 중부 지방에 분포하는데 산지와 들판의 풀밭에 난다.

재배 흙을 별로 가리지 않으나, 분에 심어 가꿀 때에는 산모래에 약간의 부엽토를 섞은 흙을 쓴다. 줄기가 20~30cm의 높이로 자랐을 때 반 정도의 높이로 잘라 밑쪽에 돋아나는 움을 키워 키를 작게 가꾼다. 한여름의 강한 햇빛만 가려주고 그 밖의 계절에는 양지바른 자리에서 키운다. 거름은 발효시킨 깻묵덩이 거름을 매달 한 번씩 2~3개씩 분토 위에 놓아준다.

• 민간에서 풀 전체를 이뇨제로 사용한다.

닭의장풀

Commelina communis L | 달개비과

특징 1년생의 풀이다. 줄기는 처음에는 땅 위에 누웠다가 점차적으로 일어나 15~50cm 정도의 높이로 자란다. 땅 위에 누운 줄기 부분에서는 마디마다 뿌리가 내리고 가지를 친다. 잎의 밑동은 줄기를 감싸며 계란형에 가까운 피침형으로 부드럽고 연하다.
파란 꽃은 이른 아침에 피었다가 낮에는 다물어버린다. 두 장의 아름다운 꽃잎과 6개의 수술을 가지고 있으나 6개의 수술 가운데 제 구실을 하는 것은 깊게 뻗은 2개뿐이고 나머지 4개는 장식품에 불과하다. 때로는 흰꽃이 피는 개체도 있다.

개화기 6~9월

분포 전국 각지에 분포하며 길가나 인가 부근의 토양 수분이 윤택한 자리에 난다.

재배 정원 한구석의 약간 습한 땅에 심어 놓으면 손질을 해주지 않아도 잘 자라 아름다운 꽃이 된다. 분에 심어 가꾸고자 할 때에는 분재용 산모래에 잘게 썬 이끼를 30%가량 섞은 흙으로 심는다. 밝은 그늘에 놓고 과습 상태에 빠지지 않게 주의를 하면서 충분히 물을 준다. 거름은 매달 2~3번 하이포넥스를 묽게 탄 것을 주면 된다. 꺾꽂이와 씨뿌림을 되풀이할 필요가 있다.

• 어린순은 나물로 먹는다. 풀 전체를 약용하며 꽃은 염색용으로 쓰인다.

도라지

Platycodon grandiflorum Dc. | 초롱꽃과

특징　숙근성의 풀이다. 키는 40~100cm로서 더덕과 같은 굵은 뿌리를 가지고 있으며 줄기에 상처를 입히면 흰 즙이 흐른다. 잎은 계란형으로 서로 어긋나게 나며 가장자리에 톱니가 있고 뒷면은 흰빛을 띤 녹색이다. 종모양의 꽃은 하늘빛에 가까운 보랏빛으로 종과 같은 생김새를 가졌는데 끝이 다섯 갈래로 갈라진다. 때로는 흰꽃이 피는 개체도 있다. 수술이 먼저 성숙하고 그 뒤에 암술이 성숙하여 다섯 갈래로 갈라질 무렵이면 수술은 이미 말라 죽은 상태가 된다.

개화기　8~9월

분포　전국 각지의 산야에 난다.

재배　산모래에 부엽토를 20-30% 섞은 흙으로 물이 잘 빠지게 심는다. 햇빛과 통풍이 좋은 자리에서 하루 한 번 물을 충분히 주어가면서 가꾼다. 거름은 한 달에 한 번씩 깻묵가루를 분토 위에 놓아준다. 거름을 좋아하므로 많이 주면 실해져 꽃이 많이 피지만, 키가 크게 자라므로 거름의 양을 조절하여 원하는 크기로 가꾸도록 한다. 갈아심기는 이른 봄 눈이 움직이기 전에 실시하는 것이 좋다. 이때 굵은 뿌리를 쪼개서 증식시키는데, 쪼개진 부분에서 흐르는 흰 즙을 말린 다음에 심어야 한다.

• 뿌리를 식용 또는 거담제로 사용한다. 어린순은 나물로 먹는다.

두메투구풀

Veronica stelleri var. longistyla KITAGAWA | 현삼과

특징　고산지대의 양지바른 자갈밭에 나는 숙근성의 풀이다. 줄기에는 흰 털이 나 있고 높이는 30cm 정도로 곧게 자라며 가지를 치지 않는다. 뿌리로부터 자란 잎은 계란형에 가까운 길쭉한 타원형이고 가장자리에는 예리한 톱니가 나 있다. 줄기에는 8~10매의 잎이 마디마다 두 장씩 마주난다. 꽃은 흰빛인데 보랏빛 줄이 많이 들어 있어서 연보랏빛으로 보인다. 두 개의 암술은 꽃 밖으로 길게 돌출되어 있다. 꽃잎은 4개이다.

개화기　7~8월

분포　북부 지방 고산지대의 양지바른 풀밭에 난다.

재배　암석원의 높은 자리에 심으면 잘 어울린다. 분 가꾸기의 경우에는 가루를 뺀 산모래만으로 물이 쉽게 빠질 수 있는 상태로 심어준다. 거름은 깻묵가루를 매달 한 번씩 분토 위에 조금씩 놓아주는데, 한여름에는 뿌리를 다칠 염려가 있기 때문에 중단한다. 고산식물이므로 햇빛을 충분히 보이고 물은 하루 한 차례 아침에 흠뻑 준다.

2년에 한 번씩 갈아심어주고 그때 포기나누기를 하여 증식시킨다. 갈아심을 때에는 묵은 뿌리를 정리해준다.

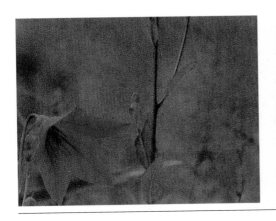

맥문동

Liriope muscarl BALL | 백합과

특징 난초와 비슷한 잎을 가진 다년생 풀로서 겨울에도 잎이 파랗게 살아남는다. 40cm 정도의 키로 자라며 한여름 짙은 녹색 잎이 뭉친 사이에서 꽃자루를 길게 신장시킨다. 꽃은 보랏빛으로서 이삭 모양으로 길게 뭉쳐 핀다.

꽃도 아름답지만 가을에는 짙은 남빛 열매를 맺으므로 오래도록 즐길 수가 있다.

개화기 8월경

분포 제주도와 울릉도를 비롯하여 남부 지방으로부터 중부 지방까지 분포한다. 주로 산지의 음습한 곳에 나는데 남부 지방에서는 한약재로 쓰기 위해 밭에 심어 가꾸고 있다.

재배 강인한 풀로서 어떤 흙에서라도 잘 자란다. 반 그늘진 자리에서 가꾸는 것이 좋으며 물은 보통으로 주면 된다.

포기나누기로 증식시킬 수 있는데 그 시기는 한여름과 겨울을 제외하고는 어느 때라도 가능하다. 작은 분에 심어 실내에서 즐기는 것도 좋고 뜰의 나무 밑에 심어도 운치가 있다.

언뜻 보면 춘란과 비슷해 혼동하는 사람이 있으나 자세히 보면 모양이 다르다.

• 덩이뿌리는 소염, 강장, 기침약 및 강심제로 사용한다.

모싯대

Adenophora remotiflora MIQ | 초롱꽃과

특징 산의 숲 가장자리나 풀밭에 나는 숙근성의 풀이다. 줄기는 1m 정도의 높이로 비스듬히 자란다. 잎은 어긋나게 나며 계란형으로 가장자리에 거친 톱니가 있다. 얇고 연하기 때문에 여름에는 강한 햇빛에 타기 쉽다. 여름철 줄기 끝에 길이 3cm쯤 되는 종모양의 보랏빛 꽃이 많이 늘어져 피며 도라지꽃과 흡사하게 생겼다. 비슷한 종류로 잔대와 둥근잔대, 좀둥근잔대, 층층잔대 등이 있다.

개화기 7~8월

분포 전국 각지에 분포한다.

재배 약간 크고 깊은 분에 산모래와 부엽토를 섞어 심는다. 부엽토가 많으면 잘 자라지만 작게 가꾸기를 원할 때에는 산모래만으로 물이 잘 빠질 수 있게 심어준다. 물이 많으면 도장(徒長) 경향이 있으므로 약간 적게 주는 것이 좋다. 봄부터 초여름까지는 햇빛을 충분히 보이고 무더위가 계속되는 동안에는 반그늘로 옮겨 관리한다. 거름은 묽은 물거름을 10일 간격으로 주되 꽃이 피는 시기에는 중단하고, 꽃이 피고 난 뒤에 다시 같은 요령으로 거름을 준다.

해마다 늦가을이나 이른 봄 눈이 움직이기 전에 포기나누기를 겸해서 갈아심어주어야 한다.

• 부분과 뿌리를 식용하며, 뿌리만은 해독 및 거담제로 쓰인다.

무릇

Scilla sinensls MERR | 백합과

특징 구근식물로서 땅 속에 계란 모양의 인경 (鱗莖)이 있다. 인경의 크기는 2~3cm로서 흑갈색의 껍질에 싸여 있는데 단맛이 나기 때문에 쪄서 먹기도 한다. 잎은 부추처럼 길고 두텁다.
꽃은 잎 사이로부터 자라는 30~40cm 길이의 꽃줄기 끝에 연한 보랏빛 꽃이 이삭 모양으로 뭉쳐서 핀다. 때로는 흰꽃이 피는 것도 있다.
개화기 8~9월
분포 전국 각지의 풀밭이나 밭가 등에 흔히 난다.
재배 산모래에 30% 정도의 부엽토를 섞은 흙을 쓴다. 분은 지름과 깊이가 15cm 정도 되는 것을 골라 몇 개의 뿌리를 심는다. 햇빛이 잘 비치는 자리에서 가꾸어야 하며 물은 과습 상태에 빠지지 않을 정도로 준다. 거름으로는 잘 발효한 깻묵덩이 거름을 달마다 한두 개씩 분토 위에 놓아준다.
2~3년에 한 번씩 갈아심기를 하는데 그때 늘어난 구근을 나누어 증식시킨다.
• 비늘줄기는 비늘줄기와 어린 잎을 쪄서 먹던지 엿처럼 오랫동안 졸여서 먹는다. 뿌리는 구충제로 사용한다.

물옥잠

Monochoria korsakouwii REGES. et MAACK | 물옥잠과

특징 얕은 물에 나는 1년생 풀로서 높이는 30cm 안팎에 이른다. 줄기는 연하고 다즙질이며 3~4장의 잎을 가진다. 잎의 크기는 7~13cm로서 하트 모양이다. 짙은 푸른빛으로 윤기가 나며 잎 가장자리는 톱니가 없고 밋밋하다. 꽃은 보랏빛이고 지름이 3cm 정도가 되며 이삭 모양으로 뭉쳐 피는데 한창 피어날 때에는 매우 아름답다.
어항에 띄워 즐기는 중·남미 지방 원산의 부레옥잠과 매우 흡사하게 생겼는데, 물옥잠은 잎줄기의 기부에 공기 주머니를 가지고 있지 않다는 점으로 쉽게 구별된다. 비슷한 종류로 물달개비가 있는데 물옥잠에 비해 몸집이 작고 잎이 갸름하다.
개화기 8~9월
분포 전국 각지의 늪이나 도랑가의 얕은 물 속에 난다.
재배 늦은 봄에 도랑가의 얕은 물 속에서 자라고 있는 것을 캐어다가 자배기와 같은 그릇에 심어 얕게 물을 채워 가꾼다.
하루 종일 햇빛이 닿고 바람이 잘 통하는 자리에서 가꾸어야 한다. 거름은 5월부터 7월까지 한 달에 한 번꼴로 포기 주위의 흙 속에 말린 멸치를 3~4 개 꽂아 준다.

배초향 방애잎

Agastache rugosa KUNTZ | 꿀풀과

특징 숙근성의 풀로 줄기는 모가 있어서 단면이
사각형을 이룬다. 높이는 50~100cm로 자라고 위
쪽에서 몇 개의 가지를 친다. 잎은 얇고 마주나며
뒷면에는 털이 밀생하여 하얗게 보인다. 잎의 모
양은 계란형으로 길이 5~10cm이고 끝이 뾰족하
며 가장자리에 톱니가 있다. 줄기와 가지의 끝에
5~15cm 길이의 꽃이삭을 만들며 보랏빛 꽃이 많
이 핀다.
개화기 8~10월
분포 전국에 분포하며 산야의 풀밭이나 냇가 등
에 난다.
재배 산모래와 부엽토를 섞은 흙으로 지름과 깊
이가 비등한 분에 심어 가꾼다. 햇빛이 잘 닿는 자
리에서 가꾸어야 하나 한여름에는 반 그늘진 곳으
로 옮겨 잎이 타지 않도록 보호해주어야 한다. 물
은 보통으로 주되 거름은 깻묵가루나 닭똥을 달마
다 한 번씩 분토 위에 놓아준다.
줄기가 20~30cm 정도의 높이로 자라면 반 정도
의 높이로 적심(摘心)하여 자라는 곁눈을 가꾸어나
간다. 그러면 키가 작아져 분과 잘 어울리게 된다.
증식은 포기나누기에 의한다.
• 연한 것을 나물로 먹으며, 다 자란 것은 말려서
감기약으로 사용한다.

벌레잡이제비꽃

Pinguicula vulgaris var. macroceras HERD |
통발과

특징 식충식물의 하나로서 꽃이 제비꽃과 흡사
해서 이러한 이름이 붙여졌다. 다년생 풀로서 잎
은 갸름한 계란형인데 잎가가 안으로 감겨 들어간
다. 두텁고 연하면서도 부러지기 쉬우며 표면에 수
많은 작은 선모가 있어서 점액을 분비한다. 벌레가
점액에 들러붙으면 잎이 더욱 감기면서 벌레를 소
화 흡수하여 양분으로 삼는다.
여름철에 잎 사이에서 1~3대의 꽃자루가 5~
10cm 높이로 자라 제비꽃과 비슷한 보랏빛 꽃을
피운다.
개화기 7~8월
분포 북부 지방의 고산지대에 분포하며 고원의
습원에 서식한다.
재배 얕은 분 속에 굵은 왕모래를 깔고 그 위에
신선한 이끼를 채워 심는다. 꽃이 필 때까지는 양
지바르고 바람이 잘 통하는 자리에서 가꾸고 한여
름에는 반그늘로 옮겨준다. 비를 맞히지 말고 약간
건조한 상태로 가꾼다.
거름은 하이포넥스를 3,000배 정도로 희석하여
월 1~2회 준다. 증식을 위해서는 휴면 기간 중에
이끼를 제거하여 밑동에 나 있는 작은 구근 모양의
월동아를 분리해서 심는다.

부채붓꽃

Iris setosa PALL | 붓꽃과

특징　붓꽃과 흡사하지만 크기가 더 크다. 80cm 정도의 높이로 자라고 보랏빛 꽃을 피운다. 붓꽃의 경우에는 안쪽의 꽃잎이 크고 닭의 벼슬처럼 서 있는데 부채붓꽃의 꽃잎은 작고 옆으로 기울어져 있기 때문에 눈에 잘 띄지 않는다. 습한 땅에 주로 서식하며 잎이 칼처럼 길쭉하고 난처럼 생겼기 때문에 흔히 난초라고도 불린다.

개화기　6~8월

분포　중부 지방과 북부 지방의 산지, 특히 습한 풀밭이나 물가에 자생한다. 북부 지방에서는 백두산이나 장진 등지에 난다고 한다.

재배　분에 심어 가꿀 때는 논 흙에 약간의 모래를 섞어 심는다. 뜰에 심어 가꿀 때는 거름기, 특히 부식질이 섞여 있지 않은 장소를 골라 심어야 한다. 분에 심은 것은 물을 적게 주는 대신 묽은 물거름을 자주 주면서 양지바른 곳에서 가꾼다. 바람이 잘 들어오는 곳에서는 잎이 꺾이는 일이 많으므로 주의해야 한다. 해마다 꽃이 피고 난 직후에 포기나누기를 겸해서 갈아심어준다. 포기는 세 눈 정도의 크기로 갈라주는 것이 좋다.

분 가꾸기의 경우에는 밀생시킬수록 키가 작아져 꺾이는 일이 적어진다.

북과남풀

Gentiana triflora var. japonica HARA | 용담과

특징　숙근성 풀로 줄기는 검고 곧게 자라며 마디마다 마주나는 잎은 넓은 피침형이다. 잎과 줄기 모두가 약간의 흰 가루에 덮여 있다. 줄기 끝에 여러 송이의 남빛 꽃이 뭉쳐 피는데 끝에 가까운 잎 겨드랑이에도 한두 송이의 꽃을 피운다.

꽃은 곧게 선 종모양으로서 반 정도만 피는 습성이 있다. 땅속줄기가 굵다.

개화기　8~9월

분포　중부 지방에 분포하며 산지의 다소 습한 풀밭에서 자란다.

재배　흙은 가루를 뺀 산모래를 쓴다. 3월 중하순경 눈이 움직이기 전에 알맞은 크기의 분에 굵은 땅속줄기를 심는다. 뿌리선충의 피해를 입기 쉬우므로 심기에 앞서서 땅속줄기를 수은열제의 1,000배액에 한 시간가량 담가 소독하는 것이 좋다.

가꾸는 자리는 양지바른 곳이라야 하나 여름에는 잎이 타는 것을 막기 위해 반그늘로 옮겨주어야 한다. 건조에 약하므로 풀이 잘 빠질 수 있게 심어 놓고 매일 아침 물을 흠뻑 준다.

거름을 좋아하므로 더위가 오기 전까지는 매달 한 번씩 깻묵가루를 분토 위에 뿌려주고 가을에는 물거름을 매달 두 번씩 준다. 포기나누기와 꺾꽂이로 증식한다.

산매발톱

Aquilegia japonica NAKAI. et HARA | 미나리아재비과

특징 높이 10~20cm 정도 되는 숙근성 풀로서 굵은 뿌리줄기를 가지고 있다. 잎은 뿌리줄기에서만 자라며 서너 개만 나오는데 두 차례 되풀이해서 세 갈래로 갈라진다. 잎 뒷면은 회백색이며 털이 없다. 꽃자루는 끝에서 두세 갈래로 갈라져 뒤쪽에 매의 발톱처럼 굽은 조직이 붙어 있는 보랏빛 꽃이 한 송이씩 핀다. 일명 골매발톱꽃이라고도 한다. 뜰의 화단에 심어 가꾸는 원예종인 매발톱은 산매발톱을 개량한 것이다.

개화기 7~8월

분포 북부 지방의 고산지대에 분포하며 정상에 가까운 풀밭에 난다.

재배 가루를 뺀 산모래로 심어 물거름을 가끔 준다. 물은 보통으로 주되 공기가 건조하면 잎진드기가 붙기 쉬우므로 주의를 해야 한다. 양지바른 자리에서 가꾸어야 하며 꽃이 피고 난 뒤 바로 갈아심는다. 이때 포기나누기를 할 수 있는 것은 모두 갈라내고 뿌리를 길이의 3분의 2 정도 잘라내어 새로운 흙으로 갈아심는다.

심을 때 남아 있는 뿌리는 잘 펴서 심어야 한다. 씨는 채종되는 대로 바로 뿌려주면 이내 싹을 틔운다. 작은 분에 심어 작은 키로 꽃을 피우거나 돌을 곁들여 놓으면 한층 더 운치가 있다.

산용담

Gentiana makinoi KUSNEZ | 용담과

특징 숙근성 풀로서 줄기는 곧게 자라고 가지를 치지 않으며 높이는 30~60cm에 이른다. 몸체 전체가 마치 가루를 덮어쓰고 있는 듯이 보인다. 잎은 넓은 피침형으로 마디마다 세 개가 돌아가면서 난다. 잎자루는 없고 바로 줄기를 감싸며 세 개의 잎맥이 두드러지게 눈에 띈다. 꽃은 줄기 끝에 뭉쳐 피는데 짙은 보랏빛이고 길이는 3cm쯤 된다. 햇빛이 닿아도 꽃잎이 완전히 펼쳐지지 않는 것이 특징이다.

개화기 8~9월

분포 중부와 북부 지방의 높은 산악의 풀밭에 난다.

재배 약간 깊은 분을 골라 굵은 왕모래를 깔고 가루를 뺀 산모래에 잘게 썬 이끼를 20-30% 섞은 흙으로 심는다. 거름을 좋아하므로 봄부터 장마 직전까지는 분토 위에 깻묵가루를 놓아주고 그 뒤부터는 규정 농도의 배로 희석한 하이포넥스를 월 2~3회 뿌려준다. 물은 매일 아침 흠뻑 주고 햇빛을 충분히 받게 한다. 그러나 한여름의 강한 햇빛은 피해야 잎을 보호할 수 있다. 해마다 포기나누기를 겸해 꽃이 핀 뒤에나 이른 봄에 갈아심어주며 흙을 모두 새로운 것으로 바꾸어 주면 잘 자란다.

뿌리선충의 피해를 입기 쉬우므로 소독한 흙을 쓰는 한편 뿌리에 붙어 있는 혹을 잘라내고 심어주어야 한다. 흙은 철판 위에 놓고 가열하여 소독할 수 있다.

산조아재비

Phleum alpinum L | 벼과

특징 숙근성 풀로서 줄기는 가늘고 딱딱하며 높이 20~30cm 정도로 곧게 자란다. 총생하여 큰 포기를 이루는 경우가 많다. 잎은 줄꼴로서 길이는 10cm, 너비는 1cm 정도이고 잎 가장자리에는 작은 톱니가 있다. 줄기 끝에 길이 3cm쯤 되는 어두운 보랏빛 또는 푸른빛의 꽃이삭이 난다.

개화기 7~8월

분포 북부 지방의 고산지대의 풀밭에 난다.

재배 산모래를 써서 지름이 15~18cm 정도 분에 심어 가꾼다. 거름은 매달 한 번꼴로 깻묵가루를 분토 위에 뿌려준다. 햇빛을 충분히 보여야 하나 한여름에는 반 정도 그늘지고 시원한 자리로 옮겨주어야 한다.

물은 하루 한 번 흠뻑 주는데 가급적 아침에 주는 것이 좋다. 해마다 이른 봄에 갈아심어야 하며 그때 포기를 나누어 증식시킨다. 이 풀 하나만을 얕은 분에 심어 가꾸는 것도 보기 좋으나 가능하면 같은 고산지대에 나는 키 작은 풀과 함께 심어 가꾸면 보다 자연스럽다. 서로가 조화를 이루어 자생지의 경관을 방불케 하기 때문이다. 이런 것이 초물분재를 가꾸는 묘미라고 하겠다.

소엽맥문동

Ophiopogon japonicus KER-GAWL | 백합과

특징 겨우살이맥문동이라고도 부르며 모양은 맥문동과 흡사하지만, 열매가 익어가는 과정에서 큰 차이를 보이기 때문에 맥문아재비와 함께 전혀 다른 무리로 분류된다.

땅 속에는 염주처럼 생긴 뿌리가 있고 잎은 길이 10~20cm로 난초 잎처럼 생겼으며 상록성이다. 초여름에 잎 사이로부터 꽃자루가 나와 연보랏빛이나 흰색의 작은 꽃이 이삭 모양으로 뭉쳐 핀다. 꽃이 피어난 후에는 짙은 남빛 열매가 달리는데 굵게 자라는 과정에서 껍질이 터져 씨가 밖으로 드러난다.

개화기 6~7월

분포 중부 이남 지역과 제주도 및 울릉도에 분포하며 산지의 숲속에 난다.

재배 튼튼한 풀이므로 어떤 흙으로 심어도 잘 자라고 그늘에서도 잘 견딘다. 뿌리가 무성하므로 분은 다소 깊은 것이 좋다. 착근이 될 때까지는 약간 많게 물을 주고 그 뒤부터는 보통 정도로 주면 된다.

거름은 월에 한 번꼴로 깻묵가루를 분토 위에 뿌려준다. 포기나누기로 증식시키는데 실시 시기는 한겨울과 한여름만 제외하면 언제든지 좋다.

• 덩이뿌리는 맥문동처럼 약용한다.

163

순비기나무

Vitex rotundifolia L | 마편초과

특징　긴 줄기가 해변의 모래 속을 기어 나가면서 네모난 가지를 많이 친다. 가지는 비스듬히 30~60cm의 높이로 자라 끝이 무딘 넓은 계란형의 잎이 서로 어긋나게 붙는다. 잎에는 흰 털이 나 있어서 은녹색으로 보이며 가지 끝에 보랏빛 꽃이 원뿌리 꼴로 뭉쳐 핀다. 생육 환경이 좋은 곳에서는 큰 군락을 형성하여 일대 장관을 이룬다.

개화기　7~9월

분포　중부 이남 지역의 해변 모래밭에 나며 제주도와 울릉도에도 분포한다.

재배　약간 크고 중간 정도의 깊이를 가진 분을 골라 물이 잘 빠지도록 가루를 뺀 산모래를 넣어 심어준다. 햇빛을 충분히 받게 하고 흙이 지나치게 마르지 않도록 수분 조절을 해준다. 분에 심어 가꾸는 경우 가지는 잘 자라지만 꽃이 피는 수는 극히 적다.

꽃이 피고 난 뒤 오래된 가지를 쳐버리고 새로운 순을 가꾸어 나가야만 키를 작게 할 수 있다. 거름으로는 재를 물에 타서 가끔 주면 된다. 가지나 뿌리를 잘라내어 꺾꽂이를 통해 증식시킨다.

• 식물 전체가 약으로 쓰인다.

숫잔대

Lobella sessilifolla LAMB | 초롱꽃과

특징　수염가래꽃과 같은 과에 속하는 숙근성 풀로 잔대아재비 또는 진들도라지라고도 한다. 역시 습한 땅에 나며 땅속에 굵고 짧은 뿌리줄기를 가지고 있다.

줄기는 50~100cm의 높이로 자라는데 전혀 가지를 치지 않는다. 잎은 피침형으로 치밀하게 호생(互生)하며 가장자리에 잔 톱니가 나 있다.

꽃은 짙은 하늘색이고 크기는 3~3.5cm 정도다. 부정형의 꽃을 피우며 아래쪽의 꽃잎은 크고 세 갈래로 갈라진다. 그리고 위쪽에는 좌우로 각 한 장씩 작은 꽃잎이 나 있다.

개화기　8~9월

분포　전국 각지에 분포하며 산간 습지에 난다.

재배　생육력이 강한 풀이기 때문에 여름에 그늘지고 습기가 많은 장소라면 땅에 심어 가꾸어도 잘 자란다. 분 가꾸기의 경우에는 이끼에 심어 양지바른 곳에서 마르지 않게 가꾸어준다. 또한 산모래에 부엽토를 절반가량 섞은 흙에 심어 작게 가꾸는 것도 재미있다.

장마철에 어린 포기의 줄기를 기부에서 잘라버리면 새로운 싹이 자라 많은 줄기가 나는 한편 낮은 키로 꽃이 피어 즐기기에 알맞다. 증식시키기 위해서는 이른 봄에 갈아심을 때 포기나누기를 하거나 장마철에 줄기를 잘라 모래에 꽂는다.

• 식물 전체를 약용한다.

쑥부쟁이

Aster yomena HONDA | 국화과

특징 숙근성 풀로 키는 30~100cm쯤 된다. 줄기는 중간 윗부분에서 여러 개로 갈라져 많은 잔가지를 친다. 잎은 좁고 긴 타원형으로 가장자리에 거친 톱니가 있고 약간 윤기가 난다. 가을에 잔가지의 끝에 연한 보랏빛 꽃이 피는데 중심에 뭉쳐 있는 수술의 노랑빛과 좋은 대조를 이룬다.

개화기 8~10월

분포 남부 지방과 제주도에 분포하는데 산과 들판의 양지바른 풀밭 속에 난다.

재배 가루를 뺀 산모래로 심어주는데 잔뿌리가 닿을 자리에 부엽토를 얇게 깔아주면 생육이 월등히 좋아 진다. 하루 종일 햇빛이 비치고 바람이 세게 불어오는 장소에서 가꾸면 낮은 키로 꽃을 피울 수 있다. 거름은 매달 한 번씩 깻묵가루를 소량 분토 위에 뿌려주고 물은 약간 적게 준다.

해마다 이른 봄에 갈아심어주어야 하는데, 이때 뿌리의 3분의 2를 잘라버리고 완전히 새로운 흙으로 갈아주지 않으면 아랫잎이 많이 말라 떨어지게 된다. 갈아심을 때 포기를 나누어 증식시키며 꺾꽂이로도 증식시킬 수 있다. 특히 꽃망울이 생긴 뒤 꺾꽂이를 하면 작은 분에서 작게 꽃을 피울 수 있다.

• 어린순을 나물로 먹는다.

영아자 염아자

Asyneuma japonicum BRIQ | 초롱꽃과

특징 산지에 나는 숙근성 풀로 뿌리는 약간 굵고 줄기는 50~90cm의 높이로 곧게 자라 윗부분에서 섬세한 가지를 많이 친다. 잎은 길쭉한 계란형으로 서로 어긋난 자리에 난다.

다섯 개의 꽃잎은 매우 가늘고 끝부분이 비비 꼬이며 보랏빛으로 물든다. 도라지와 가까운 풀이면서도 아주 특이한 꽃을 피우기 때문에 보는 이를 즐겁게 해준다.

개화기 7~9월

분포 전국의 산지, 특히 양지바른 풀밭에서 난다.

재배 3~4mm 정도 굵기의 산모래에 잘게 썬 이끼를 약간 섞은 흙을 쓴다. 분은 난분처럼 지름에 비해 깊이가 있는 길쭉한 것을 골라 물이 잘 빠질 수 있게 심고 분토 표면을 굵은 왕모래로 덮어준다. 봄부터 초여름까지는 바람이 잘 통하고 햇빛을 충분히 받을 수 있는 장소에서 가꾼다. 더위가 심해지면 밝은 나무 그늘로 옮기거나 발을 쳐서 강한 햇빛을 가려 준다.

물과 거름은 보통 정도로 주면 되는데 습기가 지나치게 많아 뿌리가 썩지 않도록 주의해야 한다.

증식은 갈아심을 때 포기나누기를 하면 된다.

• 연한 잎을 나물로 먹는다.

오리방풀

Isodon excisus KUDO | 꿀풀과

특징 숙근성 풀이다. 줄기는 네모나고 짤막한 털을 가지고 있으며 높이는 60~100cm쯤 된다. 계란형 잎은 길이 5~10cm로 끝이 세 갈래로 갈라져 거북과 같은 모습이다. 잎맥이 뚜렷하고 잔털이 나 있기 때문에 주름진 듯이 보인다. 작은 보랏빛 꽃이 가지 끝에 자란 꽃대에 이삭처럼 뭉쳐 핀다.

개화기 8~9월

분포 전국의 산야에 난다.

재배 산모래와 부엽토를 7:3의 비율로 섞은 흙을 약간 깊은 분에 담아 가꾼다. 눈이 길게 자란 뒤에 심으면 눈이 시들어 약해지므로 좀 일찍 심어주어야 한다. 눈이 시든 경우에는 밑동을 10cm만 남겨 잘라버리고 새로 자라는 눈을 가꾼다. 이렇게 처리해주면 힘이 되살아나고 키도 작게 자라 짜임새 있는 모양이 된다. 봄부터 초여름까지는 충분히 햇빛을 보여주고 한여름에는 나무밑 등 반 그늘진 자리로 옮겨 잎이 타는 것을 막아주어야 한다. 물은 적당히 주고, 거름은 매달 한 번씩 깻묵가루나 닭똥을 조금씩 분토 위에 뿌려준다.

• 어린순을 나물로 먹는다.

자주꼬리풀

Veronica subsessilis CARR | 현삼과

특징 숙근성 키 큰 풀이다. 뿌리줄기로부터 50~100cm 높이의 줄기가 대여섯 개 자라며 거의 가지를 치지 않는다. 잎은 마디마다 3~8장이 둥글게 배열된다. 여름철에 줄기 꼭대기에 보랏빛 작은 꽃이 막대기처럼 길게 뭉쳐 아래에서 위를 향해 차례로 핀다.

비슷한 종류로 꼬리풀, 두메꼬리풀, 구와꼬리풀, 큰꼬리풀, 산꼬리풀, 개꼬리풀, 여우꼬리풀 등이 있다.

개화기 7~9월

분포 중부 지방의 산지 풀밭에 난다.

재배 분 가꾸기의 경우에는 산모래에 20~30%의 부엽토를 섞은 흙으로 심어준다. 이 흙에 왕모래를 섞어 물을 주는 즉시 깨끗이 빠져 나갈 수 있는 상태로 해주면 여러 해 갈아심기를 하지 않은 채 계속 가꾸어나갈 수 있다. 거름은 깻묵가루를 분토 위에 뿌려주는 한편 10일 간격으로 하이포넥스를 물에 타준다. 물은 봄과 가을에는 아침에 한 번, 여름에는 아침과 저녁에 두 번 주어야 한다. 양지바르고 바람이 잘 닿는 장소에서 가꾸면 작은 키로 꽃을 피운다. 뜰에서 가꾸는 경우에는 그늘진 곳이나 다른 풀 사이에 심어 놓으면 키가 크게 자라 분에 가꾼 것과는 판이하게 다른 자연스런 느낌이 생겨 보기 좋다. 포기나누기와 씨뿌림으로 증식시킨다.

자주땅귀개

Utricularia yakusimensis MASAMUNE | 통발과

특징 여러해살이 식충식물이다. 실과 같이 가느다란 땅속줄기는 다습한 땅에서 자라며 곳곳에 작은 벌레잡이주머니를 가진다. 3~6mm 정도 길이의 주걱 모양의 잎은 직접 땅속줄기로부터 자란다. 여름철에 땅속줄기로부터 자란 길이 7~14cm쯤 되는 꽃줄기에 여러 송이의 꽃이 차례로 핀다. 꽃은 매우 작으나 연보랏빛 꽃이 일제히 필 때는 꽤 보기 좋다. 비슷한 종류로 이삭귀개, 땅귀개 등이 있다.

개화기 8~9월

분포 중부 지방의 산야에 분포하는데 저습지의 풀밭 속에 난다.

재배 끈끈이주걱과 같은 요령으로 가꾸면 된다. 이끼를 덮은 얕은 분에 심어 수반의 얕은 물에 담가 가꾼다. 수반에 이끼를 깔아 부처손(양치식물의 일종)의 뿌리를 놓아두면 이것에도 생겨나 재미있다. 일반적으로 포기나누기를 통해 증식하지만 씨뿌림으로도 가능하다. 수반 속에 깔아 놓은 이끼 위에 씨를 뿌린다.

겨울에는 얼어붙지 않게 하기 위하여 온실 속에서 보호해주어야 한다.

자주종덩굴

Clematis ochotensis POIR | 미나리아재비과

특징 낙엽성 덩굴나무다. 줄기는 가늘고 어두운 보랏빛을 띠기도 한다. 잎은 두 차례 세 갈래로 갈라지며 약간 빳빳하고 가장자리에 거친 톱니가 있다. 꽃은 잎겨드랑이에 한 송이씩 피는데 아래로 늘어지며 네 개의 짙은 보랏빛 꽃받침에 감싸인다. 비슷한 종류로 세잎종덩굴, 산종덩굴, 고려종덩굴 등이 있다.

개화기 6~7월

분포 북부 지방에 분포하며 깊은 산의 정상에 가까운 수림 속에 난다.

재배 석회질을 좋아하기 때문에 산모래에 석회석 부스러기 또는 콘크리트 부스러기 등을 5% 정도 섞은 흙에 심어 가꾼다. 거름은 매달 한 번씩 깻묵가루를 분토 위에 뿌려주는 한편 10일에 한 번꼴로 잿물을 주면 잎의 빛깔이 짙어질 뿐만 아니라 여름에 잎이 떨어지는 현상도 생기지 않는다.

물은 적당히 주고 봄부터 6월 말까지는 양지바른 곳에서, 그 이후에는 반그늘에서 가꾼다. 가느다란 덩굴은 한 해 묵으면 목질화하여 바람에 꺾이기 쉬우므로 막대 기둥을 세워주어야 한다.

포기가 늘어나면 이른 봄에 갈아심으면서 알맞게 쪼개어 증식시킨다. 또한 6월에 꺾꽂이하여 뿌리를 내리게 할 수 있다.

잔대

Adenophora triphylla var. japonica HARA │
초롱꽃과

특징　줄기는 곧게 자라고 가지를 치지 않으며 높이는 60~100cm쯤 된다. 뿌리는 도라지처럼 굵고 희다. 뿌리에서 자란 잎은 둥글며 꽃필 무렵에는 이미 말라죽고 없다. 줄기에는 마디마다 3~5장의 길죽한 타원형 잎이 둥글게 배열된다. 여름에 종 모양의 연보랏빛 꽃이 아래를 향해 여러 층으로 핀다. 비슷한 종류로 층층잔대, 모싯대, 당잔대, 섬잔대, 가는층층잔대 등이 있다.

개화기　8~10월

분포　전국 산야의 풀밭에 난다.

재배　흙을 가리지 않으나 산모래에 부엽토 등 산성 흙을 섞어 쓸 것이며 깻묵을 주기적으로 주면 꽃의 빛깔이 짙어진다. 물을 많이 주면 줄기가 연해지면서 길게 자라므로 다소 적게 주어야 한다. 또한 꽃에 물이 묻을 때에는 상하기 쉬우므로 꽃이 피고 있는 동안에는 분토만 적셔 주도록 주의를 기울인다.

초여름까지는 충분히 햇빛을 받게 해주고 한여름에는 시원한 반그늘에서 관리해준다.

해마다 늦가을이나 이른 봄 눈이 움직이기 전에 포기나누기를 겸해서 갈아심어주어야 하며 이때 흙을 완전히 새로 바꾸어주는 것이 좋다.

• 연한 부분과 뿌리를 생으로 먹는다. 뿌리는 해독제와 거담제로 쓰인다.

조록싸리

Lespedeza maximowiczi SCHNEID │ 콩과

특징　우리나라에는 16여 종의 싸리가 자생하고 있는데 그중에서 분포지역이 가장 넓고 흔히 볼 수 있는 것이 조록싸리다.

많은 싸리가 월동 중 가지와 줄기의 반 정도가 얼어죽는데, 이 싸리는 내한성이 강해 죽지 않을 뿐만 아니라 꽃이 피는 모양이 가장 아름답다. 잎은 계란형에 가까운 타원형으로 끝이 뾰죽하다. 꽃은 잔가지의 잎겨드랑이마다 길게 이삭 모양으로 뭉쳐 피며 꽃의 색채는 보랏빛을 띤 분홍빛이다.

개화기　7월경

분포　전국적인 분포를 보이며 산록지대나 산등성이의 건조하고 양지바른 장소에 난다.

재배　뜰의 양지바른 곳에 참억새 등과 함께 심어 가꾸는 것이 운치가 있으나 분에도 심어 가꿀 수 있다. 흙은 산모래를 그대로 쓰거나 10% 정도의 부엽토를 섞어서 쓴다.

물이 잘 빠질 수 있게 심어 햇빛이 잘 닿는 장소에서 가꾼다. 거름은 가끔 깻묵가루를 분토 위에 뿌려주면 되고, 물은 하루 한 번 주는 것을 원칙으로 한다. 새 가지에 꽃이 피므로 이른 봄에 가지와 줄기를 대담하게 쳐서 낮은 키로 꽃을 피우게 하는 것이 보기 좋다.

• 잎은 사료로 쓰인다.

참꽃창포

Iris ensata var. spontanea NAKAI | 붓꽃과

특징 이 풀을 원예종으로 개량한 것이 소위 꽃창포다. 약간 습한 땅에 나는 숙근성 풀로 키는 40~80cm 정도로 자란다. 줄기는 없고 땅에서 직접 잎이 자라는데 밑동은 서로 겹치면서 감싸고 있다. 잎의 생김새는 꽃창포와 같은 칼 모양인데 꽃창포에 비해 폭이 좁다. 이른 여름 겹친 잎 사이로부터 긴 꽃자루가 자라 꼭대기에 두세 송이의 짙은 보랏빛 꽃이 핀다. 꽃의 크기는 10cm 정도다.

개화기 6~7월

분포 전국 산야의 약간 습한 풀밭에 난다.

재배 생육력이 매우 강한 풀이기 때문에 밭 흙은 물론 논 흙 등 거의 모든 종류의 흙에서 잘 자란다. 분 가꾸기의 경우에는 키를 작게 만들기 위해 얕은 분에 적은 양의 흙으로 심어 가꾸는 것이 좋다. 거름은 물거름을 묽게 해서 자주 주는데 여름부터 초가을에 걸쳐 다음 해를 위한 꽃눈이 생겨나므로 이 시기에 집중적으로 주는 것이 효과적이다. 물은 다소 적게 주고 양지바른 자리에서 가꾸어야 하는데 바람이 센 자리에서는 잎과 꽃자루가 꺾어지므로 주의를 해야 한다. 갈아심기와 포기나누기는 꽃이 끝난 직후에 하는데 포기나누기는 너무 작게 가르지 말고 최소 3눈 단위로 하는 것이 안전하다. 분 가꾸기의 경우에는 포기를 밀생시킬수록 키가 작아진다.

체꽃

Scabiosa mansenensis f. pinnata NAKAI | 산토끼꽃과

특징 2년생 풀이다. 키는 60~90cm이고 줄기는 여러 갈래로 갈라져 많은 가지를 친다. 잎은 마디마다 마주나며 깃털 모양으로 가늘게 갈라진다. 꽃은 가지 끝에 한송이씩 피며 지름이 5cm 안팎이다. 많은 꽃잎을 가지고 있으며 색채는 보랏빛이다. 비슷한 종류로 구름체꽃, 솔체꽃, 민둥체꽃 등이 있다.

개화기 8~9월

분포 중부 지방과 북부 지방에 분포하며 산의 양지바른 풀밭에 난다.

재배 산모래에 심어 양지바르고 바람이 잘 닿는 곳에서 가꾼다. 물거름을 월 2~3회씩 준다. 물은 적당히 주면 된다.

2년생 풀이기 때문에 꽃을 피우기 시작한 포기를 캐내어 분에 올리면 꽃이 피고 난 뒤 말라 죽어버리므로 꽃이 피지 않은 작은 포기를 심어 가꾸어야 한다.

해마다 씨를 뿌려 묘를 가꾸어 나가면 계속 꽃을 즐길 수 있다.

씨는 3~4월에 이끼를 담은 분에 뿌려 6월에 하나씩 작은 분으로 옮겨 심는다. 분 속에 뿌리가 차면 차례로 큰 분으로 옮겨준다. 씨를 뿌린 해에는 꽃이 피지 않으며 겨울 동안 심하게 얼지 않도록 보호해 주면 이듬해 늦은 여름에 꽃이 핀다.

층꽃풀

Caryopteris incana MIQUEL | 마편초과

특징　숙근성 풀로 줄기는 거의 가지를 치지 않고 곧게 자라 60cm 정도의 높이가 된다. 몸 전체에 잔털이 나 있고 계란형이나 길쭉한 타원형의 잎이 마디마다 두 장씩 마주난다.

잎 가장자리에는 거친 톱니가 있고 길이는 3~6cm쯤 된다. 꽃은 줄기 꼭대기에 가까운 잎겨드랑이마다 많은 것이 뭉쳐 줄기를 감싸듯이 층이져 피기 때문에 층꽃풀이라고 부른다.

꽃은 보랏빛으로 핀다. 일명 난향초(蘭香草)라고도 하며 밀원식물의 하나다.

개화기　7~8월

분포　제주도와 남부 지방에 분포하며 산골짜기의 양지바른 바위 위에 난다.

재배　키가 커지므로 지름과 깊이가 20cm쯤 되는 분에 두세 포기를 심는다. 흙은 가루를 뺀 산모래에 20% 정도의 부엽토를 섞어 쓴다. 분 속에는 굵은 왕모래를 충분히 깔아 배수가 잘 되게 해주어야 한다.

깻묵가루를 매달 한 번씩 분토 위에 놓아주고 물은 매일 아침 흠뻑 주되 여름철에는 저녁에도 다시 한 번 주어야 한다. 계속 양지바른 곳에서 가꾸어야 하지만 석양빛은 가려주는 것이 좋다.

2~3년마다 한 번씩 갈아심어주어야 하며 이때 포기나누기를 하여 증식시킨다.

칡

Pueraria thunbergiana BENTH | 콩과

특징　산야의 길가나 숲가 또는 제방 등 양지바른 곳에 나는 덩굴성 풀처럼 보이는 나무다. 줄기는 길게 자라 다른 나무로 감아오르며 주위의 관목이나 풀을 덮어버린다. 계란형의 잎이 잎자루마다 3개씩 모여 붙어 있으며 갈색 털에 덮여 있다. 잎겨드랑이로부터 20cm 안팎의 꽃대가 나와 붉은 빛을 띤 보랏빛 꽃이 술 모양으로 뭉쳐 핀다. 이 꽃이 한창 피어날 때에 는 강한 냄새를 풍긴다.

개화기　7~8월

분포　전국의 산야에 흔히 난다.

재배　분에 심어 가꾸는 경우 자주 순을 쳐서 작게 가꾸어야 한다. 흙은 어떤 것이든 쓸 수 있으며 가능한 한 깊고 큰 분에 심어야 한다. 거름은 깻묵가루를 매달 한 번씩 분토 위에 놓아 준다.

뜰에 심을 때는 정원수에 덩굴을 올릴 수 있는 위치를 골라 심는다. 그러나 생장 속도가 아주 빨라 정원수에 피해를 입히는 일이 많으므로 덩굴을 적당히 잘라가면서 가꾸어야 한다.

묘는 어디서든지 쉽게 구할 수 있으며 뿌리를 캐어 심는 것이 보통인데, 덩굴을 잘라 꺾꽂이를 해도 뿌리가 잘 내린다.

• 뿌리는 생즙을 내어 식용하며 위에 좋다. 뿌리는 갈근이라 하여 약용하고, 잎은 가축 사료로 쓰인다. 어린 싹은 식용한다.

큰옥잠화

Hosta sieboldiana ENGL | 백합과

특징　이름 그대로 비비추(야생종 옥잠화류) 중에서는 잎이 가장 크고 꽃자루도 거의 1m에 달하는 종류다. 꽃자루의 꼭대기에 많은 꽃망울이 달려 있으며 피기 전에는 꽤 짙은 보랏빛을 띠고 있으나 꽃잎이 벌어지면 거의 흰빛에 가까운 연보랏빛으로 변한다. 잎은 넓은 계란형으로 윤기가 나고 시원스런 아름다움을 지니고 있다.

잎과 꽃이 조화를 이루어 아주 품위가 있고 전체적으로 고상한 아름다움을 지니고 있다. 특히 다소 어두운 나무 그늘에서 무성할 때에는 운치마저 느끼게 한다.

개화기　7~8월

분포　일본 원산의 숙근초로 도입된 후 오랜 세월이 흘러 지금은 전국 각지의 정원에서 흔히 볼 수 있다. 일본에서는 본섬의 중부 이북 및 북해도에 분포하며 내한성이 매우 강하다.

재배　정원의 나무 밑에 심는 것이 제격이다. 나무 그늘에 심을 때에는 구덩이를 크게 파놓고 물이 잘 빠질 수 있게 굵은 산모래를 절반 정도 깊이까지 채운 다음 퇴비를 섞은 산모래로 덮고 심는다. 분에 심어 가꾸기를 원할 때도 같은 요령으로 심어준다.

털쥐소니

Geranium eriostemon var. typicum MAX | 쥐소니풀과

특징　숙근성 풀로 키는 40~50cm 쯤 된다. 줄기는 곧으며 가늘고 길게 자라는데 몇 개의 홈을 가지고 있다. 줄기와 잎에는 잔털이 나 있으며 손바닥 모양의 잎은 5~7갈래로 깊이 갈라진다. 줄기 끝이 서너 개의 가지로 갈라져 각기 대여섯 송이의 꽃을 피우는데 꽃의 빛깔은 분홍빛을 띤 연보랏빛이다. 우리나라에는 비슷한 종류로 이질풀을 비롯하여 삼쥐소니, 섬쥐소니, 세잎쥐소니, 산쥐소니, 부전쥐소니, 쥐소니아재비, 꽃쥐소니, 갈미쥐소니 등이 자생하고 있다.

개화기　6~8월

분포　중부 지방과 북부 지방의 높은 산악지대에 분포하며 양지바른 풀밭 속에 난다.

재배　모래를 사용하여 물이 잘 빠질 수 있게 심어주어야 한다. 물은 매일 아침 한 번씩 흠뻑 주는데, 한여름에는 저녁에 또 한 차례 줄 필요가 있다. 하루 종일 햇빛이 쪼이며 바람이 잘 닿는 곳에서 가꾸어야 하지만, 한여름에는 망사를 한 겹 쳐서 잎이 타지 않게 보호해주어야 한다.

거름은 월 2~3회 묽은 물거름을 주는데 가을로 접어들면서 거름을 끊어버리면 잎이 붉은빛으로 물들어 매우 아름답다.

・풀 전체를 약용한다.

해국

Aster spathulifolius MAX | 국화과

특징 줄기는 굵고 15cm 안팎의 높이로 자라 2~3회 갈라지면서 가지를 친다. 겨울에 잎이 말라 죽어버리지만 줄기의 밑동은 나무처럼 굳어져 살아남는다. 잎은 앞뒤 모두 우단과 같은 흰 털이 덮여 있으며 가지 끝에 방석 모양으로 둥글게 배열된다. 가을에 가지 끝에 들국화처럼 생긴 꽃이 핀다. 꽃의 빛깔은 하늘색에 가까운 연보랏빛이고 지름은 3.5~4cm 정도이다.

개화기 8~10월

분포 제주도와 울릉도 그리고 남부 지방의 해변가 바위틈에 나며 울릉도에서는 커다란 왕해국을 볼 수 있다.

재배 가루를 뺀 산모래를 분에 수북이 쌓아 올려 얕게 심어 준다. 이때 잔뿌리가 닿는 자리에 부엽토를 얇게 깔아 놓으면 생육 상태가 좋다. 깻묵가루를 조금씩 주는 한편 물도 적게 주고 하루 종일 햇빛이 비치고 바람이 강하게 불어오는 자리에서 가꾸면 낮은 키로 꽃을 피울 수 있다. 해마다 이른 봄에 갈라 심어 주어야 하며 이때 뿌리를 3분의 2정도 잘라버리고 새로운 흙으로 고쳐 심는다. 포기나누기로 증식시키는 것이 보통인데, 꺾꽂이로도 증식시킬 수 있다.

향등골나물

Eupatorium fortunei TURCZ | 국화과

특징 숙근성 풀로 높이는 60cm 정도로 자란다. 줄기 는 곧게 자라고 거 의 가지를 치지 않으며 마디마다 두 장의 잎이 마주난다. 잎은 세 갈래로 갈라지는데 갈라진 부분은 다시 얕게 갈라지거나 무딘 톱니가 나 있다. 줄기 끝에서 여러 개의 꽃대가 자라 분홍빛을 띤 보랏빛 꽃이 뭉쳐 핀다.

풀을 꺾어 약간 말리면 좋은 향기가 나며 꽃도 향기를 풍긴다. 고대 중국에서는 이 풀을 난으로 보았으며 그로 인해 지금도 난초(蘭草) 또는 향수란(香水蘭)이라고 부르기도 한다. 비슷한 종류로 등골나물, 벌등골나물, 골등골나물, 띠등골나물 등이 있다.

개화기 8~9월

분포 남부 지방의 하천가 풀밭에 난다.

재배 크고 깊은 분을 골라 산모래에 부엽토를 20~30% 섞은 흙에 심어 가꾼다. 물은 적당히 주고 바람이 잘 닿는 장소에서 햇빛을 충분히 보이면서 가꾼다.

거름은 깻묵가루를 소량씩 가끔 분토 위에 뿌려주면 된다. 키가 크게 자라기 때문에 어릴 때에 순을 쳐서 곁가지로 자라게 함으로써 키를 조절한다. 씨뿌림으로도 증식시킬 수 있다.

• 어린 잎을 나물로 먹는다.

향유

Elscholtzia ciliata HYLANDER | 꿀풀과

특징　산야나 길가 어디든지 나는 1년생 풀이다. 줄기는 네모나고 마디마다 좌우로 가지를 치는 습성이 있다. 키는 30~60cm 정도로 자라고 풀 전체가 강한 냄새를 풍긴다. 그로 인해 향유라는 이름이 붙여진 것이다. 잎은 길쭉한 계란형이고 마디마다 두 장씩 마주난다.

끝은 뾰족하고 가장자리에는 무딘 톱니가 나 있다. 가지 끝에 굵은 꽃이삭을 형성하여 보랏빛 꽃이 피는데 꽃은 입술 모양으로 같은 방향으로 줄을 맞추어 핀다.

개화기　8~10월

분포　전국의 풀밭이나 길가에 흔히 핀다.

재배　풀이 크게 자라기 때문에 분에 심어 가꾸는 것보다 뜰에 심어 즐기는 것이 무난하다. 미리 가꾸고 싶은 자리를 골라 부엽토를 많이 깔고 갈아 엎는다. 가꾸기 장소는 양지바르고 토양 수분이 풍부한 자리가 좋다. 준비된 장소에 채종하는 대로 바로 씨를 뿌려 두면 이듬해 봄에 싹이 터서 스스로 자란다. 이렇다 할 관리는 필요 없고 잡초를 뽑아주는 정도로 충분하다.

• 어린순은 나물로 하며, 가을의 줄기와 잎은 이뇨제, 해열제, 지혈제로 사용한다.

활나물

Crotalaria sessiliflora L | 콩과

특징　양지바른 풀밭이나 시골의 길가 등에 나는 1년생 풀이다. 높이는 20~40cm 정도로 간혹 가지를 치며 줄기와 잎 뒤 그리고 꽃받침에 갈색의 잔털이 밀생하는데 꽃이 필 무렵이 되면 색이 한층 더 짙어진다.

꽃의 생김새가 특이할 뿐만 아니라 꽃이 피는 시간도 다른 꽃과는 달리 오후 2시경부터 저녁 해질 무렵까지다. 꽃의 색채는 연한 남빛이다.

꽃이 핀 뒤 열매를 맺는데 완전히 익으면 터져서 씨가 날아가버린다.

개화기　7~9월

분포　전국에 분포한다.

재배　1년생 풀이기 때문에 가꾸기 위해서는 씨를 뿌려야 한다. 그런데 씨가 여물면 깍지가 스스로 터져 날아가 버리기 때문에 씨를 모으기 어렵다는 문제점이 있다. 자주 살펴서 터지기 직전에 씨를 걷어 모을 수밖에 없다.

이 풀은 옮겨 심어지는 것을 좋아하지 않으므로 처음부터 가꾸고자 하는 분에 씨를 뿌려 싹튼 뒤 알맞은 수의 묘만 남겨두고 나머지는 솎아버리는 방법으로 가꾸어야 한다.

물과 거름은 적당히 주고 양지바른 곳에서 햇빛을 충분히 보이면서 가꾼다.

가솔송

Phyllodoce caerulea BAG | 철쭉과

특징 상록성의 키 작은 나무이며, 줄기는 옆으로 누워 많은 잔가지가 갈라져 자라고 높이는 10~20cm 정도이다. 작은 잎이 치밀하게 배열되어 있는 모양이 솔송나무를 보는 듯한 느낌이 든다. 잎 가장자리에는 미세한 톱니가 있고 표면은 윤기가 난다.

꽃은 묵은 가지의 상단부에 2~5송이씩 피는데 은방울꽃과 같고 크기는 6~7mm이며 색채는 보랏빛을 띤 분홍빛이다.

개화기 7~8월

분포 북부 지방의 고산지대에 분포하며 양지바른 자리에 난다.

재배 가루를 뺀 산모래에 잘게 썬 이끼를 20%쯤 섞은 흙으로 물이 잘 빠질 수 있게 심어준다. 키가 작으므로 얕은 분을 사용해야 어울린다. 봄철에는 거름을 줄 필요가 없고 9월부터 늦가을까지 하이포넥스를 월 2~3회꼴로 준다.

물은 흙이 마르지 않도록 흠뻑 주어야 하며 봄가을에는 충분히 햇빛을 받을 수 있게 해주고 여름의 석양빛을 가려주어야 한다. 분 가꾸기를 하는 경우 나무가 오래 살지 못하므로 꺾꽂이를 하거나 또는 잔가지를 거의 모두 다듬어 새로 자라는 움을 키워 묵은 포기를 새롭게 해줄 필요가 있다.

각시석남

Andromeda polifolia L | 철쭉과

특징 상록성의 작은 관목으로 키는 10cm밖에 되지 않아 풀처럼 생겼다. 잎은 가죽처럼 빳빳하고 길쭉하며 뒤쪽으로 절반 정도 감긴다. 잎 표면은 짙은 녹색이고 뒷면은 회녹색인데 잎맥이 두드러지게 눈에 띈다. 여름에 연분홍빛 은방울 같은 귀여운 꽃이 잎겨드랑이에 핀다. 꽃의 지름은 3~4mm 정도이다. 일명 애기진달래라고도 하며 일본에 나는 것이 도입 증식되어 가꾸어지고 있다.

개화기 7~8월

분포 북부 지방의 고산지대에 분포하며 고원의 양지바른 습지에 난다. 함경북도 길주군 대택과 무산군 장지가 그 자생지다.

재배 이끼에 심는 것이 좋으며 신선한 이끼를 하룻밤 동안 물에 담가 잘 빨아서 사용한다. 반드시 양지바른 곳에서 가꾸어야 하며 이끼가 마르지 않도록 물을 많이 준다. 거름은 깻묵가루를 매달 한 번씩 이끼 위에 뿌려주는데 한여름에는 중지했다가 초가을부터 다시 계속한다. 더운 여름철에는 바람이 잘 닿는 자리로 옮겨주고 겨울에는 건조한 바람을 가려주기 위해 프레임이나 지하실로 옮겨 놓는다.

해마다 꽃이 피고 난 직후에 밑동 3~4cm만 남기고 모두 쳐버린다. 그리고 새로 돋아난 눈을 가꾸면 짜임새 있는 모양을 갖추게 된다.

갈퀴덩굴

Vicia amoena FISCH | 콩과

특징 땅속줄기를 내어 늘어나는 숙근초로 줄기
는 사각형으로 가늘고 길게 자란다. 잎은 서로 어
긋나게 달리며 5~7장의 작은 잎(소엽)으로 구성
되는데, 선단부는 길게 자라 여러 개로 갈라지면서
수염 같은 상태가 되어 다른 물체에 감긴다.
작은 잎은 길쭉한 타원형으로 길이 1.5~2.5cm, 너
비 0.5~1cm 정도이다. 잎겨드랑이로부터 꽃대가
나와 분홍빛을 띤 보랏빛 꽃이 많이 뭉쳐 핀다. 콩
과 식물이기 때문에 꽃이 피고 난 뒤 콩깍지 같은
열매를 맺는데 그 길이는 2~2.5cm 정도이다.

개화기 8~10월

분포 전국 각지의 야산과 들판의 양지바른 풀밭
에 난다. 일본, 중국, 시베리아 등 광범한 지역에 자
생한다.

재배 분재용 산모래에 부엽토를 약간 섞은 흙에
심는다. 길게 자라는 습성이 있으므로 깊고 둥근
분에 심는 것이 어울린다. 한 분에 두세 포기를 심
어 가꾸면 자란 덩굴이 서로 감기어 곧게 선다. 그
러나 비바람에 쓰러지는 경우가 있으므로 나무 막
대(지주)를 세워주는 것이 바람직하다. 거름으로는
잘 발효시킨 깻묵 덩어리나 닭똥을 달마다 한 번씩
주고 흙이 말라붙는 일이 없도록 관리한다.

• 어린 잎과 줄기는 나물로 먹는데, 가축도 잘 먹
는 식물이다.

개꽃무릇 백양꽃

Lycoris sanguinea MAX | 수선과

특징 키는 30~50cm이고 봄에 나온 잎은 여름
에 말라 죽고 초가을에 꽃대가 자라 여러 송이의
꽃이 뭉쳐 핀다. 말하자면 상사화와 같은 생육 습
성을 가진 구근식물이다. 꽃의 크기는 5cm 정도
로 주황빛이다. 잎은 수선화 잎과 흡사하다.
개꽃무릇과 같은 과에 속하는 구근식물로 상사화
와 꽃무릇, 다래꽃무릇, 개상사화등이 있다.

개화기 8~9월

분포 원래 일본에만 나는 식물로서 우리나라에
서는 남부 지방의 정원에 심어 가꾼다.

재배 밭 흙과 모래를 섞어 배수가 잘 되는 상태
로 10~11월경에 심는다. 물기가 많은 숲 속에 나
는 식물이므로 물은 적당히 주고 겨울철에 지나치
게 건조해지지 않도록 관리한다.
분 속 가득 차면 꽃이 피는 상태가 불량해지므로
3~4년마다 10월경에 분에서 뽑아 분구를 겸해서
갈아심어준다. 씨뿌림하고자 할 때에는 보수력이
높은 흙에 채종 즉시 뿌려주고 겨울에 얼어붙는 일
이 없도록 관리해준다.
구근에 리코린이라고 하는 알칼로이드가 함유되
어 있어 구토를 일으키기 때문에 유독 식물로 분류
된다.

• 독을 제거한 비늘줄기(인경)를 식용한다.

개모밀덩굴

Ampelygonum umbellatum MASAMUNE | 여뀌과

특징　높이 10~15cm 정도로 자라는 숙근성 풀이다. 불그스레한 줄기는 땅 위를 기어다니며 마디마다 뿌리를 내리고 가지를 잘 친다. 잎은 아름다운 하트형으로 중앙부에 화살표와 같은 생김새의 어두운 녹색 무늬가 있다. 잎은 서로 어긋난 자리에 나며 꽃필 무렵에 늙은 잎의 일부는 진홍빛으로 물들기도 한다.

꽃은 분홍빛으로 줄기 끝에 형성되는 짤막한 꽃대 위에 둥글게 뭉쳐 핀다. 잎도 좋고 꽃도 아름다워 초물 분재로 가꾸어 즐길 만하다. 적지리(赤地利)라고도 한다.

개화기　8~10월

분포　제주도와 남부 지방에 분포하며 주로 해변가에 난다.

재배　생명력이 강한 풀이기 때문에 햇빛만 잘 받으면 거의 어떤 흙에서든지 잘 자란다. 분에 심어 키를 작게 가꾸기 위해서는 얕은 분을 써서 산모래만으로 심어준다. 양지바른 곳에 놓고 물을 적게 주며 거름도 거의 주지 않는다.

일반적으로 증식은 봄에 갈아심을 때 포기를 나누어 심는 방법에 따르는데 흙에 닿은 마디마다 뿌리를 내리는 성질을 가지고 있으므로 이것을 갈라내어 심어도 된다.

• 어린 풀은 나물로 먹는다.

개물깜싸리 낭아초

Indigofera pseudo-tinctoria MATSUM | 콩과

특징　풀처럼 보이는 키 작은 관목이다. 낭아초라고도하며 푸른 줄기는 가늘고 여러 갈래로 갈라져 높이 40~90cm 정도로 자란다. 잎은 4~5짝의 작은 잎으로 이루어지는 기수우상복엽(奇數羽狀複葉)이다. 작은 잎의 크기는 길이 1~2cm, 너비 3~9mm로서 길쭉한 타원형이고 가장자리는 밋밋하다.

꽃은 잎겨드랑이로부터 자라는 꽃대에 열 송이 정도가 뭉쳐 피는데 아름다운 붉은 보랏빛이다.

개화기　7~9월

분포　제주도와 남부 지방의 들판이나 길가에 난다.

재배　흙은 가루를 뺀 분재용 산모래를 쓰면 된다. 콩과 식물로 뿌리가 손상되면 활착시키기가 어려우므로 되도록 뿌리를 건드리지 않도록 해야 한다. 분은 직경 18~20cm 정도 되는 깊은 분이라야 하며 물이 잘 빠질 수 있는 상태로 심어주는 것이 비결이다. 자란 줄기는 분 가장자리에서 아래로 유인하여 현애작(縣崖作)과 같이 모양을 잡아준다. 그러면 잎 사이로 자란 꽃대는 위쪽으로 자라 올라가면서 아름다운 꽃을 피운다.

거름으로는 닭똥이나 깻묵가루를 큰 숟갈로 한두 숟갈, 세 군데에 나누어 뿌려준다.

• 뿌리는 약용한다.

개여뀌

Persicaria blumei GROSS | 마디풀과

특징 별로 쓸모없는 초목에 '개'자를 붙이는 일이 많다. 이 여뀌도 그 한 예이지만 여름철에 피어나는 꽃은 그런대로 즐길 만한 아름다움을 지니고 있다. 밭가나 풀밭, 길가 등에서 흔히 볼 수 있는 1년생 풀이다. 키는 20~40cm로 자라고 줄기는 여러 갈래로 갈라지면서 아랫부분은 옆으로 누워 땅에 닿는다.
피침형의 잎은 서로 어긋나게 달리며 가지 끝에 붉은 빛의 꽃이 밀생하여 이삭과 같은 모양이 된다. 비슷한 종류로 명아자여뀌가 있다.
개화기 6~10월
분포 전국 각지에 분포하며 밭가나 풀밭, 길가 등에 난다.
재배 얕고 둥근 분에 알갱이가 작은 산모래로 묘가 밀생 상태를 이루도록 가급적 많이 심어 놓는다. 거름은 거의 줄 필요가 없고 햇빛을 잘 보이는 한편 물을 적게 주면서 가꾼다. 여문 씨는 스스로 분토 위에 떨어져 쉽게 싹을 틔워 잘 늘어난다.
• 꽃이 피기 전의 어린 식물은 나물로 먹으며, 줄기와 잎은 약용한다.

갯패랭이꽃

Dianthus japonicus THUNB | 석죽과

특징 패랭이꽃의 한 종류로 바닷가에 나기 때문에 갯패랭이꽃이라 불린다. 숙근초로서 줄기는 15~50cm 높이로 곧게 자란다. 잎은 길쭉한 타원형으로 해변에 나는 식물답게 두텁고 윤기가 난다. 줄기 꼭대기에 직경 1.5cm 정도의 붉은빛을 띤 보랏빛 꽃이 뭉쳐 핀다.
개화기 6~10월
분포 남부 지방의 해변 모래밭에 난다.
재배 물이 잘 빠지는 곳에 나는 풀이므로 미립자의 가루를 뺀 모래로 심되 다소 모래 입자가 굵은 쪽이 생육 상태가 양호하다. 햇빛이 잘 닿는 장소에서 가꾸어야 하며 물은 흙이 마르면 흠뻑 주도록 한다.
거름기가 전혀 없는 흙일 경우 깻묵덩이 거름을 분토 위에 두세 개 놓아주고 묽은 잿물을 준다.
겨울철의 건조한 바람이 직접 닿는 일이 없도록 보호해주어야 한다.
갈아심는 작업은 봄에 눈이 움직이기 전에 포기나누기를 겸해서 행한다. 이때 묵은 뿌리와 썩은 뿌리를 제거해주는 것이 좋다. 해토 직후에 씨를 뿌려주고 꺾꽂이는 6월에 줄기를 알맞은 길이로 잘라 모래에 꽂는다.

꼬리조팝나무

Spiraea salicifolia var. lanceolata TOREY. et GRAY | 조팝나무과

특징 낙엽성 관목으로 땅속줄기를 내어 증식해 나간다. 가지는 높이 1~2m로 곧게 자란다. 타원형에 가까운 피침형의 잎은 가장자리에 톱니가 나 있고 서로 어긋난 상태로 붙는다.

여름철에 가지 끝에 1cm도 채 못 되는 담홍빛 꽃이 이삭 모양으로 뭉쳐 곧게 핀다. 비슷한 종류로 둥근잎조팝나무, 인가목조팝나무 등이 있다.

개화기 6~9월

분포 중부와 북부 지방의 산골짜기, 특히 습지에 난다.

재배 분재용 산모래만으로 심어도 가꿀 수 있으나 20~30%의 부엽토를 섞어 심어주면 생육이 좋아진다. 4월부터 가을까지 한여름을 제외하고 깻묵 덩어리 거름을 주거나 분토 위에 소량의 깻묵가루를 뿌려준다. 용토에 부엽토를 섞고 거름을 충분히 주면 꽃이 많이 핀다. 햇빛을 좋아하므로 양지바르고 바람이 잘 닿는 곳에서 가꾼다.

흰가루병이 발생하기 쉬우므로 카라센수화제의 800배 액이나 벤레이트수화제의 2,000배 액을 5~6월과 가을에 뿌려 예방해야 한다.

포기나누기는 3월 하순, 눈이 움직이기 시작할 무렵에 땅속줄기를 잘라내어 심는다.

• 어린 잎은 나물로 먹는다.

구름국화

Erigeron thunbergii subsp. glabratus HARA | 국화과

특징 키가 10~20cm밖에 되지 않는 매우 작은 숙근성 풀이다. 뿌리로부터 직접 자라는 잎은 주걱 모양에 가까운 넓은 타원형이고 줄기에 나는 잎은 피침형으로 끝이 둥그스름하다.

잎 가장자리에는 작은 톱니가 있고 양면에 털이 조금 나 있다. 줄기는 하나만 나오고 꼭대기에 지름 3cm쯤 되는 큰 꽃이 한 송이만 핀다.

꽃잎은 붉은 보랏빛으로 중심부의 노란빛과 대조를 이룬다.

개화기 7~8월

분포 북부 지방의 고산지대에 분포하며 고원의 자갈밭 등 건조한 땅에 난다.

재배 물이 쉽게 빠지고 공기가 잘 통하도록 심어주어야만 튼튼하게 자라므로 알갱이가 약간 굵은 산모래에 심어야 한다. 꽃핀 뒤에 포기가 늘어난 잎이 무성해지는 현상을 보인다. 그러므로 꽃이 지면 곧 포기를 갈라 잔뿌리를 대부분 다듬어준 다음 완전히 새로운 흙으로 갈아심어준다.

묽은 물거름을 일 주일에 한 번 주되 한여름에는 거름 주기를 중지해야 한다. 양지바르고 바람이 잘 통하는 자리에서 가꾸어야 하며 여름철에는 물을 조금씩 주는 것이 바람직하다.

아

구름송이풀

Pedicularis verticillata L | 현삼과

특징　숙근성 풀로 줄기는 곧게 자라 높이 5～15cm에 이르며 지표면 가까이에서 여러 개의 가지를 친다.
잎은 길쭉한 계란형으로 깃털 모양으로 갈라진다. 뿌리줄기로부터 자란 잎은 한 자리에 여러 개가 뭉치며 줄기에 나는 잎은 마디마다 3～4개가 둥글게 배열된다. 잎 가장자리에는 무딘 톱니가 나 있다.
꽃은 줄기와 가지 끝에 여러 송이가 뭉쳐 술 모양을 이루는데 길이는 7cm가량 된다.
꽃의 생김새는 입술 모양이고 붉은빛을 띤 보랏빛이다.
개화기　7～8월
분포　제주도의 한라산을 비롯하여 남부 지방과 북부 지방의 높은 산의 꼭대기에 나며 주로 자갈이 깔린 황무지에 자라는 습성이 있다.
재배　반기생식물이므로 단독으로 심어 가꿀 때는 제대로 자라지 못하고 이내 죽고 만다.
그러므로 암석원에 심어 가꾸는 것이 무난하며 분에 심기를 원할 경우 잘 어울리는 다른 풀과 함께 심어 가꾸어야 한다.
흙은 가루를 뺀 산모래에 20% 가량의 부엽토를 섞어 쓴다.
햇빛을 충분히 보여야 하며 함께 심은 풀이 잘 자라도록 관리해주면 대체로 무난하게 자란다.

구름패랭이꽃

Dianthus superbus var. speciosus REICH | 석죽과

특징　평지에 나는 술패랭이꽃이 고산지대의 환경에 적응한 것으로 술패랭이꽃의 변종으로 분류된다.
키는 30cm 정도이고 꽃은 고산지대에 나는 풀의 특징이 그대로 나타나 지름이 3～4cm로 술패랭이보다 크다. 색채도 한층 더 짙어 아름다운 분홍빛이다. 일명 산패랭이라고도 한다.
개화기　7～8월
분포　북부 지방의 고산지대에 분포하며 암석지 또는 풀밭에 난다.
재배　뿌리에 항상 많은 물이 닿아 있는 것을 싫어하므로 산모래와 같이 물이 쉽게 빠질 수 있는 흙으로 심으면 잘 자란다.
키가 별로 크지 않으므로 얕고 넓은 분에 심는 것이 보기 좋다. 거름은 매달 한 번씩 깻묵가루를 분토 위에 뿌려 주는 한편 월 2～3회 잿물을 준다.
생육 기간 내내 양지바른 자리에서 물을 조금씩 주면서 가꾼다.
갈아심기는 꽃이 핀 뒤 묵은 뿌리를 짧게 다듬어 꺾꽂이에 가까운 상태로 해서 새로운 흙으로 갈아심는다. 키가 지나치게 자라 짜임새가 없어진 것은 꺾꽂이를 해서 새로 가꾸어 나가는 것이 좋다. 꺾꽂이는 5～6월에 모래에다 꽂는다.

꽃며느리밥풀

Melampyrum roseum var. roseum MAX | 현삼과

특징　1년생 풀로 줄기는 50~60cm 높이로 곧게 자라며 많은 가지를 친다. 잎은 마주나며 길쭉한 계란형 또는 계란형에 가까운 피침형으로 양쪽 끝이 뾰족하고 잎 가장자리에는 톱니가 없다.
가지 끝마다 많은 꽃이 모여 술 모양을 이루며 꽃의 생김새는 입술 모양이고 길쭉하다. 윗입술에 해당하는 꽃잎은 투구 모양이고 꽃잎 가장자리가 털처럼 가늘게 갈라졌으며 아래 꽃잎은 세 갈래로 갈라져 있다. 꽃의 색채는 붉은빛을 띤 보랏빛이다.
개화기　7~8월
분포　전국적인 분포를 보이며 산의 양지바른 풀밭에 난다.
재배　한해살이 풀이기 때문에 해마다 씨를 뿌려주어야 한다. 가을에 받은 씨는 일정한 온도를 유지하는 장소에 갈무리해 두었다가 이른 봄에 분에 흙을 담아 뿌려준다.
분은 지름이 20cm쯤 되는 것이 알맞으며 흙은 산모래에 부엽토를 20% 가량 섞은 것을 쓴다. 싹이 터서 잎이 3~4장 생기면 실한 두세 포기만 남기고 나머지는 속아버린다.
양지바르고 바람이 잘 닿는 곳에서 가꾸어야 하며 물은 매일 아침 흠뻑 준다. 거름은 깻묵가루를 매달 한 번씩 주거나 물거름을 2~3회 주면 된다.

꿩의비름

Sedum alboroseum BAKER | 돌나물과

특징　더위와 건조에 강한 다육질 숙근초이다. 키는 30~50cm로 자라며 잎은 타원형으로 주위에 아주 얕은 톱니가 있고 흰빛을 띤 녹색이다. 꽃은 연분홍빛으로 줄기 끝에 밀생한다.
개화기　7~9월
분포　전국에 분포하며 산의 바위틈이나 모래땅에 난다.
재배　매우 강인한 풀이기 때문에 흙을 가리지 않으며 돌을 곁들여 뿌리를 돌에 끼우듯이 심어주면 잘 자라고 돌의 무게로 분이 넘어지지 않아 좋다. 돌붙임으로 가꾸는 것도 재미있는데 이런 경우 뿌리를 붙이는 것보다 직접 꺾꽂이를 해서 가꾸어 나가는 것이 좋다. 물거름을 적게 주면서 햇빛을 잘 보여 흙이 약간 말라 붙도록 가꾼다.
갈아심기는 이른 봄에 실시하는데, 묵은 포기는 옮겨 심는 것을 좋아하지 않으므로 가지꽂이나 잎꽂이로 새로운 개체를 가꾸어 나가는 것이 좋다. 꺾꽂이는 자른 면이 마른 다음 꽃도록 해야 하며 물을 적게 주어야 뿌리가 잘 내린다. 포기나누기를 해야 할 경우에는 뿌리에 손상을 입히지 않도록 손질하여 한동안 그늘에서 관리해야 한다.
• 민간에서는 종기나 땀띠가 났을 때 잎을 불에 쬐여 잘 비벼서 환부에 붙인다.

날개하늘나리

Lilium davuricum KER-GAWL | 백합과

특징 꽃잎이 밑동까지 갈라져 그 사이가 벌어져 있기 때문에 이러한 이름이 붙여진 것이다. 땅속에는 먹을 수 있는 구근이 묻혀 있고 구근에서 줄기 한 개가 자라 높이 30~50cm 정도가 된다. 줄기 아래쪽에는 보랏빛 반점이 있고 위쪽에는 흰 솜털이 나 있다. 줄기 꼭대기에 주황빛 꽃이 1~3 송이 피는데 지름은 10cm 안팎이다. 꽃잎에는 약간의 보랏빛 반점이 산재하며 꽃의 빛깔은 짙고 연한 변화가 많다.

개화기 7~8월

분포 북부 지방의 고산지대에 분포하며 양지바른 풀밭에 난다. 일본 북해도에도 분포하는데 그곳에서는 해변이나 평지의 풀밭에 난다고 한다.

재배 흙은 물이 잘 빠지는 것을 써야 하며 석회암 부스러기 등 알칼리성 흙을 섞어주면 잘 자란다. 가급적 작은 분에 구근 높이의 2~3배 정도의 깊이로 심는다. 매달 한 번씩 깻묵가루를 주고 물은 적당히 주면 된다. 석양빛에 강하므로 하루 종일 햇빛을 받을 수 있는 장소에서 가꾼다. 3년 간격으로 갈아심어주어야 하며 증식을 위해서는 구근을 구성하고 있는 비늘잎을 따서 모래에 반 정도의 깊이로 꽂아주어야 한다.

• 비늘줄기는 식용한다.

넌출월귤

Oxycoccus quadripetalus GILIB | 철쭉과

특징 풀처럼 생긴 상록성 관목이다. 줄기는 철사처럼 가늘고 옆으로 기며 20~30cm의 길이로 자라 군데군데에서 뿌리가 내린다. 잎은 1cm도 채 못되며 계란형이나 길쭉한 타원형으로 서로 어긋난 자리에 난다. 줄기 꼭대기로부터 자라는 꽃자루 끝에 지름 1cm쯤 되는 분홍빛 꽃이 핀다. 꽃잎은 네 개이며 뒤로 크게 뒤집혀 수술과 암술이 밖으로 드러난다. 꽃의 외모는 얼레지와 흡사하다. 열매는 가을에 붉게 물드는데 물기가 많고 단맛이 나서 식용도 한다.

개화기 6~7월

분포 북부 지방의 고산지대에 분포하며 고원의 습지에 난다.

재배 살아 있는 이끼에 심어 가꾼다. 분은 난분처럼 지름에 비해 높이가 길쭉한 것을 쓰며 덩굴이 자라면 순을 쳐서 현애(縣崖)처럼 가꾸어 놓으면 보기가 좋다. 거름은 묽은 물거름을 매주 한 번 주는데 더위가 심한 한여름에는 중지해야 한다. 이끼가 마르지 않도록 주의해야 하며 봄과 가을에는 양지바른 곳에서 가꾸고 한여름에는 시원한 나무 그늘로 자리를 옮겨준다. 포기나누기와 꺾꽂이를 통해 증식시킨다.

• 열매는 식용한다.

달구지풀

Trifolium lupinaster L | 콩과

특징 산지의 풀밭에 여러 포기가 뭉쳐 자라는 숙근성 풀이다.
꽃은 자운영과 흡사하며 줄기 꼭대기에 1.5cm 정도 길이의 붉은빛을 띤 보랏빛 꽃이 한 쪽을 향해 뭉쳐 핀다. 줄기는 30cm 정도의 높이로 자라고 가지를 치지 않는다.
3~5장의 작은 잎이 손바닥 모양으로 펼쳐져 하나의 잎을 이룬다. 잎자루와 줄기에는 짧고 부드러운 털이 나 있다.
개화기 6~9월
분포 제주도를 비롯한 전국 각지에 난다.
재배 건조한 땅에 자라는 풀이므로 물이 잘 빠지는 상태에서 가꾸어야 한다. 흙은 분재용 산모래를 쓴다. 햇빛이 잘 드는 곳에서 바람을 잘 받을 수 있는 상태로 가꾼다.
생장 속도가 빠르기 때문에 봄과 가을에 한 번씩 깻묵덩이 거름을 분토 위에 놓아주거나, 가끔 물거름을 주는 정도로 가급적 거름을 적게 준다.
해마다 눈이 움직이기 시작할 무렵에 반드시 갈아 심어주어야 한다. 이 작업을 게을리하면 분 속에 뿌리가 가득차 생육 상태가 불량해진다.
증식은 포기나누기로 증식시키는 것이 좋으며 갈아심을 때 실시한다.

덩굴용담

Tripterospermum japonicum MAX | 용담과

특징 용담과에 속하기는 하지만 이 풀은 덩굴로 자라고 잎자루를 가지고 있을 뿐만 아니라 붉은 열매를 맺는 등 용담류와는 판이하게 다른 점이 많다. 줄기는 가늘고 길게 땅을 기거나 다른 물체로 감아 올라간다. 잎은 마디마다 2장씩 나며 긴 계란형으로 길이는 5cm쯤 된다. 가을에 잎겨드랑이에 종처럼 생긴 연보라빛 꽃이 핀다.
열매는 길쭉하고 물기가 많으며 완전히 익으면 붉게 물들어 대단히 아름답다.
개화기 8~10월
분포 제주도와 울릉도의 산림이나 숲가에 난다.
재배 잘게 썬 이끼와 부엽토를 같은 비율로 섞은 흙에 심어 물거름과 나뭇재의 수용액을 번갈아 가면서 월 3회 정도 준다.
봄과 가을에는 충분히 햇빛을 받게 하되 더위를 싫어하므로 여름철의 석양을 완전히 가려주고 건조해지지 않도록 충분히 물을 준다.
가꾸기가 다소 까다롭고 아랫잎이 말라 죽기 쉬우므로 세심한 관리가 요망된다.
증식시키기 위해서는 이른 봄에 갈아심기를 겸해 포기나누기를 하거나 또는 5~6월에 줄기를 알맞는 길이로 잘라 모래에 꽂아 뿌리내리게 한다

동자꽃

Lychnis sieboldii V. HOUTT | 석죽과

특징　1m에 가까운 꽤 높은 키를 가진 숙근성 풀로 꽃이 대단히 아름답다. 줄기는 한 자리에 여러 개가 모여서 나며 별로 가지를 치지 않는다. 온몸에 잔털이 나 있고 잎은 마디마다 2장이 마주 나는데 그 생김새는 길쭉한 계란형이고 끝이 뾰족하다. 꽃은 줄기 끝에 서너 송이씩 모여 핀다. 꽃의 지름은 4cm 안팎이고 붉은 바탕에 흰 분홍빛의 얼룩이 들어 있어 아름답다.

개화기　6~7월

분포　전국에 분포하며 산 속의 양지바른 풀밭에 난다.

재배　흙은 산모래를 쓰는데 알칼리성 흙을 좋아하는 습성이 있으므로 석회암이 부서진 모래를 약간 섞어주면 잘 자란다.

이른 봄 눈이 움직이기 시작할 무렵에 포기를 나누어 갈아심어준다.

동자꽃은 뿌리가 물러 부서지기 쉬우므로 포기를 나누거나 갈아심는 작업을 할 때 조심해서 다루어야 한다.

한여름 이외에는 햇빛을 충분히 쬐어주고 하루 한 번 물을 흠뻑 주는데, 물이 잘 빠지지 않을 때는 뿌리가 상하는 경우가 많으므로 주의해야 한다. 이를 막기 위해서는 분 속에 굵은 왕모래를 깔아준다.

두메오이풀

Sanguisorba obutusa MAX | 장미과

특징　숙근성 풀이다. 높이는 30~50cm로 상부에서 약간의 가지를 치거나 또는 전혀 가지를 치지 않는 경우도 있다.

잎은 뿌리에서 자라는 것뿐이고 꽃줄기에는 잎이 없다. 5~6짝의 작은 잎에 의해 구성되는 깃털형의 잎이다. 작은 잎은 타원형으로 길이 2~5cm, 폭 1.5~3cm이며 가장자리에는 톱니가 나 있다. 잎 전체의 생김새는 오이풀과 흡사하다.

꽃자루 끝에 길이 3~7cm의 아래로 처지는 꽃이삭을 꾸미는데 이 꽃이삭은 화심이 작은 꽃이 뭉쳐 이루어진다. 꽃은 갈색을 띤 분홍빛이다. 비슷한 종류로 산오이풀이 있다.

개화기　8월

분포　북부 지방의 고산지대에 분포하며 풀밭이나 자갈밭에 난다.

재배　뿌리가 굵으므로 깊은 분에 가루를 뺀 산모래에 부엽토를 10% 정도 섞은 흙을 담아 물이 잘 빠질 수 있도록 하여 심어준다. 거름은 매달 한 번씩 깻묵가루를 분토 위에 뿌려준다.

봄가을에는 충분히 햇빛을 받도록 해주어야 하지만 여름에는 반 정도 그늘지는 자리로 옮겨주어야 한다. 흙이 마르는 일이 생기지 않게 물 관리를 해준다.

두메층층이

Clinopodium micranthum HARA | 꿀풀과

특징   숙근성 풀로 땅속줄기는 옆으로 짤막하게
자라며 가늘다. 줄기는 갈라지지 않고 높이 20~
40cm 정도로 자라는데 모가 나 있다. 잎은 타원
형으로 길이 2~5cm이며 마디마다 2장이 마주난
다. 가장자리에는 톱니가 있고 안팎에 약간의 털이
깔려 거칠게 보인다. 꽃은 분홍빛 입술 모양인데,
윗부분의 잎겨드랑이마다 대여섯 송이가 둥글게
핀다.
깊은 산에서 자라고 꽃이 잎겨드랑이마다 층을 지
어 피기 때문에 두메층층이라는 이름이 붙었다.

개화기 7~8월

분포   남부 지방의 산지, 그늘진 쪽에 난다.

재배   흙은 분재용 산모래에 20% 정도의 부엽
토를 섞은 것을 써서 지름 15~18cm 정도의 얕은
분에 심는다. 분 하나 가득히 무성하여 꽃이 피기
시작하면 인위적으로 개량된 화초 못지않게 아름
답다.
거름은 깻묵가루나 물거름을 주는데, 깻묵가루의
경우에는 매달 한 번, 물거름은 10일마다 준다. 그
러나 무더위가 계속되는 동안에는 주지 말아야 한
다. 이때에 거름이 지나치면 뿌리가 상해버린다.
봄가을에는 햇빛을 보여도 무방하지만 한여름에
는 반 정도 그늘지는 자리로 옮겨주어야 한다. 물
은 분토가 말라붙는 일이 없도록 자주 살펴 알맞게
주어야 한다. 한 번이라도 흙이 말라붙으면 치명적
인 타격을 받게 된다.

들원추리

Hemerocallis disticha DONN | 백합과

특징   키가 80cm 정도로 자라는 숙근성 풀이다.
잎은 담녹색이고 난초잎처럼 가늘고 길쭉하며 윗
부분은 휘어져 아래로 처진다. 여름에 굵고 실한
꽃자루가 자라 지름 7cm쯤 되는 주황빛 꽃이 핀
다. 6장의 꽃잎으로 구성된 꽃은 낮에만 피고 저녁
에는 시들어버리는 하루살이 꽃이지만 새로운 꽃
이 차례로 피어 꽤 오랫동안 즐길 수 있다. 비슷한
종류로 왕원추리가 있는데 들원추리는 홑겹꽃이
고 왕원추리는 겹꽃이다.

개화기 7~8월

분포   우리나라의 육지 전역에 분포하며 산야의
양지바르고 토양 습기가 윤택한 자리에 난다.

재배   흙을 가리지 않고 빠른 속도로 불어나기
때문에 분에 심어 가꾸는 것보다 뜰에 심어 가꾸
는 쪽이 훨씬 보기 좋다. 분 가꾸기를 원할 때는 부
식질을 풍부히 함유하고 물이 잘 빠지는 흙을 다소
크고 깊은 분에 담아 심는다. 항상 햇빛이 있는 곳
에서 가꾸어야 하며 물은 하루에 한 번만 준다. 포
기나누기는 늦가을에 행하며 꽃이 피는 데 영향을
주지 않아야 좋다.
그러나 이 경우 겨울에는 흙이 얼지 않는 자리로
옮겨 보호해야 한다. 큰 분에 가득 심어 놓으면 많
은 꽃이 피어나 대단히 호화롭다. 이렇게 가꾸기
위해서는 해마다 갈아심어주어야 하며 2~3개 눈
단위로 갈라놓은 포기를 분에 가득차게 심는다.

들쭉나무

Vaccinium uliginosum L | 철쭉과

특징　겨울에 낙엽이 지는 키 작은 관목으로 작은 것은 5cm 안팎이고 큰 것은 1m에 이르는 것도 있다. 많은 잔가지를 치며 키가 작게 자란 것은 풀처럼 보인다. 잎은 서로 어긋난 위치에 나며 계란형으로 뒷면은 은녹색 바탕에 그물눈과 같은 잎맥이 두드러지게 나타난다. 가지 끝에 분홍빛을 띤 흰방울과 같은 생김새의 작은 꽃이 두어 송이씩 핀다. 꽃이 피고 난 뒤 흰 가루를 쓴 남빛 열매가 맺히는데 이 열매는 먹을 수 있다.

개화기　7~8월

분포　제주도와 중부 및 북부 지방의 높은 산의 꼭대기와 고원에 난다.

재배　분 속에 4분의 1 정도 굵은 왕모래를 채운 다음 가루를 뺀 분재용 산모래로 심는다. 봄가을에는 바람이 잘 닿고 하루 종일 햇빛을 받는 장소에서 가꾸고, 여름철에는 시원한 장소에서 오전에만 햇빛을 쬐게 한다. 거름은 깻묵 덩어리 거름을 분토 위에 두서너 개 놓아주고 월 1~2회 묽은 물거름을 주는데 장마철과 한여름에는 중단한다. 갈아심기는 1~2년마다 이른 봄에 해준다. 증식법으로는 꺾꽂이가 사용되는데 이른 봄 눈이 움직이기 전에 알맞은 가지를 따서 모래에 꽂는다.

• 열매는 식용하며 청량음료나 술의 재료로 쓰인다.

말나리

Lilium distichum NAKAI | 백합과

특징　땅 속에 묻혀 있는 둥근 구근에서 줄기가 곧게 자라 높이 50~100cm에 이른다.

잎은 줄기의 중간부에 4~9장이 둥글게 배열되며 위쪽에는 3~4장의 작은 잎이 어긋난 자리에 난다. 한여름에 줄기 끝이 3~4개로 갈라져 각기 한 송이의 꽃을 피운다.

꽃은 주황빛으로 아래를 향해 피며 지름이 5cm쯤 된다. 땅 속의 구근은 살찐 비늘잎이 겹쳐져 있는 형태다. 이러한 생김새의 구근을 인경(鱗莖)이라고 한다.

개화기　6~8월

분포　전국에 분포하며 높은 산의 양지바른 풀밭에 난다.

재배　흙은 물이 잘 빠지는 산모래를 쓰는데 석회암 부스러기 등 알칼리성 흙을 섞어주면 생육 상태가 좋아진다. 구근 높이의 2~3배 깊이로 복토를 해주어야 하기 때문에 약간 크고 깊은 분을 써야 한다.

물거름과 잿물을 매달 세 번 번갈아 주고 6월 이후에는 반그늘로 옮겨 물을 조금씩 주면서 가꾼다. 구근을 구성하고 있는 비늘잎을 따서 모래에 절반 정도 깊이로 꽂아 놓으면 뿌리가 내려 새로운 구근이 형성된다.

• 어린 잎과 줄기와 비늘줄기는 약용한다.

물봉선

Impatiens textori MIQ | 봉숭아과

특징　산의 계곡 물가 등의 습한 땅에 나는 1년생 풀이다. 줄기는 곧게 자라 높이 50~100cm에 이르며 가지를 잘 친다. 줄기와 가지는 붉은빛을 띠며 마디 부분이 부풀어 오른다.

잎은 서로 어긋난 위치에 나는데 넓은 피침형으로 가장자리에는 많은 톱니를 가진다.

여름에 가지 끝에 봉숭아와 비슷한 생김새의 붉은빛을 띤 보랏빛 꽃이 핀다. 꽃의 크기는 3cm 정도다. 비슷한 종류로 노랑물봉선, 산물봉선, 제주물봉선, 흰물봉선 등이 있다.

개화기　7~9월

분포　전국적으로 분포하며 산 속의 습한 땅이나 계곡 물가에 난다.

재배　땅에 심어 가꿀 때는 햇빛이 잘 들고 물이 잘 빠지면서도 습기가 적당한 장소를 골라 심는다. 분 가꾸기의 경우에는 산모래 등 물이 잘 빠지는 흙에 심어 물을 충분히 주어 가면서 양지바른 곳에서 가꾼다.

1년생 풀이기 때문에 해마다 씨를 뿌려주어야 한다. 열매가 터져 씨가 날아가버리기 전에 채종하여 마른 곳에 씨를 갈무리해 두었다가 봄에 뿌려준다.

민솜방망이

Senecio flammeus var. glabrifolius CUFODONT | 국화과

특징　양지바른 풀밭에 나는 숙근성 풀이다. 줄기는 가늘고 50cm 정도의 높이로 곧게 자라며 윗부분에는 흰 면모가 많이 나 있는데 반해 아래쪽은 보랏빛을 띠고 모가 나 있다.

지름 3cm 정도의 꽃은 약간 어두운 주황빛이다. 처음 꽃잎은 수평으로 펼쳐지나 차차 아래로 처진다. 비슷한 종류로 높은 산에 나는 두메솜방망이, 전국에 널리 분포하는 쑥방망이 등이 있다.

개화기　7~9월

분포　중부와 북부 지방 산지의 양지바른 풀밭에 난다.

재배　산모래에 20~30%의 부엽토를 섞은 흙에 심어 양지바른 곳에 놓고 흙이 심하게 마르지 않을 정도로 물을 주면서 가꾼다. 거름은 가끔 깻묵가루를 분토 위에 뿌려주면 된다. 비교적 강한 풀이기는 하나 꽃이 피고 난 포기는 말라 죽기 쉽다. 그러므로 씨가 앉지 않도록 꽃이 진 다음 바로 줄기를 잘라버리고 밑동이 나 있는 곁눈을 갈아심어주는 것이 좋다.

또한 가을이나 이른 봄에 곁눈을 갈라내면 어미 포기와 함께 갱신 효과를 얻을 수 있고 새로운 개체도 생겨난다. 꺾꽂이로도 증식시킬 수 있는데 장마가 끝날 무렵 잎을 한 장씩 붙여 줄기를 알맞은 길이로 잘라 모래에 꽂으면 된다.

박주가리

Metaplexis japonica MAKINO | 박주가리과

특징　숙근성 덩굴식물로 길이 3m 내외로 자란다. 온몸에 부드러운 잔털이 나 있으며 굵은 땅속줄기를 가지고 있다. 잎은 길쭉한 하트형으로 마디마다 두 장이 마주나며 상처가 생길 때는 흰 즙이 흘러내린다.

잎 가장자리는 밋밋하고 잎맥이 뚜렷하다. 잎겨드랑이로부터 10cm 안팎의 꽃대가 자라 몇 송이의 작은 꽃이 뭉쳐 핀다. 꽃의 빛깔은 연한 보랏빛이고 꽃잎에는 잔털이 밀생해 있다.

가을에 길이 6~10cm의 방추형 열매를 맺는데 씨에는 많은 흰 털이 붙어 있어 열매가 갈라지면 바람을 타고 떠다닌다. 비슷한 종류로 큰조롱, 일명 하수오가 있다.

개화기　7~8월

분포　전국 각지의 들판에 난다.

재배　분에 심어서 가꿀 수 있으나 야생의 정취를 즐기자면 담장가의 나무 곁에 심은 다음 자라는 대로 방치해두는 것이 좋다. 분에 심어 가꿀 때는 땅속줄기가 크므로 크고 깊은 분에 산모래를 담아 물이 잘 빠질 수 있는 상태로 만들어준다.

넝쿨이 자라므로 막대를 세워주어야 하며 양지바르고 바람이 잘 닿는 자리에서 가꾼다. 물과 거름은 보통 정도로 주면 잘 자란다.

• 어린 잎은 나물로 먹으며 열매는 강장제로 쓰인다.

백리향

Thymus quinquecostatus var. ibukiensis HARA | 꿀풀과

특징　잎에서 좋은 향기가 나기 때문에 이러한 이름이 붙여졌다. 풀과 같은 생김새의 아주 작은 나무로 줄기는 땅을 기어 높이는 3~15cm밖에 되지 않는다. 잎은 길쭉한 타원형으로 마주나며 꽃대는 짧고 곧게 자라는데 씨를 맺은 뒤 말라 죽어 버린다.

꽃은 연분홍빛인데 흰빛으로 피는 것도 있으며, 크기는 5mm 정도밖에 되지 않으나 많이 뭉쳐 피기 때문에 아름답다.

개화기　6~7월

분포　전국의 약간 높은 산지에 나는데 흙이 잘 마르는 장소에서 주로 서식한다.

재배　물만 잘 빠진다면 어떤 흙이라도 무방하다. 얕은 분에 흙을 수북이 쌓아 얕게 심은 후 가는 모래로 흙 표면을 기는 줄기를 얇게 덮어준다.

양지바른 곳에서 물을 적게 주면서 가꾸는데, 봄가을에는 이틀에 한 번, 여름에는 매일 아침 한 번 준다. 겨울에는 환경에 따라 다르겠으나 대개 매주 한 번만 물을 주면 된다. 거름은 물거름을 가끔 주는 정도로 충분하다. 갈아심기를 게을리하면 잎이 없는 묵은 줄기가 눈에 띄어 볼품이 없어지므로 해마다 포기를 나누어주어야 한다. 그러면 잔가지가 많이 생겨 수북해지기 때문에 보기가 좋고 꽃도 많이 핀다.

• 줄기와 잎은 약용한다.

범부채

Belamcanda chinensis LEMAN | 붓꽃과

특징　잎이 펼쳐지는 모양이 부채와 같고 꽃잎에 얼룩이 있기 때문에 이러한 이름이 붙었다. 50~ 80cm 정도의 높이로 자라는 숙근성 풀이다. 잎은 넓은 칼 모양으로 생겼으며 여러 장이 부채형으로 펼쳐진다.

여름철에 주황빛 바탕에 붉은 얼룩이 든 6장의 꽃잎으로 이루어진 꽃이 꽃자루 끝에 차례로 핀다.

개화기　7~8월

분포　전국의 산과 들에 나는데 보기가 어려우며 마른 풀밭에 주로 서식한다.

재배　다소 큰 분에 가루를 뺀 산모래로 뿌리에 공기가 잘 닿을 수 있게끔 얕게 심어준다. 2~3년 마다 분에 가득 찬 것을 좀더 큰 분으로 갈아심어 주면 튼튼한 밀생주가 되어 꽃이 많이 피며 잎도 한층 보기 좋아진다.

생육 기간 내내 햇빛을 충분히 받게 하는 한편 물은 조금씩 주어야 한다. 거름은 다른 산야초의 경우와 마찬가지로 매달 소량의 깻묵가루를 주면 된다. 포기나누기가 손쉬운 증식 방법이며 크게 자란 포기는 흙을 털어 작게 쪼개서 심는다.

꽃망울과 연한 잎이 야도충의 피해를 입기 쉬우므로 주의하도록 한다.

• 뿌리줄기를 편도선염 치료제나 완화제로 사용한다.

부처꽃

Lythrum salicaria subsp. anceps MAKINO | 부처꽃과

특징　키가 1m 안팎으로 자라는 숙근성 풀이다. 줄기는 곧게 자라 가느다란 가지를 여러 개 친다. 마주나는 피침형 잎겨드랑이에 붉은빛을 띤 보랏빛 작은 꽃이 두세 송이씩 피어 이삭 모양을 이룬다. 같은 과에 속하는 것으로 털부처꽃이라는 것이 있는데 잎과 줄기에 털이 나 있고 부처꽃보다 많은 꽃이 피어 대단히 아름답다.

개화기　8~10월

분포　전국적으로 분포하며 습한 풀밭이나 도랑가에 난다.

재배　분 가꾸기를 원할 때는 약간 큰 분에 보수력이 좋은 흙으로 심는다. 또한 작은 분에 산모래로 심어 5월부터 6월에 걸쳐 두어 번 적심(摘心)해 주면 키를 작게 가꿀 수 있다.

흙이 마르지 않도록 하면서 양지바른 장소에서 가꾼다. 증식시키기 위해서는 꺾꽂이나 포기나누기를 하는데 꺾꽂이는 6월 초가 적기이고, 포기나누기는 이른 봄 갈아심기를 할 때 실시한다.

땅에 심어 가꾸기를 원할 경우 양지바르고 토양 수분이 풍부한 곳을 골라 가을이나 이른 봄에 심는다. 흙에 대해서는 신경 쓸 필요가 없다.

• 풀 전체를 지사제(설사약)로 사용한다.

분홍노루발풀

Pyrola incareata FISCH | 노루발풀과

특징　땅속줄기가 길게 옆으로 뻗어 나가면서 군생하는 다년생 풀이다. 잎은 3~5장이 뿌리줄기로부터 자라며 둥근형으로 지름이 4~5cm쯤 된다. 두텁고 윤기가 나며 잎 가장자리는 톱니가 없고 밋밋하다.

잎 가운데로부터 높이 10~15cm쯤 되는 꽃대가 나와 분홍빛 꽃이 이삭을 이루어 차례로 피어 오른다. 흰꽃이 피는 것을 노루발풀이라고 한다.

개화기　6~7월

분포　중부 지방과 북부 지방의 깊은 산 속 수림 밑에 난다.

재배　가루를 뺀 산모래에 노루발풀의 뿌리가 뻗어 있던 자리의 흙을 30% 가량 섞은 흙으로 심어준다. 이것은 노루발풀에는 공생하는 토양균이 있어서 완전히 다른 흙으로 심을 때는 생육을 계속할 수 없기 때문이다. 심을 때는 긴 땅속줄기를 다치는 일이 없게 원상태로 심어주어야 한다.

거름은 묽은 물거름을 월 4회 준다. 봄에는 햇빛을 받게 해도 무방하나 5월 이후에는 반 그늘지는 자리에서 가꾼다. 물은 조금씩 주는 것이 좋다. 공생하는 토양균의 증식 상태 여하에 따라 생육 상태가 크게 좌우되며 가꾸기가 어려운 풀의 하나이다.

• 풀 전체를 이뇨제로 사용하고 줄기, 잎의 생즙은 독충에 쏘였을 때 바른다.

분홍바늘꽃

Epilobium angustifolium L | 바늘꽃과

특징　버들잎과 흡사한 잎을 가지고 있기 때문에 버들잎바늘꽃이라고도 한다. 숙근초로 땅 속으로 기어가는 가지를 내어 번식하며 줄기는 곧게 자라 1~1.5m 정도의 높이에 이른다.

잎은 피침형으로 서로 어긋나게 나며 가장자리에는 약간의 작은 톱니를 가지고 있다. 잎의 표면은 짙은 녹색인데 뒷면은 약간 흰빛을 띤다. 여름철에 줄기의 상단부에 붉은빛을 띤 보랏빛 꽃이 이삭 모양으로 뭉쳐 핀다. 꽃의 크기는 2.5~3cm로 매우 아름답다.

개화기　7~8월

분포　중부와 북부 지방에 분포하며 고원지대의 양지바른 풀밭에 난다.

재배　키가 크므로 큰 분을 골라 산모래에 부엽토를 20% 가량 섞은 흙으로 땅속줄기를 옆으로 눕혀서 심는다. 줄기와 잎에는 햇빛이 닿고 밑동은 그늘지게 하면서 바람이 잘 통하는 시원한 자리에서 가꾼다. 토양 수분이 풍부한 것을 좋아하므로 흙이 마르지 않도록 자주 살펴 알맞게 물을 주어야 하지만 습기가 지나치게 많아도 좋지 않으므로 신경을 써가며 주어야 한다. 거름은 매달 한 번씩 깻묵가루를 분토 위에 뿌려준다. 2~3년마다 갈아심어주어야 하는데 이때 포기나누기를 하여 증식시킨다.

• 풀 전체를 민간에서 감기약이나 지혈제로 사용한다.

뿌리엉겅퀴

Cirsium tanakae MATSUM | 국화과

특징 키는 50~100cm나 되며 뿌리에서 자라는 잎은 길쭉한 타원형으로 드물게 중간 정도의 깊이로 갈라지며 예리한 가시를 가지고 있다. 한편 줄기에 나는 잎은 작고 잎자루가 없으며 큰 톱니가 있다. 가을에 줄기의 꼭대기와 그 부근의 잎겨드랑이에 직경 3cm쯤 되는 붉은빛을 띤 보랏빛 꽃이 핀다.

꽃잎은 관상으로 변해 많은 것이 뭉쳐 있기 때문에 마치 꽃잎이 없고 수술만 뭉쳐 있는 것처럼 보인다. 또한 꽃의 밑동을 감싸고 있는 꽃받침의 끝은 예리한 가시로 변한다.

개화기 8~10월

분포 제주도와 중부 이남 지방에 분포하며 들판의 풀밭 속에 난다.

재배 키가 크게 자라는 풀이므로 뜰이나 암석원에 심어 가꾸는 것이 좋으며 양지바르고 물이 잘 빠지는 자리를 골라 심는다. 분에 심어 가꾸기를 원할 때는 깊은 분을 골라 물이 잘 빠지는 흙으로 심어 가끔 깻묵가루를 주면서 가꾼다.

물은 적당히 주면 되고 여름에는 분토가 지나치게 마르지 않도록 주의를 하면서 햇빛을 충분히 보여 준다. 숙근성 풀이므로 포기나누기로 증식시키는 데 갈아심어야 할 때를 기다려 실시한다.

사마귀풀

Aneilema japonicum KUNTH | 닭개비과

특징 습한 곳에 나는 1년생 풀로서 줄기와 잎이 모두 연한 초록빛이다.

줄기의 밑부분은 땅을 기어 여러 개의 가지를 치면서 비스듬히 일어난다. 마디마다 잎이 어긋난 자리에 붙는데 생김새는 좁은 피침형이고 길이는 2~6cm다.

꽃은 세 장의 꽃잎으로 이루어져 있고 연분홍빛으로 잎겨드랑이와 가지의 꼭대기에 핀다. 꽃이 핀 뒤 하루면 시들어버리는 하루살이꽃이기는 하나 가냘프고 아름답다.

이 풀을 찧어 사마귀가 난 곳에 붙이면 사마귀가 떨어진다 하여 이러한 이름이 붙었다.

개화기 8~10월

분포 제주도를 비롯한 전국에 분포하며 논두렁이나 연못가 등 습한 곳에 난다.

재배 신선한 이끼로만 심거나 산모래에 가루로 빻은 이끼를 20~30% 섞은 흙으로 얕은 분에 심어 가꾼다. 햇빛이 잘 들어오는 자리에 놓고 절대로 흙이 마르지 않게 물을 준다. 거름은 묽게 탄 하이포넥스를 월 2~3회 주는 정도로 충분하다. 겨울에는 얼어붙지 않을 자리로 옮겨 보호해주어야 한다.

증식은 갈아심을 필요가 있을 때 포기나누기를 하는 것이 좋다.

산비장이

Serratula coronata subsp. insularis KITAM |
국화과

특징 높이 30~100cm 정도로 자라는 숙근성 풀이다. 엉겅퀴와 비슷하게 생겼지만 엉겅퀴류는 아니다.
엉겅퀴의 잎은 빳빳하고 가장자리에 예리한 가시를 가지고 있으나 산비장이의 잎은 깃털 모양으로 길게 갈라지면서 양면에 털이 나 있고 얇으면서 부드럽다.
꽃은 직경이 3.5cm 정도로 붉은빛을 띤 보랏빛이다. 모양이 엉겅퀴의 꽃과 비슷하지만 꽃을 감싸는 꽃받침에 가시가 없는 것을 보면 쉽게 구별할 수 있다.

개화기 8~10월

분포 전국에 분포하며 낮은 산의 풀밭에 난다.

재배 땅에 심어 가꿀 때는 흙의 종류에 대해 상관할 필요가 없으며 양지바르고 물이 잘 빠지는 장소를 골라 심어주면 된다. 분 가꾸기를 할 때는 약간 큰 분을 써서 분 속에 굵은 왕모래를 깐 다음 산모래에 20% 정도의 부엽토를 섞은 흙으로 심어준다. 분토가 지나치게 말라붙는 일이 없도록 주의하면서 충분히 햇빛을 받게 한다.
꽃이 피고 난 뒤 또는 이른 봄에 포기나누기를 겸해서 갈아심어준다. 씨뿌림은 4월 초에 실시한다.
• 어린순은 나물로 먹는다.

산오이풀

Sanguisorba hakusanensis MAKINO | 장미과

특징 들판에 나는 오이풀과 같은 과에 속하는 숙근성 풀로 높은 산에 나기 때문에 산오이풀이라고 한다. 땅 속에 굵은 뿌리줄기가 있고 줄기는 곧게 자라 30~100cm 정도의 높이가 된다.
긴 꽃자루 끝에 많은 꽃이 이삭 모양으로 피는데 색채는 붉은빛을 띤 보랏빛으로 대단히 아름답다. 비슷한 종류에 오이풀, 긴오이풀, 흰꽃이 피는 가는오이풀 등이 있다.

개화기 8월

분포 전국의 고산지대에 분포하며 산상봉의 습한 지역에 난다.

재배 산모래에 약간의 부엽토를 섞은 흙을 쓴다. 얕은 분 한가운데에 수북이 쌓아 놓은 흙에 얕게 심어주면 키가 낮게 자란다. 물이 잘 빠지지 않거나 지나치게 흙이 마를 경우, 또 거름이 부족할 때는 꽃필 무렵에 아랫잎이 말라 떨어진다. 반그늘에서 가꾸면 잎의 색깔이 연해지고 꽃이삭이 난잡해지며 줄기도 쓰러지기 쉬워지므로 양지바른 곳에서 가꾸어야 한다.
거름을 좋아하므로 매달 분토 위에 깻묵가루를 뿌려주는 한편 월 2~3회 연한 물거름을 주는 것이 좋다. 이른 봄이나 늦가을에 새로운 흙으로 해마다 갈아심기를 하지 않으면 생육 상태가 나빠진다.
• 뿌리를 지혈제로 사용하며 어린 잎은 식용한다.

산옥잠화

Hosta longissima HONDA | 백합과

특징 숙근성 풀이다. 흰 뿌리줄기는 두툼하다. 뿌리줄기로부터 많은 잎이 자라 더부룩하게 뭉친다. 잎의 생김새는 길쭉한 타원형으로 끝이 뾰족하며 앞뒤 모두가 짙은 녹색으로 윤기가 난다.
여름에 잎 사이로부터 꽃줄기가 곧게 나와 꼭대기에 깔대기 모양의 보랏빛 꽃을 피운다. 비비추, 주걱옥잠화, 이삭비비추, 참비비추, 좀비비추 등이 같은 과에 속한다.

개화기 8~9월

분포 일본 중부의 산과 들판의 습지에 나며 우리나라에서는 예전에 도입된 것이 도처에 퍼져 있다.

재배 물만 잘 빠지면 어떤 흙에서도 잘 자란다. 습해지지 않도록 배수 상태를 고려하여 작은 분에 심어 가꾸면 짜임새 있게 작게 자란다. 깻묵가루를 분토 위에 놓아주고 물을 다소 적게 주는 한편, 햇살이 강해질 무렵부터는 반 정도 그늘지는 자리로 옮겨준다.
한 해만 가꾸면 포기가 꽤 늘어나므로 3~4월에 갈아심기를 겸해 포기나누기를 해주어야 한다.
가꾸기가 매우 쉬우며 여름에는 시원한 느낌을 풍기므로 가꿀 만하다. 뜰의 못가에 물매화나 고사리류와 함께 심어 가꾸면 멋있는 조화를 이룬다.

• 연한 잎을 나물로 먹는다.

산파

Allium schoenoprasum var. orientale REGEL | 백합과

특징 다년생의 풀로 땅 속에 길쭉한 구근을 가지고 있으며 높이 30cm쯤 되는 꽃자루가 자라 꼭대기에 붉은빛을 띤 보랏빛 작은 꽃이 둥글게 뭉쳐 핀다.
파와 비슷한 잎 2장이 자라는데 길이는 꽃자루와 거의 같고 단면은 반원형으로 속이 비어 있다. 포기 전체가 흰빛을 띤 청록색이고 연하다.

개화기 8~9월

분포 북부 지방에 분포하며 높은 산의 양지바른 풀밭에 난다.

재배 가루를 뺀 산모래로 얕은 분에 심어 가꾼다. 거름은 매달 한 번씩 깻묵가루를 분토 위에 뿌려주고 가끔 잿물을 준다.
물은 적당히 주면 되지만 여름철에 흙이 습할 때는 뿌리로부터 썩어드는 현상이 생기므로 주의할 필요가 있다. 생육 기간 내내 햇빛을 충분히 받을 수 있게 해주어야 한다.
구근이 쉽게 갈라져 잘 늘어나므로 늦가을에 갈아 심어주면서 알맞게 나누어 증식시킨다.
아주 작은 분에 심어 가꿀 수 있으며 꽃이 잘 핀다. 고산지대에 나는 풀치고는 까다롭지 않아 가꾸기가 쉽다.

• 비늘줄기와 연한 부분은 식용한다.

삼쥐소니

Geranium soboliferum KOMAROV | 쥐소니풀과

특징 꽃이질풀이라고도 하는 숙근성 풀이다. 산지의 약간 습기가 있는 풀밭에 나는데 키는 1m 이상이 되고 여러 포기가 뭉쳐 자라는 일도 있다. 잎은 손바닥 모양으로 다섯 갈래에서 일곱 갈래까지 갈라지며 갈라진 부분은 좁고 길쭉하다. 꽃은 다섯 잎인데 같은 과에서는 가장 짙은 색을 띠고 있다. 즉 짙은 보랏빛으로 약간의 붉은 기운이 돈다. 풀밭 속에 꽃이 피어나면 단번에 삼쥐소니임을 알아볼 수 있을 정도로 개성적이고 아름답다.

개화기 8~9월

분포 중부 지방과 북부 지방의 산지에 나는데 그렇게 흔히 볼 수 있는 풀은 아니다.

재배 굵은 뿌리를 많이 가지고 있기 때문에 웬만한 크기의 분에는 심어 가꾸기가 어렵다. 햇빛을 좋아하므로 뜰의 양지바른 자리에 심어 가꾸는 편이 나으며 물을 충분히 주면 씨를 뿌려 가꾸어낸 묘도 3년째 되는 해에는 꽃을 많이 핀다. 한편 꽃이 피기 시작하면 얼마든지 늘어나 큰 포기로 자라므로 그렇게 되면 포기를 갈라 갈아심어주어야 한다. 또한 심기에 앞서서 닭똥 같은 유기질 거름을 구덩이 속에 넣어주면 한층 더 잘 자라 꽃이 필 때는 장관을 이룬다.

상사화

Lycoris squamigera MAX | 수선과

특징 여러해살이 구근식물이다. 땅 속에 직경 3~6cm쯤 되는 넓은 계란형의 구근을 가지고 있으며 껍질은 어두운 갈색이다. 잎은 길쭉한 칼 모양을 하고 있으며 길이는 30~50cm 정도이고 끝이 둥글다. 색채는 연한 초록빛이고 봄에 자라 한여름에는 죽어 없어진다. 꽃은 잎이 말라 죽은 뒤 꽃줄기가 60cm 정도의 높이로 곧게 자라 선단부에 4~7송이의 나팔 모양의 꽃을 피운다. 꽃의 지름은 8cm 안팎이고 연한 분홍빛이다. 꽃은 피어도 씨는 앉지 않는 특성이 있다. 잎이 말라 없어진 뒤에 꽃을 피우는 성질이 있다.

개화기 8~9월

분포 일본 원산의 구근식물로 우리나라에서는 예전부터 사찰 경내나 민가의 뜰에 심어 가꾸고 있다.

재배 분 가꾸기에서는 산모래에 30% 정도의 부엽토를 섞어 심는다. 분은 24cm 정도 되는 큰 분을 써서 물이 잘 빠지게 심어준다. 분에 올리는 시기는 잎이 말라 죽고 꽃자루가 자라기 전, 또는 꽃이 피고 난 직후가 적기다. 거름은 잘 썩은 닭똥에 뼛가루를 약간 섞은 것을 분 속에 넣어 밑거름으로 삼거나 심은 뒤 분토 위에 놓아준다. 물은 분토가 지나치게 마르거나 습해지지 않을 정도로 주고 양지바른 자리에서 가꾼다.

선이질풀

Geranium japonicum FR. et SAV | 쥐소니풀과

특징　이질풀과 흡사한 모양의 숙근성 풀로 키는 60cm 정도이며 줄기는 곧게 자라며 작고 딱딱한 털이 나 있다. 잎은 손바닥 모양으로 다섯에서 일곱 갈래로 깊이 갈라져 있으며 갈라진 부분은 다시 깊이 갈라진다. 꽃은 줄기 끝과 그 부근의 잎겨드랑이에 두 송이씩 피는데 연분홍빛 바탕에 붉은 줄이 있다. 비슷한 종류로 이질풀, 산쥐소니, 털쥐소니, 참이질풀, 흰꽃이질풀 등이 있다.

개화기　7~9월

분포　제주도를 비롯한 전국 각지에 분포하며 산야의 양지바른 풀밭에 난다.

재배　산모래를 써서 물이 잘 빠지도록 심어준다. 분은 18cm 정도의 지름과 깊이를 가진 것이 풀의 크기와 어울리고 생육에도 좋다. 물은 적당히 주고 하루 종일 햇빛이 비치고 통풍이 잘 되는 곳에서 가꾸되 한여름의 강한 햇빛은 발을 쳐서 가려준다.

거름은 깻묵가루나 물거름을 월 1~2회 주는데 가끔 잿물을 주면 생육 상태가 한층 좋아진다. 포기가 늘어나면 3월 하순~4월 상순에 갈아심어주는데, 단번에 다량 증식을 원할 때는 눈마다 뿌리줄기와 약간의 뿌리를 붙여서 손으로 쪼개거나 칼을 써서 잘라낸다. 씨를 뿌릴 경우 이른 봄에 이끼로 파종상을 꾸며 뿌린다.

• 풀 전체를 지사제(설사약)로 사용한다.

수염가래꽃

Lobelia chinensis LOUR | 초롱꽃과

특징　논두렁이나 도랑가에 나는 작은 숙근성 풀이다. 줄기는 가늘고 땅 위를 기어가며 길이 20cm 정도로 자란다. 많은 가지를 치면서 마디마다 뿌리를 내려 증식되어 나간다. 잎은 피침형으로 길이 1~2cm 정도이고 어긋나게 나면서 좌우 두 줄로 배열된다. 몸집 전체가 밋밋하며 털이 거의 나지 않는다.

잎겨드랑이로부터 자라는 2~3cm 길이의 꽃자루에 연분홍빛 꽃을 한 송이 피운다. 때로는 흰꽃이 피는 개체도 볼 수 있으며 꽃잎이 한쪽으로 치우쳐 배열되기 때문에 특수한 꽃 형태를 보인다.

개화기　6~10월

분포　중부 이남의 지역과 제주도에 분포하며 논두렁이나 도랑가 등 습한 곳에 난다. 우리나라 및 일본, 중국, 대만, 말레이시아, 인도 등지에 분포한다.

재배　작은 분에 산모래로 심어 분 가장자리에서 아래로 늘어질 정도로 가꾸어 놓으면 운치가 있고 보기 좋다. 봄가을에는 충분히 햇빛을 받게 하고 여름에는 반그늘로 옮겨 물이 마르지 않도록 관리해준다. 거름은 생각이 날 때 소량의 깻묵가루를 분토 위에 뿌려주는 정도로 충분하다. 이른 봄에 포기나누기를 겸해 갈아심어준다. 뜰에 연못이 있으면 못가에 심어 가꾸는 것도 재미있다.

• 풀 전체를 독충에 물렸을 때 치료제로 사용한다.

술패랭이꽃

Dianthus superbus var. *longicalycina* MAX │
석죽과

특징　키는 50~100cm 정도가 되며 비슬거리는 줄기에 가느다란 피침형의 잎이 마주난다. 패랭이꽃과 같은 과에 속하는 숙근성 풀로 분홍빛 꽃이 다섯 장의 꽃잎으로 갈라지는 것이 두드러진 특징이다.
비슷한 종류로 갯패랭이꽃, 섬패랭이꽃 등이 있고 북한의 고산지대에는 수염패랭이꽃, 장백패랭이꽃, 구름패랭이꽃 등이 난다.

개화기　6~9월

분포　전국의 하천가 풀밭에 난다.

재배　강인한 풀이기 때문에 가꾸기 쉬우며 어떤 흙에서도 잘 자라지만 보수력이 좋은 흙에 심어주면 좋다. 물이 잘 빠지지 않는 흙에 심으면 뿌리가 썩어버리므로 배수에 대해서는 신경을 써야 한다. 분 가꾸기를 할 때는 가루를 뺀 산모래에 부엽토를 20% 정도 섞은 흙을 심어 가꾼다.
생육 기간 내내 햇볕을 충분히 받게 하고 물은 약간 적게 준다.
거름은 매달 한 번씩 깻묵가루나 덩이거름을 조금씩 분토 위에 놓아주거나 물거름을 월 2~3회 준다. 갈아심기는 꽃이 피고 난 뒤에 하며 증식은 포기나누기와 꺾꽂이에 의한다.

• 꽃이나 열매 달린 식물체를 그늘에서 말려 이뇨제나 통경제로 사용한다.

애기풀

Polygala japonica HOVTT │ 원지과

특징　키 작은 숙근성 풀이다. 온몸에 잔털이 나 있고 굳고 빳빳한 줄기는 밑동에서 여러 갈래로 갈라지며 지표면을 기듯이 자라다가 끝부분이 일어선다. 키는 10~20cm로 1cm 안팎의 크기를 가진 타원형의 잎이 서로 어긋나게 붙어 있다.
보랏빛을 띤 붉은빛 꽃이 줄기 끝에 한두 송이씩 피는데 몸집에 비해 크게 피므로 눈길을 끈다. 꽃의 크기는 1cm 안팎이고 콩과 식물의 꽃과 흡사하나 엄연히 다른 과에 속하는 식물이다. 활짝 핀 꽃은 나비나 새가 하늘을 나는 것처럼 보여 아주 사랑스럽다. 줄기와 잎을 약재로 쓰기 때문에 영신초(靈神草)라고도 한다. 비슷한 종류로 꽃이 흰 흰애기풀과 두메애기풀 등이 있다.

개화기　5~6월

분포　전국 각지에 분포하며 양지바르고 건조한 풀밭에 난다.

재배　가루를 뺀 산모래로 작고 얕은 분에 심어 가꾼다. 양지바르고 바람이 잘 통하는 곳에서 가꾸어야 하며 물은 하루 한 번 주면 된다. 거름은 깻묵가루를 매달 한 번씩 분토 위에 놓아준다.
2~3년 간격으로 이른 봄에 포기나누기를 겸해 갈아심어야 한다.

• 뿌리를 거담제로 이용한다.

연 연꽃

Nelumbo nucifera GAERT | 수련과

특징　물에 나는 풀로 땅속줄기는 흙 속을 기어 나가며 흰빛이고 군데군데에 잘록한 마디가 있다. 땅속줄기는 몇 줄의 빈 구멍을 가지고 있고 가을이 되면 두툼해져 소위 연근으로 식용한다.
잎은 거대하여 지름이 50~60cm에 이르고 물 위로 높이 솟아 둥글게 펼쳐진다. 잎줄기에는 잔가시가 나 있고 잎 표면에 물이 떨어지는 경우 잎은 젖지 않고 은방울처럼 둥글게 뭉친 물이 이리저리 굴러다닌다.
여름철에 은은한 향기를 풍기는 흰꽃 또는 분홍빛 꽃이 피기 때문에 예로부터 널리 가꾸었다.
개화기　7~8월
분포　원산지는 인도인데 우리나라에는 고대에 중국으로부터 도입된 것으로 보인다.
재배　3월 하순이나 4월 상순에 실한 눈을 가진 굵은 연근을 잘라내어 연못에 흙을 넣어 직접 심거나 또는 크고 깊은 분에 논 흙으로 심어 물 속에 가라앉힌다.
거름은 말린 양미리 등 유기질 거름을 흙 속에 넣어준다. 심어 놓은 뒤에는 별로 손을 보아야 할 일이 없다. 분에 심은 것은 2년에 한 번꼴로 갈아심어야 한다.
•땅속줄기 및 열매가 길이 2cm일 때 식용한다. 잎은 수렴제, 지혈제, 야뇨증 치료제로 사용하며 뿌리는 강장제로, 열매는 부인병 치료제와 강장제로 사용한다.

오이풀 수박풀

Sanguisorba officinalis L | 장미과

특징　숙근성 풀로 굵고 든든한 뿌리줄기를 가지고 있으며 키는 30~100cm쯤 된다. 온몸에 털이 없고 길이 2~5cm로 가장자리에 톱니를 가진 작은 타원형의 잎이 깃털 모양으로 난다.
줄기는 곧게 나오고 윗부분에서 가지가 갈라져 가을에 1~2cm의 계란형 꽃이 핀다. 이것은 꽃잎이 없는 작은 꽃이 뭉친 것인데, 그 빛은 붉은빛을 띤 짙은 보랏빛이다. 비슷한 종류로 꽃이 긴 긴오이풀과, 흰꽃이 피는 운산오이풀, 붉은 꽃이 피는 가는오이풀(붉은오이풀) 등이 있다.
개화기　7~11월
분포　전국 산야의 양지바른 곳에 난다.
재배　산모래로 얕은 분에 뿌리 부분을 높여 심어주면 키를 작게 가꿀 수 있다. 깻묵가루를 적게 주면서 햇빛을 잘 받는 장소에서 물을 적게 주어 가꾼다. 해마다 3~4월에 포기나누기를 겸해서 갈아심어주어야 한다.
잎에서 오이와 비슷한 냄새가 나기 때문에 오이풀이라 한다.
•뿌리는 지혈제로 각혈 및 월경 과다에 사용한다. 어린 줄기와 잎은 오이 냄새가 나며 나물로 먹는다.

왕원추리

Hemerocallis fulva L | 백합과

특징 다른 원추리는 홑·겹꽃이 피는데 이 원추리는 겹꽃이 피기 때문에 겹원추리라고도 부른다. 숙근성 풀로 잎의 길이는 60cm 안팎이고 꽃자루는 1m 가까이로 자란다.
잎은 두 줄로 겹쳐나며 산뜻한 초록빛으로 끝이 아래로 향해 처진다. 꽃은 주황빛이고 지름이 10cm쯤 된다. 안쪽에 있는 많은 꽃잎은 수술이 변한 것이다. 하루살이꽃으로 매일 새로운 꽃이 피기 때문에 유럽에서는 Day Lily(데이 릴리)라고 한다.

개화기 7~8월

분포 중부 이남 지역과 제주도 산지의 양지바른 풀밭에 나는데 꽃이 아름답기 때문에 뜰에 심어 가꾼다.

재배 뜰의 양지바른 곳에 심으면 힘차게 자라며, 때가 되면 많은 꽃이 피어날 뿐만 아니라 포기가 크게 늘어난다. 분에 심어 가꿀 때는 부엽토를 많이 섞은 물이 잘 빠지는 흙을 쓴다.
물은 적당히 주고 햇빛을 충분히 보이면서 가꾸면 잘 자라 많은 꽃이 핀다. 포기나누기는 늦가을에 하는 것이 좋으며 두세 눈을 한 단위로 해서 쪼갠다. 큰 분에 하나 가득 가꾸어 놓으면 화려하고 보기 좋은데 이를 위해서는 해마다 갈아심어야 한다.
• 어린순을 나물로 먹으며 꽃도 말려서 식용한다. 뿌리를 이뇨제, 지혈제, 소염제로 사용한다.

노루오줌

Astilbe microphylla KNOLL | 범의귀과

특징 숙근성 풀로 가늘고 튼튼한 줄기가 곧게 서서 60cm 안팎의 높이로 곧게 자란다.
잎은 두세 번 깃털모양으로 갈라지는데 갈라진 부분은 계란형이고 양면에 잔털이 나 있다.
꽃은 연분홍빛 또는 흰빛으로 피며 줄기 끝에 많은 것이 뭉쳐 원뿌리형을 이룬다.
비슷한 종류로 흰꽃이 피는 흰노루오줌, 꽃이 늘어져 피는 숙은노루오줌, 잎이 갈라지지 않는 외잎승마, 키가 작은 둥근노루오줌 등이 있다.

개화기 7~8월

분포 중부와 남부 지방에 분포하는데 주로 산이나 들의 습한 곳에 난다.

재배 산모래에 40% 정도 잘게 썬 이끼를 섞은 흙으로 분에 심는다. 이는 흙의 보수력을 높이기 위한 것인데 이러한 흙을 써서 물이 잘 빠질 수 있도록 얕게 심어주어야 한다.
매월 한 번씩 깻묵가루를 분토 위에 놓아주고 흙이 말라붙지 않도록 물 관리를 잘 해준다.
봄철에는 양지바른 자리에서 가꾸고 7월부터 9월까지는 반그늘로 옮겨주면 싱싱한 잎이 그대로 유지된다. 10월에는 포기나누기를 겸해서 갈아심기를 해준다.

이삭여뀌

Tovara filiformis NAKAI | 여뀌과

특징　숙근성 풀로 키는 50~80cm 가량이고 줄기가 딱딱하고 마디 부분이 부풀어 있다. 잎은 길이 5~17cm로 넓은 타원형이다. 양면에 거친 털이 나 있고 표면에 검은 점이 박히는 경우가 많다. 긴 가지에 작은 꽃이 드물게 피는데 네 개의 붉은 꽃받침이 꽃잎처럼 보인다. 다른 여뀌에 비해 두드러지게 꽃이삭이 길기 때문에 이삭여뀌라 불린다.

개화기　8~10월

분포　전국에 분포하며 야산지대의 낙엽수림 속이나 풀밭에 난다.

재배　억센 풀이기 때문에 어떤 흙에 심어도 잘 자란다. 분 가꾸기의 경우에는 얕은 분에 여러 포기를 밀식하여 하루 종일 햇빛이 닿는 곳에서 물을 적게 주면서 가꾸면 키가 작아져 보기가 좋아진다. 거름도 거의 줄 필요가 없다. 2년에 한 번 갈아심어 주어야 하며 뿌리를 절반 가량 다듬어 새로운 흙으로 갈아준다.

씨가 떨어져 스스로 싹트기는 하지만 특정한 장소에서 가꾸기를 원할 때는 채종되는 대로 바로 씨를 뿌려주어야 한다.

• 어린 잎은 나물로 먹으며 독특한 풍미가 있어 구미를 돋운다. 풀 전체를 약용한다.

이질풀

Geranium thunbergii SIEB. et ZUCC | 쥐손이풀과

특징　숙근성 풀로 줄기는 여러 개로 갈라져 옆으로 기다가 차츰 일어서는 습성을 보인다. 잎은 손바닥 모양으로 3~5 갈래로 갈라지며 양면에 약간의 털이 나 있다. 잎이 어릴 때는 표면에 보랏빛을 띤 검은 얼룩이 있다.

꽃은 5매의 붉은 꽃잎으로 구성되고 매화나무꽃과 비슷한 모양이며 지름이 1cm 정도로 매우 작고 꽃이 피는 수도 많지 않다.

개화기　7~10월

분포　전국의 낮은 산과 들판에 난다.

재배　산모래로 다소 깊은 분에 심어 가꾼다. 분에 올리는 적기는 해토 직후부터 눈이 움직이기 시작할 무렵까지다. 이때에 분에 올린 것은 같은 해에 꽃을 볼 수 있다. 거름은 깻묵가루를 매달 한 번씩 생육 기간 내내 분토 위에 뿌려준다. 햇빛을 잘 보이고 물은 흙이 심하게 말라붙지 않을 정도로만 주면 된다.

포기나누기는 3월 하순경에 갈아심기를 겸해 실시하는데 새눈에 뿌리줄기의 일부와 뿌리를 붙여 갈라낸다. 이때 생기는 상처에는 재를 발라 썩지 않도록 유의한다. 씨를 뿌려 증식하는데, 가을에 채종해두었다가 이듬해 4월 초에 분에 이끼를 담아 씨를 뿌린다.

• 풀 전체를 그늘에 말렸다가 달여 먹으면 설사가 멎는다. 위장약으로도 쓰인다.

익모초

Leonurus sibiricus L | 꿀풀과

특징 2년생 풀로 네모난 줄기에는 흰 털이 나 있고 키는 50~100cm쯤 된다. 뿌리로부터 자란 잎은 둥글고 뒷면에 흰 털이 밀생하는데 줄기에 나는 잎은 가늘게 세 갈래로 갈라진다.
여름부터 초가을에 걸쳐 곧게 나오는 줄기의 윗부분에 마주나 있는 잎의 겨드랑이에 대여섯 송이의 분홍빛 꽃이 핀다.
개화기 7~9월
분포 전국 각지의 풀밭이나 길가에 난다.
재배 흙을 가리지 않으나 키를 작게 가꾸기 위해서는 산모래로 심는다.
햇빛을 잘 보이고 물도 적게 주어야 하며 거름은 생각났을 때에 조금 주는 정도로 충분하다. 씨를 뿌려주면 잘 늘어나며 이른 봄에 뿌리면 이듬해 여름에 꽃이 핀다.
2년생 풀이기 때문에 씨를 뿌린 지 2년 뒤에 꽃이 피며, 꽃이 피고 난 뒤에는 씨를 남기고 풀은 죽어버리고 만다. 그러므로 해마다 꽃을 즐기기 위해서는 계속해서 씨를 뿌려야 한다. 이 경우 겨울철의 보호 관리가 중요하며 지나치게 얼거나 마르는 일이 없도록 해야 한다.
 • 여름에 풀 전체를 채취하여 그늘에 말려 부인병이나 보정제로 사용한다.

자주강아지풀

Setaria viridis var. purpurascens MAX | 벼과

특징 1년생 풀로 줄기는 가늘고 곧게 자라며 높이는 50~70cm쯤 된다. 잎은 줄꼴이나 길쭉한 피침형이며, 길이는 10~20cm, 폭 7~14mm로 서로 어긋난 자리에 난다. 줄기 꼭대기에 4~7cm 길이의 원기둥형 꽃이삭이 나오면 잔 이삭이 치밀하게 붙는다. 잔 이삭에는 길이 10mm 안팎의 딱딱한 털이 나 있으며 이 털이 보랏빛이기 때문에 자주강아지풀이라고 부른다.
개화기 8~10월
분포 전국에 분포하며 하천가나 풀밭에서 흔히 자란다.
재배 강아지풀과 마찬가지로 물이 잘 빠지고 거름기가 적은 흙에 씨를 뿌려 가꾼다.
워낙 억세게 자라는 풀이기 때문에 관리에 신경을 쓰지 않아도 잘 자라므로 적당히 키우면 된다.
씨는 가을에 걸어 모아두었다가 이듬해 봄에 해토가 되면 뿌려준다.
거름은 거의 줄 필요가 없고 물을 적게 주어 작게 가꾸어야 보기가 좋다. 햇빛은 충분히 받을 수 있게 해주어야 한다.
달맞이꽃과 함께 한 곳에 모아 가꾸어놓으면 가을 분위기가 나서 즐길 만하다.

제비동자꽃

Lychnis wilfordii MAX | 석죽과

특징 약간 깊은 산의 풀밭에 나는 숙근성 풀이다. 높이는 20~60cm로 잎은 피침형이며 길이는 3~7cm쯤 되는데 가장자리는 밋밋하다. 연한 초록빛이고 마디마다 2장이 마주난다. 꽃은 산뜻한 붉은빛인데 꽃잎은 다섯 갈래로 깊이 갈라져 마치 제비의 꼬리처럼 보이기 때문에 이러한 이름이 붙여졌다.
비슷한 종류로 동자꽃, 털동자꽃, 왜동자꽃, 가는 동자꽃 등이 있으며 모두 붉은 꽃이 핀다.
개화기 7~8월
분포 중부 지방과 북부 지방의 약간 깊은 산의 양지바른 풀밭에 난다.
재배 습기를 좋아하므로 산모래에 20~30%의 부엽토나 20% 가량의 잘게 썬 이끼를 섞은 흙에 심어준다. 봄부터 초여름까지는 햇빛을 보이는데 대기 습도를 유지할 수 있는 장소를 선택할 필요가 있다. 여름에는 반 정도 그늘지는 장소로 옮겨 습기가 지나치게 많아지지 않도록 물 관리에 신경을 쓴다.
거름은 하이포넥스를 규정대로 물에 타서 월 2~3회꼴로 주는데 한여름에는 중지해야 한다.
흰가루병에 걸리기 쉬우므로 초여름부터 9월 말까지 주기적으로 살균제를 뿌려주어야 한다. 꺾꽂이로도 증식된다.

주름조개풀

Oplismenus undulatifolius BEAUV | 벼과

특징 숲속이나 길가에 나는 숙근성 풀이다. 줄기의 기부는 땅위를 옆으로 기어 마디에서 뿌리를 내린다. 잎은 어긋나게 나며 대나무 잎과 흡사한 모양을 하고 있다. 잎 가장자리는 물결치듯이 주름이 잡히기 때문에 이러한 이름이 붙여졌다.
초가을을 맞이하면 줄기 끝에 작은 꽃이 많이 핀다. 벼과 풀이기 때문에 사람의 눈길을 끄는 아름다움은 별로 없으나 자세히 보면 분홍빛 암술과 연보라빛 작은 꽃잎을 가지고 있어 그런대로 즐길 만하다.
개화기 8~9월
분포 중부 이남 지역과 제주도에 분포하며 산야의 다소 그늘지는 자리에 난다.
재배 가루를 뺀 산모래에 10% 정도의 부엽토를 섞은 흙으로 얕은 분에 심는데 물이 잘 빠질 수 있게 유의한다.
햇빛이 잘 닿는 자리에서 물과 거름을 적게 주어 가꾸면 수월하게 자라는데 뜨거운 여름에는 반 그늘로 옮겨 놓아야 싱싱해진다.
병충해도 거의 입지 않으며 포기나누기로 잘 늘어난다. 아름다운 꽃을 피우는 다른 산야초와 섞어 심어 즐기는 것도 좋은 방법이다.
• 소와 양이 잘 먹는다.

중나리

Lilium pseudotigrinum CARR | 백합과

특징　백합류이며 땅 속에 비늘잎이 겹쳐 이루어진 구근이 자리하고 있어 줄기 한 개가 곧게 자라 높이 1~1.5m에 달한다. 피침형의 잎이 서로 어긋난 자리에 나면서 거의 줄기 전체를 덮는다.
여름철에 줄기 끝이 여러 개로 갈라져 2~10송이의 주황빛 꽃을 피운다. 생김새가 비슷한 참나리와 꽃으로 구별하기가 거의 불가능하다. 다만 한 가지 다른 점은 참나리의 경우 잎겨드랑이에 알눈이 생겨나는데 중나리에는 알눈이 없다는 점이다.

개화기　7~8월

분포　제주도와 울릉도를 제외한 전국 각지에 분포하며 들판이나 산의 풀밭에 난다.

재배　물이 잘 빠지도록 분 속에 굵은 왕모래를 깐 다음 산모래에 부엽토를 섞어 넣고 구근을 한가운데에 앉힌다. 앉혀진 구근을 점토질의 흙으로 감싸놓고 복토를 한다. 이때 구근 높이의 2~3배 깊이로 묻히게끔 심어야 하며 너무 깊이 묻으면 안 된다.
거름은 질소질보다 인산질이 많이 함유된 것을 주어야 하며 가끔 잿물을 주어 뿌리를 실하게 가꾼다. 여름철에 서늘한 장소에서 가꾼다. 새끼 구근이 생겨나기 쉬우며 이것을 갈라 증식시킨다.
• 비늘줄기와 어린 잎을 식용하며 참나리와 함께 약용한다.

쥐꼬리망초

Justica procumbens var. leucantha HONDA | 쥐꼬리망초과

특징　길가나 풀밭에서 흔히 볼 수 있는 1년생 풀이다. 줄기는 모가 나 있으며 아래쪽은 쓰러져 땅에 닿는다. 높이는 40cm 정도로 많은 가지를 치며 마디는 약간 부풀고 두 장의 잎이 마주난다.
잎은 길쭉한 타원형이다. 늦은 여름에 가지 끝에 분홍빛 작은 꽃이 이삭 모양으로 모여 핀다. 전체적인 겉모습은 쇠무릎과 비슷하다.

개화기　8월~10월

분포　전국 산야의 풀밭이나 시골 길가에 흔히 난다.

재배　분에 심어 가꿀 만한 풀은 못 되며 마당의 구석진 자리에 심어 가꾸는 것이 격에 맞으며 무난하다.
늦가을에 씨가 쏟아지지 않게 줄기째 꺾어 뜰의 나무밑 등 알맞은 곳에 꺾은 줄기를 가볍게 쳐서 씨를 떨어뜨린다. 흙을 덮어 줄 필요는 없고 그대로 내버려두면 이듬해 봄에 싹이 튼다. 키가 10~15cm쯤 자랐을 무렵에 잘 썩은 깻묵이나 닭똥을 뿌려주면 힘차게 자라 꽃이 잘 핀다.
가꾼다고 해서 여러 가지로 매만질 필요는 없으며 방치해두어도 잘 자란다.
• 어린 잎은 나물로 먹으며 풀 전체를 류머티스 치료제로 사용한다.

참나리

Lilium lancifolium THUNB | 백합과

특징 땅 속에 굵은 구근이 묻혀 해마다 긴 줄기가 자라 꽃을 피운다. 구근은 두툼한 비늘잎이 겹쳐 이루어지므로 이것을 인경(鱗莖)이라 한다. 줄기는 1.5m 높이로 자라며 보랏빛을 띤 갈색 반점이 산재한다.
잎은 피침형으로 줄기의 밑동에서 꼭대기까지 치밀하게 배열되며 꽃필 무렵 잎겨드랑이에 알눈이 생긴다. 이 알눈은 땅에 떨어지면 뿌리를 내려 새로운 싹을 틔운다. 꽃의 크기는 10cm 정도로 한 포기에 열 송이 정도 핀다. 비슷한 종류로 중나리가 있다.

개화기 7~8월

분포 전국에 분포하며 산과 들판의 양지바른 풀밭에 난다.

재배 산모래에 석회암 부스러기 등 알칼리성 흙을 섞으면 잘 자란다. 깊이 심지 않도록 하며 구근 높이의 2~3배 깊이로 심어 매달 한 번씩 깻묵가루를 분토 위에 뿌려준다.
물은 적당히 주고 생육 기간 내내 충분한 햇빛을 보인다. 더위에 강해 여름철의 석양빛을 받아도 생육에는 아무런 지장이 없다. 포기나누기는 할 수 없으므로 증식을 원할 때는 잎겨드랑이에 생겨나는 알눈을 모아 흙에 묻어 가꾸어야 한다.
• 비늘줄기를 식용하며 영양강장제로도 사용하고, 민간에서는 진해제로 사용한다.

참산부추

Allium sacculiferum MAX | 백합과

특징 숙근성 풀로 땅속에 작은 구근이 묻혀 있으며 일반적으로 한 곳에 여러 개체가 모여 산다. 높이는 15~40cm에 이르며 잎은 가늘고 단면은 반달형이다.
꽃자루가 길게 자라 꼭대기에 보랏빛을 띤 분홍빛 작은 꽃이 둥글게 뭉쳐 핀다.
높은 산에서는 일찍 기온이 떨어지기 때문에 8~9월에 꽃이 피는데 분에 심어 가꿀 때는 키도 15cm 안팎으로 작아지고 꽃도 늦가을에 핀다. 비슷한 종류에 알눈산부추, 두메부추, 한라부추 등이 있다.

개화기 8~9월

분포 전국의 산지, 특히 양지바른 풀밭에 난다.

재배 가루를 뺀 산모래에 심는다. 거름은 매달 한 번씩 소량의 깻묵가루를 주면서 월 1~2회 재를 물에 타서 준다. 추위와 더위는 물론 건조한 환경에도 강하므로 바람과 햇빛이 잘 들어오는 장소에서 가꾸면 된다.
물은 약간 적게 주어야 키가 작아져서 좋다. 갈아심기는 3~4년에 한 번 해주면 되고 구근이 잘 늘어나므로 갈아심을 때 갈라내서 증식시킨다.
작은 분에 심어 가꾸거나 넓고 얕은 분에 많은 구근을 함께 심어 가꾸면 재미있다. 갈아심지 않아도 꽤 오랫동안 정상적인 생육을 하므로 아주 큰 포기로 가꾸어 뭉쳐 있는 꽃의 아름다움을 즐기기도 한다.
• 어린순과 비늘줄기를 식용한다.

참털이풀

Filipendula multijuga MAX | 장미과

특징 숙근성 풀로 키는 30cm부터 1m 가까이로 자라는 경우도 있다. 줄기는 곧게 자라 많은 가지를 치며 잎은 단풍나무 잎과 흡사하다.

꽃봉오리는 작은 붉은 구슬과 같으며 가지 끝에 수많은 것이 뭉쳐 달린다. 꽃이 피면 꽃잎보다 긴 수술이 거품이 일듯이 퍼져 꽃망울과 묘한 대조를 이룬다.

비슷한 종류로 털이풀, 큰털이풀, 단풍털이풀, 붉은털이, 흰털이 등이 있는데 붉은털이와 흰털이는 북한의 산악지대에만 난다.

개화기 6~8월

분포 중부에만 분포하며 산지의 습한 곳에 난다.

재배 뜰에 심어 가꾸는 것이 무난하며 분 가꾸기를 원할 때는 뿌리에 비해 약간 큰 듯한 분을 써서 산모래에 부엽토를 20% 가량 섞은 흙으로 심어준다. 눈이 움직이기 시작할 때부터 장마철 전까지는 물을 보통보다 좀 많게 주고 한여름에는 적게 주어야 한다.

생육 기간 내내 햇빛을 잘 받게 해주고 거름은 매달 한 번씩 깻묵가루를 분토 위에 뿌려준다. 포기가 커지면 이른 봄 눈이 움직이기 전에 포기를 나누어 새로운 흙으로 갈아심어주어야 한다.

참털이풀은 다른 종류의 풀과 함께 심어 가꾸면 잘 자란다. 이 경우 섞어 심는 풀은 흙과 물에 대한 조건이 비슷한 것을 골라야 한다.

층층이꽃

Clinopodium chinense var. parviflorum HARA | 꿀풀과

특징 양지바른 풀밭에 나는 숙근성 풀로 온몸에 짧은 털이 나 있다. 줄기는 네모나고 곧게 자라 높이 60cm에 이르는데 가지는 거의 치지 않는다.

잎은 마디마다 마주나며 계란형으로 가장자리에 거친 톱니가 있다.

꽃은 줄기 상부의 잎겨드랑이마다 줄기를 감싸듯이 둥글게 배열되어 핀다. 이와 같이 꽃이 층을 지어 피기 때문에 이러한 이름이 붙여졌다. 꽃의 크기는 1cm 정도이고 분홍빛이다.

개화기 6~9월

분포 전국 각지의 풀밭에 난다.

재배 흙은 산모래에 부엽토를 30% 정도 섞은 것을 쓴다. 분은 지름과 길이가 20cm 정도 되는 것이 적당하다.

분에 올릴 묘는 꽃대가 자라기 전의 것이라야 한다. 거름은 깻묵가루를 매달 한 번씩 주면 된다.

초여름까지는 햇빛을 충분히 받게 하고 그 뒤로는 나무 밑 등 반 정도 그늘지는 자리로 옮겨주어야 한다. 물은 하루 한 번 주는 것을 원칙으로 하며 가급적 아침에 준다. 증식은 갈아심을 때 행하는 포기나누기에 의한다.

• 어린순은 나물로 먹으며 뿌리는 욤약으로 사용한다.

털동자꽃

Lychnis fulgens var. typica REGEL | 석죽과

특징　고원지대에 나는 키 작은 숙근성 풀이다. 키는 40~70cm로 딱딱한 줄기와 긴 계란형의 잎에는 부드러운 털이 밀생하고 있다. 잎은 마디마다 두 장이 마주나며 잎 가장자리는 밋밋하다. 여름에 피는 꽃은 진홍빛으로 개량된 화초류에 못지 않은 아름다움을 지니고 있으며 길게 두 갈래로 갈라진 꽃잎 다섯 매로 구성된다.

개화기　6~8월

분포　중부 지방과 북부 지방의 다소 높은 산, 특히 고원지대와 같은 지형을 가진 곳에 난다. 비슷한 종류로 동자꽃이 있는데, 이 종류는 전국적인 분포를 보이며 꽃은 진홍빛 바탕에 흰빛이나 분홍빛 얼룩이 든다.

재배　흙은 산모래에 석회질 모래를 약간 섞어 쓰면 생육 상태가 아주 좋아진다. 이른 봄 눈이 움직이기 시작할 무렵에 포기를 나누어 갈아심어준다. 뿌리가 허약하여 부서지기 쉬우므로 갈아심을 때는 뿌리를 건드리지 않게 주의할 필요가 있다. 한여름 이외에는 햇빛을 잘 받게 해주고 물은 하루 한 번 흠뻑 주어야 하는데, 물이 잘 빠지지 않으면 뿌리가 썩어버리기 쉽다. 거름은 한여름을 제외하고는 매달 한 번씩 깻묵가루를 주면 된다.

털여뀌

Amblygonon pilosum NAKAI | 여뀌과

특징　한해살이 풀로 키는 2m에 이른다. 줄기는 굵고 많은 가지를 치며 풀 전체에 잔털이 나 있다. 잎은 계란형이고 톱니가 없으며 길이 20cm 안팎, 넓이 15cm 정도로 마디마다 한 장씩 어긋나게 난다. 꽃은 가지 끝마다 이삭 모양으로 뭉쳐 피는데 이삭의 길이는 10cm 안팎에 이른다. 꽃의 빛깔은 짙은 분홍빛으로 잘 가꾸어 놓으면 사람의 눈길을 끌 정도의 아름다움을 보여준다. 비슷한 종류로 붉은털여뀌가 있는데 이것은 꽃이 붉어 한층 더 아름답다.

개화기　7~8월

분포　원래 동남아시아에 나는 종류로 웅장하고 꽃이 아름답기 때문에 오래 전부터 집 주위에 심어 가꾸어왔다. 오늘날에는 반야생 상태가 되어 전국 각지의 농촌에서 흔히 볼 수 있게 되었다.

재배　한해살이 풀이므로 가꾸어 즐기자면 우선 씨를 입수해야 한다. 씨는 둥글납작하며 지름이 3mm 정도로 꺼멓다. 워낙 키가 크기 때문에 분에 심어 가꾸기가 어려우며 담장가의 양지바르고 흙이 부드러운 자리에 씨를 뿌려 가꾸는 것이 좋다. 관리에 신경을 쓰지 않아도 잘 자라며 일단 가꾸어 놓으면 씨가 떨어져 해마다 스스로 자란다.

패랭이꽃

Dianthus chinensis L | 석죽과

특징　낮은 야산의 풀밭이나 제방 등에서 흔히 볼 수 있는 가냘프고 아름다운 숙근성 풀이다. 한 자리에서 여러 개의 줄기가 자란다. 줄기는 높이 30mm 정도로 자라고 몇 개의 가지를 치며 마디마다 두 장의 피침형의 잎이 마주난다.

풀 전체가 가루를 뒤집어 쓴 것처럼 회녹색으로 보인다. 꽃은 줄기와 가지 끝에 한두 송이씩 피는데 색채는 짙은 분홍빛이다.

꽃잎 밑에 길쭉한 원통처럼 생긴 꽃받침이 자리하고 있으며 이 꽃받침과 꽃잎이 자아내는 생김새가 옛날 하인들이 쓰고 다니던 패랭이와 흡사하기 때문에 이러한 이름이 붙여졌다.

비슷한 종류로 술패랭이꽃이 있다.

개화기　6~8월

분포　전국 각지에 분포한다.

재배　산모래에 20~30%의 부엽토를 섞은 흙으로 심어 생육 기간 내내 양지바른 자리에서 가꾼다. 거름은 묽은 물거름을 월 3~4회 주고 물은 다소 적게 주는 것이 좋다.

꽃이 핀 뒤 묵은 뿌리를 짧게 다듬어 꺾꽂이에 가까운 상태로 하여 완전히 새로운 흙으로 갈아심어 준다. 봄부터 초여름 사이에 꺾꽂이로도 증식시킬 수 있다.

• 꽃과 열매가 달린 풀 전체를 말려 약용한다.

해당화

Rosa rugosa var. typica REGEL | 장미과

특징　해변가 모래사장에 나는 낙엽성 관목이다. 키는 1m 안팎이고 줄기와 가지에는 잔가시가 밀생해 있다. 잎은 기수우상복엽(奇數羽狀複葉)인데 이것을 구성하는 작은 잎은 타원형이고 약간 두터우며 표면에 많은 주름이 있으나 윤기가 난다.

가지 끝에 찔레꽃처럼 생긴 큰 분홍빛 꽃이 핀다. 꽃을 피운 후 열매를 맺는데 익으면 붉게 물들어 대단히 아름다우며 단맛이 나서 먹을 수 있다.

겹꽃이 피는 겹해당화도 있는데 이것은 원예종으로 일반적으로 매괴화라고 부른다.

개화기　6~7월

분포　전국의 해변가 모래사장이나 해변에 가까운 산록지대에 난다.

재배　땅에 심어 가꿀 때는 양지바르고 수분과 비교적 거름기가 풍부한 자리를 골라야 한다. 분 가꾸기는 큰 분을 써야 하며 흙은 가리지 않지만 무겁고 굳어지기 쉬운 흙은 생육 상태가 좋지 않으므로 부엽토나 왕겨를 20~30% 섞어 쓴다.

햇볕을 잘 쬐고 겨울 이외의 계절에는 하루 한 번, 분 바닥의 배수 구멍으로 흘러나올 정도로 물을 준다. 뿌리가 차면 이른 봄에 포기나누기를 겸해 갈아심어준다.

• 꽃과 열매는 약용하고 향수 원료로도 쓰인다. 뿌리는 염료로 사용한다.

갯국화

Chrysanthemum pacificum NAKAI | 국화과

특징　해변가에 나는 들국화로 애기해국 또는 나도해국이라 부르기도 한다. 높이 30cm 정도의 숙근초로 가늘고 긴 땅속줄기를 가지고 있다. 줄기는 비스듬히 누워서 자라는 습성이 있다. 잎은 일반 국화처럼 생겼지만 두텁고 가장자리와 뒷면에 은백색 잔털이 밀생한다. 가을에 줄기 끝에 작고 노란꽃이 뭉쳐 핀다.

개화기　10~11월

분포　다도해의 여러 섬에 나며 주로 해변의 벼랑이나 풀밭에서 볼 수 있다.

재배　흙은 가루를 뺀 산모래에 20% 정도의 부엽토를 섞은 것을 쓴다. 거름은 적은 양의 깻묵가루를 매달 한 번씩 분토 위에 뿌려주거나 묽은 물거름을 매주 한 번씩 준다. 물을 적게 주고 햇빛이 강하고 바람이 잘 닿는 장소에서 가꾼다. 갈아심을 때 묵은 흙이 남아 있으면 말라 죽는 일이 있으므로 완전히 새로운 흙으로 갈아심도록 해야 한다. 갈아심는 시기는 꽃이 피고 난 뒤부터 이른 봄 사이가 좋다. 증식하기 위해서는 줄기가 말라 죽은 뒤 그 주위에 어린 묘가 많이 생겨나므로 이것을 갈라 심으면 된다. 또한 봄부터 여름까지 꺾꽂이를 하는 것도 좋다. 꽃만으로도 즐길 만한 가치가 있으나 돌붙임으로 하여 밀생시키면 잎 표면의 짙은 녹색과 잎 뒤의 은백색이 조화를 이루어 한층 더 운치가 있어 보기 좋다.

뚱딴지 돼지감자

Helianthus tuberosus L | 국화과

특징　귀화식물로 북아메리카 원산이다. 해바라기와 같은 과에 속하는데 굵은 구근 같은 뿌리를 가지고 있어 한 번 심어 놓으면 해마다 자라 노란 꽃이 핀다.

이 덩이뿌리는 먹을 수 있기 때문에 일명 뚱감자 또는 돼지감자라고도 불린다.

줄기는 1~2m 높이로 자라 윗부분에서 여러 개의 가지를 친다. 잎은 길쭉한 타원형으로 가장자리에 고르지 못한 톱니가 있고 길이는 10~20cm에 이른다. 꽃은 지름 8cm 정도의 크기로 핀다.

개화기　9~10월

분포　일반적으로 뜰에 심어 가꾸고 있으나 때로는 야생화된 것도 볼 수 있다.

재배　워낙 뿌리가 굵고 키가 높기 때문에 분에 심어 가꾸는 것보다 뜰에 심어 꽃을 즐기는 편이 낫다. 큰 구덩이를 파고 파올린 흙에 부엽토나 두엄을 섞어 심는다. 구덩이 속에 밑거름으로 닭똥을 한 부삽 넣고 부엽토를 섞은 흙을 5~6cm 깊이로 덮은 다음 뿌리를 두세 개 심어준다.

심는 자리는 햇빛이 잘 닿는 장소라야 하며 바람이 잘 닿는 곳에서는 크게 자람에 따라 쓰러질 염려가 있으므로 지주를 세워주는 것이 좋다.

• 덩이줄기를 식용하며 요즘은 사료로 널리 쓰인다.

산국

Chrysanthemum boreale MAKINO | 국화과

특징 산지에 나는 국화이기 때문에 산국이라 하며 흔히 감국이라고도 부른다. 여러 개의 줄기가 함께 자라 많은 가지를 치며 높이는 1m에 이른다. 잎은 국화류의 잎의 특색을 그대로 갖추고 있으나 다소 얇고 잔털이 나 있다. 가을이 되면 가지 끝에 노란꽃을 무더기로 피우는데 한 송이 꽃의 크기는 1.5cm 정도에 지나지 않으며 짙은 향기를 풍긴다.

개화기 10~11월

분포 전국적인 분포를 보이며 산지의 다소 건조한 풀밭에 난다.

재배 가루를 뺀 산모래에 20~30%의 부엽토를 섞은 흙으로 심어 깻묵가루를 조금씩 주면서 가꾼다. 양지바른 곳에서 물을 적당히 주면서 바람을 잘 받게 한다. 갈아심는 작업은 꽃이 피고 난 뒤부터 이른 봄 사이가 좋으며 이때 묵은 흙이 남아 있으면 아랫잎이 말라 죽는 현상이 일어난다.

꽃망울이 생길 무렵에 잔가지를 따서 꺾꽂이 하면 10~20cm 높이로 꽃이 피어 보기 좋다. 뜰에 심어 가꿀 때는 늦여름까지 두어 번 베어줄 필요가 있다. 그렇지 않으면 지나치게 자라 키가 2m 가까이에 이르게 되므로 산국다운 운치를 잃고 만다.

• 어린순을 나물로 먹으며 꽃은 두통, 현기증에 사용한다.

섬감국

Chrysanthemum indicum L | 국화과

특징 감국 또는 황국이라고도 불리는 야생 국화로 숙근성이다. 키는 30~60cm에 이르고 잎은 전형적인 국화 잎으로 표면은 윤기가 나고 뒷면에는 부드러운 털이 나 있다. 가을에 지름이 2cm쯤 되는 노란꽃이 가지 끝에 뭉쳐 핀다. 다도해의 여러 섬에는 흰꽃이 피는 흰섬감국이 난다.

개화기 10~11월

분포 전국 각지의 산과 들판의 풀밭에 나며 양지바른 곳을 좋아한다.

재배 분 가꾸기는 햇빛과 바람이 잘 닿는 자리에서 해야 하며 무엇보다도 물이 잘 빠지게 하고 뿌리를 깊게 심지 말아야 한다. 산모래에 부엽토를 20~30% 섞은 흙으로 심어준다. 거름은 물거름을 월 2~3회 정도만 주면 된다. 거름이 지나치면 꽃필 때에 아랫잎이 말라 죽는 현상이 일어나므로 깻묵가루를 분토 위에 뿌려주는 것은 바람직하지 않다. 갈아심기는 해마다 이른 봄에 하는데 이때 묵은 뿌리를 반 이상 다듬어 새로운 뿌리가 무성히 자라도록 해주는 게 좋다. 흙은 완전히 새 것으로 바꾸어준다. 묵은 흙이 섞여 있을 때는 아랫잎이 말라 올라가는 원인이 된다. 증식은 갈아심을 때 뿌리줄기를 갈라내면 되는데 때로는 봄부터 초여름에 걸쳐 잎 한 장을 붙여 줄기를 알맞은 길이로 잘라 꺾꽂이를 하기도 한다.

털머위

Farfugium japonicum KITAM | 국화과

특징 상록성 숙근초로 굵은 뿌리줄기를 가지고 있는데 잎은 직접 뿌리줄기로부터 자란다. 그러므로 잎은 지표면 가까이에 뭉치게 되며 그 생김새는 둥근형에 가까운 콩팥형이다.

잎이 두텁고 짙은 녹색인데 윤기가 난다. 어린 잎은 회갈색 털에 두텁게 덮여 있으나 크게 자람에 따라 점차 없어진다. 늦가을부터 초겨울에 60cm 정도의 높이로 꽃자루가 나타나 민들레처럼 생긴 노란꽃이 열 송이 가량 핀다. 잎에 노랑 얼룩무늬가 드는 원예종도 있다.

개화기 10~12월

분포 제주도와 다도해의 여러 섬에 나는 난대성 식물이다.

재배 생육력이 대단히 강하기 때문에 어떤 흙에서든지 잘 자란다.

분에 심어 작게 가꾸어 즐기기 위해서는 산모래만으로 심는 것이 좋다. 이 경우 분의 크기는 뿌리줄기를 수용할 수 있는 최소한의 크기로 해야만 작게 가꿀 수 있다. 거름은 주지 않는다. 거름을 주면 잎이 크게 자라 관상 가치가 떨어지기 때문이다. 물은 적당히 주고 바람과 햇빛이 충분히 닿는 장소에서 가꾸어야 한다.

• 잎자루는 식용하며 잎은 생선 중독 또는 부스럼에 사용한다.

구절초

Chrysanthemum zawadskii HERB | 국화과

특징 들국화의 한 종류로 선모초라고도 한다. 줄기는 곧게 자라는데 일반적으로 위쪽에서 여러 갈래로 갈라져 여러 개의 가지를 형성하며 때로는 전혀 갈라지지 않을 때도 있다.

잎은 국화 잎보다 깊숙이 갈라지며 가지 끝에 지름 5cm 안팎의 흰꽃이 피는데 때로는 연분홍빛 꽃이 피는 것도 있다.

개화기 9~10월

분포 전국 각지의 산지, 양지바른 곳에서 흔히 볼 수 있다.

재배 가루를 빼지 않은 분재용 산모래에 20% 가량의 부엽토를 섞은 흙으로 심어준다. 분은 약간 깊은 것을 써야 생육 상태가 좋아진다.

흙 속에 물기가 충분하면 크게 자라 꽃은 많이 피지만 분과의 조화가 깨져 관상 가치가 떨어지고 만다. 그러므로 양지바르고 바람이 잘 닿는 장소에서 물을 조금씩 주면서 가꾸어야 한다.

그렇다고 해도 지나치게 흙을 말리면 아랫잎이 말라 떨어지므로 주의한다. 거름은 더운 계절을 제외하고는 매달 한 번씩 분토 위에 소량의 깻묵가루를 뿌려 주는 정도로 충분하다.

증식은 포기나누기와 꺾꽂이에 의한다.

• 꽃이 달린 풀 전체는 부인병에 쓰인다.

궁궁이 천궁

Angelica polymorpha MAX | 미나리과

특징　토천궁(土川芎)이라고도 하는 숙근성 풀이다. 곧게 자라는 줄기는 굵고 속이 비었으며 윗부분에서 여러 갈래로 갈라지면서 1~1.5m 정도의 높이로 자란다. 잎은 서너 번 세 갈래로 갈라지면서 복엽을 이루는데 당근과 흡사한 모양이다. 지표면에는 뿌리에서 자란 잎이 방석처럼 펼쳐지고 줄기에는 서로 어긋나게 잎이 생겨난다. 줄기 꼭대기에 지름 8~20cm 정도의 크기로 작고 흰 꽃이 뭉쳐 핀다.

개화기　9~10월

분포　제주도와 전국 각지의 산골짜기에 나며 흙 속에 물기가 많은 곳을 좋아하는 경향이 있다.

재배　흙은 별로 가리지 않기 때문에 일반적으로 산모래에 부엽토를 약간 섞은 흙으로 심는다. 몸집이 크므로 넓고 깊은 분을 쓴다. 분에 심어 즐기는 것도 좋으나 뜰에 심어 가꾸는 쪽이 순조롭게 자라 훨씬 관상 가치가 높아진다.

거름은 깻묵덩이 거름을 2~3개 분토 위에 놓아주는데 30~40일 후 다시 새로운 것으로 바꾸어준다. 뜰에 심은 것은 가끔 닭똥을 뿌리 주위에 묻어주면 된다. 물기를 좋아하므로 분토를 지나치게 말리는 일이 없도록 관리해야 한다.

• 어린순은 나물로 먹는다.

뇌향국화

Chrysanthemum makinoi MATSUM. et NAKAI | 국화과

특징　줄기와 잎에서 용뇌와 같은 향내를 풍기기 때문에 이러한 이름이 붙게 되었다. 용뇌는 열대지방에 나는 나무로 녹나무의 기름과 흡사한 향기를 낸다. 뇌향국화는 숙근초로 40~80cm 정도의 크기로 자란다. 잎은 세 갈래로 갈라지는데 표면은 짙은 녹색이고 약간의 털이 있다.

잎 뒷면에는 우단과 같은 부드러운 털이 밀생하여 잿빛을 띤 흰빛으로 보인다. 가을에 가지 끝에 흰빛의 가련한 꽃이 피며 연분홍빛 꽃이 피는 개체도 있다.

개화기　10~11월

분포　남부 지방의 구릉지나 햇빛이 잘 쪼이는 벼랑 등에 난다.

재배　산모래에 20~30%의 부엽토를 섞은 흙으로 얕은 분에 심어 햇빛을 보이며 가꾼다. 거름은 깻묵가루를 조금씩 분토 위에 뿌려준다. 갈아심기는 꽃이 피고 난 뒤로부터 이른 봄 사이에 실시한다. 이때 묵은 흙이 섞이면 아랫잎이 말라 죽어버리므로 완전히 새 흙으로 바꾸어준다.

숙근초이기는 하나 분 가꾸기를 할 때는 오래 살지 못한다. 그러므로 4~5년 주기로 꺾꽂이나 포기나누기로 갱신시켜주도록 한다. 꺾꽂이한 어린 묘를 작은 분에 심어 가꾸면 벼랑의 바위틈 등 거친 환경에서 자란 것처럼 키를 작게 가꿀 수 있어 한층 보기가 좋다.

다닥꽃취

Aster leiophyllus FR. et SAV | 국화과

특징　구릉지나 들판의 풀밭에 나는 숙근성 풀로 논두렁에서도 흔히 볼 수 있다.
풀밭에 나는 것은 키가 1m에 이르는 것도 있으나 까실쑥부쟁이처럼 암벽에 붙어 자라고 있는 것은 10~20cm의 크기로 몇 송이의 흰꽃을 피우며 꽃망울이 보랏빛으로 물들어 아주 보기 좋다. 까실쑥부쟁이처럼 개체에 따라 변화가 심하다.
개화기　10~11월
분포　제주도와 남부 및 중부 지방에 분포한다.
재배　흙은 물만 잘 빠지면 어떤 것이든지 쓸 수 있으나 키를 작게 가꾸기 위해서는 거름기가 적은 산모래를 주로 쓴다. 흙이 자주 말라붙으면 아랫잎이 말라 죽으므로 주의해야 한다. 분 속 가득히 쉽게 뿌리가 차므로 반드시 해마다 한 번 새로운 흙으로 갈아심어야만 생육이 좋다. 갈아심기의 적기는 꽃이 피고 난 직후 또는 이른 봄 눈이 움직이기 직전이다.
가꾸는 장소는 햇빛이 잘 들고 바람이 잘 닿는 곳이라야 한다. 거름을 좋아하기는 하나 지나치면 웃자라 난잡한 모습을 드러내므로 묽은 물거름을 가끔 주는 것이 좋다. 진딧물과 개각충이 붙기 쉬우므로 주기적으로 살충제를 살포하는 것이 바람직하다. 포기나누기 이외에도 꺾꽂이로 쉽게 증식시킬 수 있다.

바위떡풀

Saxifraga fortunei var. glabrescens NAKAI |
범의귀과

특징　잎은 땅속에 있는 짧고 굵은 줄기로부터 자라며 콩팥형 또는 하트형으로 손바닥 모양으로 얕게 갈라진다.
숙근성 풀로 여름부터 가을에 걸쳐 잎 사이로부터 10~20cm쯤 되는 꽃자루가 나와 큰댓자처럼 생긴 흰꽃을 피운다. 잎의 크기와 생김새, 색채, 털의 유무 등 변화가 많다. 북한에 많은 종류가 분포하는데 주로 고산지대에 난다.
개화기　9~10월
분포　전국 각지에 분포하며 주로 산 속의 습한 바위틈에 붙어 산다.
재배　얕은 분에 이끼를 둥글게 쌓아 올려 위에 걸터앉은 상태가 되도록 얕게 심어준다. 물은 충분히 주고 물이 잘 빠질 수 있도록 해야 한다. 겨울에는 말라붙어도 죽지 않는다.
봄가을에는 양지바른 곳에서 가꾸고 여름에는 바람이 잘 닿고 반 정도 그늘진 곳으로 옮겨주면 몸집이 작게 자라 보기가 좋다. 잎이 싱싱할 때 가장 아름다우므로 거름은 하이포넥스를 묽게 탄 것을 분무기로 잎에 뿌려준다.
몇 해에 한 번꼴로 이른 봄에 갈아심는데 이때 포기나누기를 하여 증식시킨다.
• 어린순을 식용한다.

바위솔

Orostachys japonicus BERGER | 돌나물과

특징　오래된 전통 건물의 지붕 위 기와 틈에 흔히 나는 다육질의 다년생 풀이다. 잎은 가늘고 길쭉한 피침형으로 끝에 작은 가시가 있으며 둥글게 돌아가면서 촘촘히 난다.

가을에 굵은 꽃대가 잎 사이에서 나와 희고 작은 꽃이 무수히 뭉쳐 피어 마치 작은 방망이같이 보인다. 꽃이 핀 포기는 말라 죽지만 곁가지가 나와 그 끝에 새 포기를 형성하면서 늘어난다. 잎은 흰빛을 띤 갈색이다.

개화기　9～10월

분포　전국 각지에 분포한다. 주로 산지의 바위 위, 또는 오래된 고가의 지붕 위 기왓장 사이, 담장 위 등 심하게 건조한 자리에 즐겨 난다.

재배　흙은 가루를 완전히 뺀 산모래를 쓴다. 포기의 크기와 견주어 그것보다 약간 큰 분에다 심는다. 때로는 큰 분에 여러 포기를 집단적으로 심는 것도 재미있는 방법이다. 물은 가급적 적게, 즉 봄 가을에는 2～3일에 한 번, 여름에는 하루 건너 주는 것이 무난하다. 물이 많으면 잎이 상해 감상 가치가 크게 떨어진다.

거름은 묽은 물거름을 일주일에 한 번꼴로 주고 양지바른 자리에서 관리해준다. 곁가지 끝에 새로운 포기를 형성하므로 그것을 갈라서 분에 올려주면 쉽게 증식된다.

• 일본에서는 잎을 습진에 사용한다.

쓴풀

Swertia japonica MAKINO | 용담과

특징　2년생의 풀이며 대단히 쓰기 때문에 쓴풀이라 부른다. 모가 난 줄기는 곧게 자라 높이 10～25cm 정도가 된다.

잎은 보랏빛을 띤 녹색이고 가늘고 길쭉한 줄꼴로 마디마다 2매가 마주난다. 줄기 끝에 5매의 흰 꽃잎으로 구성된 꽃이 뭉쳐 핀다. 꽃의 지름은 1.5cm쯤이고 흰 바탕에 보랏빛 줄이 나 있다.

이 꽃은 햇빛이 닿아야만 피고 흐린 날에는 꽃봉오리를 닫는 특성이 있다. 비슷한 종류로 보랏빛 꽃이 피는 자주쓴풀과 뿌리에 쓴맛이 없는 개쓴풀이 있다.

개화기　10～11월

분포　남부 지방과 제주도에 분포하며 주로 산야의 양지바른 풀밭에 난다.

재배　산모래에 약간의 부엽토를 섞은 흙을 써서 작은 분에 심어 가꾼다. 햇빛을 충분히 보여주고 흙이 마르면 물을 흠뻑 준다.

거름은 깻묵가루를 가끔 분토 위에 뿌려주면 된다. 풀밭에서 어린 묘를 캐다 심는 것보다 씨를 뿌려 가꾸는 것이 무난하다. 씨는 해토 직후에 뿌리는데 뿌린 뒤 흙이 말라붙으면 싹트지 않으므로 주의해야 한다.

뜰에 심어 가꿀 때는 양지바르고 다소 습한 장소에 심어야 한다.

• 줄기와 잎을 자주쓴풀과 함께 건위제로 사용한다.

참억새

Miscanthus sinensis ANDERS | 벼과

특징 키 큰 숙근성 풀로 높이는 1.5m에 달하며 한자리에 많은 줄기가 뭉쳐 자란다. 잎은 1m에 가까운 길이에 줄기를 감싸면서 누워 자란다.
잎가에는 작기는 하나 예리한 가시가 치밀하게 배열되어 있어 잘못 건드리면 상처를 입는 수가 있다. 가을에 줄기 끝에 큰 이삭이 패는데 완전히 패이면 흰 털이 펼쳐져 햇빛에 반짝인다. 많은 것이 군생하고 있을 때는 바람이 불 때마다 은백색 이삭이 일제히 물결치면서 장관을 이룬다.
비슷한 종류로 억새와 큰억새가 있으며 습한 땅에 나는 물억새도 있다.

개화기 9월

분포 전국 산야의 양지바른 풀밭에 난다.

재배 워낙 크게 자라는 풀이기 때문에 분에 심어 가꿀 수는 없고 뜰의 양지바른 곳에 심어 가꾸는 것이 무난하다.
부식질이 많이 함유되어 있고 토양 수분이 풍부한 장소가 좋다. 부식질이 함유되어 있지 않을 때는 구덩이 속에 퇴비를 깔고 그 위에 심어주면 된다. 한 번 심어 놓으면 늦가을에 말라 죽은 것을 솎아주는 이외에는 별다른 관리가 필요없다.

• 뿌리를 이뇨제로 사용한다.

한삼덩굴

Humulus japonicus SIEB. et ZUCC | 뽕나무과

특징 길가나 황무지에 군생하는 덩굴성 1년초다. 암꽃과 수꽃이 각기 다른 포기에 피며 이러한 성질을 자웅이주(雌雄異株)라고 한다.
줄기는 푸르고 질기며 잎자루와 함께 많은 잔가시가 있어 긁히면 피가 약간 비칠 정도의 상처가 생긴다. 잎은 손바닥 모양으로 5~7 갈래로 갈라져 마치 단풍나무 잎과 같은 모양을 하고 있으며 거칠다. 초가을에 덩굴 끝에 꽤 큰 꽃이삭을 형성하는데 수꽃은 연한 황록빛이고 암꽃은 자갈색을 띤 녹색이다.

개화기 9~10월

분포 전국에 분포하며 길가나 풀밭에 난다.

재배 산모래에 약간의 부엽토를 섞은 흙을 큰 분에 담아 가을에 채종되는 대로 씨를 뿌려준다. 이듬해 봄에 싹이 터서 5cm 정도의 크기로 자라면 실한 묘 하나만 남기고 나머지는 솎아버린다.
대나무 가지로 기둥을 삼고 물과 거름을 적게 주어 키를 작게 가꾸는 것이 좋다.
쓸모없는 잡초로 취급되기 때문에 가꾸는 사람이 거의 없지만 가꾸어 놓고 보면 그런대로 야생의 정취가 느껴져 볼 만하다.

• 어린 줄기는 나물로 먹는다.

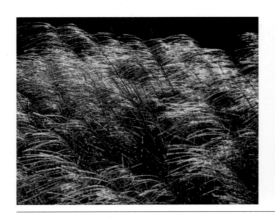

해변국화

Chrysanthemum nipponicum MATSUMURA | 국화과

긴털갯쑥부쟁이

Heteropappus arenarius KITAM | 국화과

특징 다년생의 풀로 키는 50~80cm 정도로 자란다. 밑줄기는 굵고 관목처럼 생겼으며 겨울에도 얼어죽지 않는다. 이듬해 봄에는 살아 남은 밑줄기로부터 새로운 줄기가 자라 많은 잎이 서로 겹쳐진다. 잎은 주걱 모양으로 두텁고 윤기가 나며, 잎자루는 없다. 가을에 흰꽃이 피는데 야생국화 중에서는 가장 꽃이 커 지름이 5~6cm에 이른다.

개화기 10~11월

분포 일본의 동북 지방에 분포하는 들국화로 해변의 벼랑 같은 곳에 난다. 우리나라에는 언제 도입된 것인지 알 수 없으나 간혹 뜰에 심어 가꾸고 있는 것을 볼 수 있다.

재배 가루를 뺀 산모래로 물이 잘 빠질 수 있게 심어 가꾼다. 물을 조금씩 주면서 바람이 잘 통하고 햇빛이 강하게 내리쪼이는 자리에서 가꾼다. 거름은 깻묵가루를 뿌려주는 것도 좋으나 지나치면 꽃이 필 무렵에 아랫잎이 말라 죽기 쉬우므로 물거름을 월 2~3회 주는 편이 낫다. 갈아심기는 해마다 이른 봄에 실시해야 한다. 이때 잔뿌리를 절반 정도 잘라버리고 해마다 새로운 뿌리로 생육을 지속하게 한다. 증식은 포기나누기와 꺾꽂이에 의한다.

특징 해변의 모래밭에 나는 2년생 풀이다. 옆으로 기는 성질을 가졌으며 잎은 숟갈형으로 길이 3~6cm 정도로 가장자리에만 잔털이 난다. 직경 3.5cm 정도의 연보랏빛 꽃을 차례로 피워 꽤 오랫동안 즐길 수 있다. 잘 가꾸어 놓으면 분으로부터 늘어지면서 꽃이 피는데, 늦가을부터 겨울 동안의 꽃으로 즐길 만하다.

개화기 11~2월

분포 제주도와 남부 지방의 해변에 난다.

재배 따뜻한 고장에서는 양지바른 암석원이나 뜰의 바위틈에 심어 놓으면 자란 가지에 뿌리가 생겨 자꾸만 늘어난다. 분에 심어 가꿀 때는 가루를 뺀 산모래에 10% 정도의 부엽토를 섞은 흙으로 심어 충분히 햇빛을 보이면서 가꾼다. 분토가 심하게 말라붙을 경우 아랫잎이 떨어져 꽃이 필 때는 가지 끝에 약간의 잎이 남는 정도로 초라한 모습이 되어버린다. 그러므로 물과 거름은 충분히 주어야 한다. 자생지에서는 겨울철에 바람만 막아주면 계속 꽃을 즐길 수 있으나, 추운 지방에서는 얼지 않을 정도의 낮은 온도를 가진 곳으로 옮겨 보호해줄 필요가 있다. 씨뿌림과 꺾꽂이로 증식시킨다.

송악

Hedera rhombea SIEB. et ZUCC | 오갈피나무과

특징 바위 벼랑이나 나무줄기를 타고 올라가는 상록성 덩굴식물이다. 원예종인 아이비(Ivy)와 같은 과에 속하기 때문에 모양도 흡사하다. 오각형 잎은 때때로 3~5갈래로 얕게 갈라지며 빳빳하고 윤기가 난다. 가지 끝에 작고 푸른 꽃이 뭉쳐 피었다가 겨울에 꺼멓게 익는다. 꽃이 피게 될 성숙한 가지에 나는 잎은 타원형으로 갈라지지 않는다.

개화기 9월경

분포 제주도와 울릉도를 비롯하여 남부 지방에 분포하는데 충청남도의 해안 지역에서도 볼 수 있다. 주로 산록의 수림 속에 나는데 바위 벼랑이나 나무줄기로 기어 오르는 일이 많다.

재배 덩굴성 식물이므로 길쭉한 높은 분에 심어 늘어지게 가꾸어 놓는 것이 보기 좋으며 막대를 세워 감아올리는 방법도 있다. 흙은 산모래에 부엽토를 20%가량 섞어 쓰는데 밭 흙에 부엽토와 모래를 각각 20%씩 섞어도 좋다.

물을 적당히 주고 거름은 월 2~3회 물거름을 준다. 봄가을에는 햇빛을 보이고 한여름에는 반그늘로 옮겨준다. 증식은 꺾꽂이에 의하며 생육 기간 중에는 언제든지 실시할 수 있다.

• 잎은 약용하며 소가 잘 먹는다.

왕수리취 큰수리취

Synurus pungens KITAMURA | 국화과

특징 산의 풀밭에 나는 키가 큰 숙근성 풀이다. 일반적으로 대수롭지 않게 여기는 풀이지만 자세히 관찰해보면 꽤 아름다운 풀임을 깨닫게 된다. 1~1.5m 정도의 높이로 곧게 자라는 줄기의 끝에 엉겅퀴 꽃을 크게 한 것과 같은 생김새의 보랏빛 꽃이 옆을 향해 핀다.

큰 세모꼴 잎의 뒷면에는 흰 솜털이 깔려 있어 짙은 녹색의 표면과 멋진 대조를 이룬다. 꽃이 지고 줄기가 말라 죽어도 가시에 둘러싸인 꽃은 그대로의 생김새를 유지한다.

개화기 9~10월

분포 중부 지방과 북부 지방의 산지에 분포하는데 참억새가 자라는 양지바른 풀밭에 난다.

재배 햇빛이 잘 들고 물이 잘 빠지는 땅에 심어 가꾸는 것이 좋으며 워낙 키가 크기 때문에 분 가꾸기를 하기에는 적합하지 않다.

거름을 좋아하므로 심기에 앞서 깊이 판 구덩이 속에 잘 썩은 퇴비를 넣어준 다음 흙을 덮고 심는 것이 좋다.

증식시키기 위해서는 포기나누기를 하거나 산모래에 씨를 뿌려준다. 가꾸기 쉬운 풀이므로 그다지 신경쓸 필요는 없다.

용담

Gentiana scabra var. buergeri MAX | 용담과

특징 가을의 풀밭에 산뜻한 보랏빛 꽃을 피워 사람의 눈길을 끄는 숙근성 풀이다. 키는 30~60cm로 일반적으로 줄기는 곧게 자라는데 때로는 옆으로 비스듬히 눕기도 한다.

잎은 피침형으로 잎자루 없이 마디마다 2장이 마주난다. 꽃은 길쭉한 깔대기 모양으로 하늘을 향해 피며 비오는 날과 밤에는 꽃봉오리를 닫아버리는 습성을 가지고 있다. 비슷한 종류로 산용담, 큰용담, 칼잎용담 등이 있다.

개화기 9~11월

분포 제주도를 비롯한 전국 각지의 산에 나는데 특히 양지바른 풀밭에서 흔히 보게 된다.

재배 산모래에 부엽토를 20%가량 섞은 흙으로 심어 깻묵가루를 매달 한 번씩 분토 위에 뿌려준다. 물을 좋아하므로 흙이 마르지 않도록 주의해야 하며 햇빛을 충분히 보여주어야 한다. 여름철에는 특히 바람이 잘 닿을 수 있게 조치해줄 필요가 있다. 갈아심기에 게으르면 포기가 노화되어 생육 상태가 불량해지는 한편 아랫잎이 말라붙는다. 그러므로 해마다 꽃이 핀 뒤 또는 이른 봄 눈이 움직이기 전에 포기나누기를 겸해 갈아심어야 한다. 이때 흙을 완전히 새 것과 바꾸어준다.

• 뿌리를 건위제로 사용한다.

조개풀

Arthraxon hispidus MAKINO | 벼과

특징 길가나 풀밭 등 어디서든지 흔히 볼 수 있는 1년생 풀이다. 줄기는 옆으로 누워 땅 위를 기며 마디마다 잔뿌리와 꽃자루를 내민다. 꽃자루는 20~40cm의 높이로 자라며 2~3장의 좁은 계란형 잎이 난다.

꽃자루 끝에 초록빛이나 보랏빛을 띤 갈색 이삭이 3~10개 방사상으로 붙어 있다.

군락을 이루어 바람에 나부끼는 모양은 작은 참억새를 보는 듯하여 은근한 풍취가 난다.

개화기 9~11월

분포 전국에 분포하며 길가나 풀밭 또는 냇가 등에서 흔히 볼 수 있다.

재배 어떤 흙에서 가꾸더라도 잘 자라는데 어디서든지 흔히 볼 수 있는 풀이어서 업신여기는 경향이 있지만 정작 분에 심어 키우다 보면 뜻밖에 귀여운 맛을 풍긴다.

얕은 분에 심어 햇빛이 잘 드는 자리에 두고 흙이 지나치게 말라붙지 않도록 물 관리를 해주면 수월하게 가꿀 수 있다. 거름은 하이포넥스를 규정대로 물에 타 월 3~4회씩 준다.

씨를 뿌려서 증식시킨다. 가을에 꽃이 피는 달맞이꽃이나 들국화와 함께 분에 심어 가꾸면 볼 만한 초물분재가 된다.

• 풀 전체가 황색 염료로 사용되어 왔다.

참박쥐나물

Cacalia yakusimensis MASAMUNE | 국화과

특징 깊은 산의 숲속에 나는 숙근성 풀이다. 민박쥐나물을 작게 한 것과 같은 모양이다. 높이 60~90cm로 곧게 자란다.
잎은 세모꼴로 민박쥐나물보다 가로 방향으로 넓고 잎 밑동은 얕은 하트 모양이다.
잎이 박쥐가 날개를 펼친 모습과 흡사하다고 해서 이러한 이름이 붙여졌다. 가을에 줄기 끝에 연보랏빛 작은 꽃이 술 모양으로 뭉쳐 핀다.
개화기 9~10월
분포 제주도와 울릉도를 제외한 전국에 분포하며 깊은 산 속의 활엽수림 밑에 난다.
재배 가을에 씨를 받아 뜰의 나무 밑에 뿌려 가꾼다. 씨를 받아내어 즉시 뿌려주는 것이 좋다.
싹이 터서 10~15cm 정도의 크기로 자라면 거름으로 썩은 닭똥을 뿌려준다.
미립자의 흙을 쓰면 생육 상태가 좋지 않으며 산모래와 같이 딱딱한 알갱이로 이루어져 물이 잘 빠지는 흙이라야 한다. 이러한 흙에 썩은 낙엽이 섞여 있으면 더욱더 잘 자란다.
키가 크게 자라는 풀이고 잎 또한 크기 때문에 분 가꾸기에는 알맞지 않다.
• 어린 잎은 나물로 먹는다.

투구꽃

Aconitum jaluense KOMAROV | 미나리아재비과

특징 키가 1.2m나 되는 커다란 숙근성 풀이다. 줄기는 곧게 자라며 잎은 손바닥 모양으로 다섯 갈래로 갈라지고 마디마다 서로 어긋나게 난다. 잎 가장자리에는 거친 톱니가 나 있다.
줄기 끝에 여러 송이의 꽃이 뭉쳐 피는데 꽃이 투구처럼 생겼기 때문에 투구꽃이라고 한다. 꽃받침이 꽃잎처럼 변해 꽤 큰 꽃을 형성하며 짙은 보랏빛으로 핀다. 비슷한 종류로 지이바꽃, 놋젓가락나물, 백부자, 이삭바꽃, 세잎돌쩌귀 등이 있다.
모두 뿌리에 독성을 함유하고 있으며 옛날 왕이 내리던 사약은 투구꽃의 뿌리를 달인 것이다. 이 가운데 백부자는 한약재로 쓰인다.
개화기 9월경
분포 전국 각지에 분포하며 산지에 난다.
재배 가루를 뺀 산모래와 부엽토를 절반씩 섞은 흙으로 깊은 분에 심어 가꾼다. 거름은 매달 한 번씩 깻묵가루를 분토 위에 뿌려준다.
물은 적당히 주면 되고 꽃이 필 때까지는 햇빛을 충분히 쪼이게 한다. 꽃이 피고 난 뒤 갈아심어야 하는데 지난해에 생긴 묵은 뿌리는 따버리고 새로 생겨난 뿌리만 심어준다.
• 뿌리에 독성이 있으며 마늘쪽 같은 뿌리는 약용한다. 어린 잎은 삶아 우려내어 나물로 먹는다.

갈대

Phragmites communis TRIN | 벼과

특징 크게 자라는 숙근초로 잘 자란 것은 키가 2m를 넘는다. 줄기는 대나무처럼 마디가 있고 속이 비어 있다. 잎도 크고 길쭉한 피침형으로 대나무 잎과 흡사하며 가을에 참억새처럼 꽃이삭을 펼치는데, 처음에는 보랏빛이었다가 갈색을 띤 보랏빛으로 변한다. 비슷한 종류로 수면에 길게 땅속줄기를 내뻗는 달뿌리풀과 서호(西湖)갈대라고 불리는 큰달 등이 있다.

개화기 9~10월

분포 전국 각지의 소택지나 냇가 또는 바닷가 갯벌 등 물가에 난다. 또한 건조한 환경에 견디는 힘이 강해 메마른 바위틈에서도 자란다.

재배 밭 흙, 갯흙, 모래 등 어떤 흙에 심어도 잘 자라는데 때로는 이런 흙들을 섞어 심기도 한다. 거름은 봄가을에 한번씩 깻묵가루를 분토 위에 소량 뿌려준다.

햇빛이 충분히 닿게 하고 바람이 잘 닿는 자리에서 가꾸어야 건실하게 자란다. 자주 갈아심을 필요는 없고 봄부터 여름에 이르는 생장기에 분의 크기를 약간 늘려주는 정도로 충분하다.

증식은 꺾꽂이, 포기나누기로 행한다.

여름에 꽃이 피는 습지성 산야초나 여뀌류와 섞어 심는 것도 재미있고 운치가 있어 좋다.

• 어린순은 식용하고, 뿌리줄기는 구토를 멈추게 하는 진토제로 사용한다.

꽃무릇 석산

Lycoris radiata HERB | 수선과

특징 구근식물로 9월 중순경 갑자기 꽃자루가 30~40cm 길이로 자라 5~7송이의 붉은 꽃을 피운다.

꽃은 가느다란 6매의 꽃잎으로 이루어지며 6개의 붉은 수술이 활과 같이 휘어지는 모양이 대단히 인상적이고 아름답다. 꽃이 피고 난 뒤 폭 1cm, 길이 30cm 안팎의 윤기 나는 잎이 나온다. 잎은 겨우내 푸르게 살아 있다가 4월이 되면 말라 죽는다.

비슷한 종류로 개꽃무릇이 있는데 개꽃무릇은 꽃무릇보다 크기가 작고 잎에 윤기가 없다. 구근에는 유독 성분을 함유하고 있으나 약용으로 쓰인다.

개화기 9월

분포 남부 지방의 산야에 나는 것으로 되어 있으나 주로 사찰 주변에 심어 놓은 것을 볼 수 있다. 특히 전북 고창군 아산면에 위치한 선운사 주변에 큰 군락을 이루고 있다.

재배 많은 꽃이 피기를 원한다면 땅에 심어 가꾸어야 한다. 땅은 물이 잘 빠지면서도 항상 알맞은 물기를 지니고 있어야 한다.

거름을 좋아하며 바람이 시원하게 통하지 않는 장소에서는 꽃이 피는 모양이 좋지 않다. 분에 심어 가꿀 때는 산모래에 20% 정도의 부엽토를 섞은 흙을 쓰며 특히 거름을 잘 주어야만 아름다운 꽃을 즐길 수 있다.

• 비늘줄기는 독성이 많으나 삶아서 우려먹는다.

방울꽃

Sedum sieboldi SWEET | 돌나물과

특징 다육식물의 하나로 숙근성이다. 원형이나 부채형의 작은 잎이 줄기의 마디마다 3장씩 둥글게 배열된다.

잎의 가장자리는 약간 주름이 잡히며 흰 가루가 덮여 있어 은록색으로 보인다.

줄기는 늘어지는 경향이 있고 가을에 연분홍빛의 작은 꽃이 뭉쳐 핀다. 꽃의 생김새가 방울과 같아 방울꽃이라고 한다.

개화기 10~11월

분포 일본의 뇌호내해의 섬에 자생하는데 예전에 도입된 것이 국내 각지에서 가꾸어지고 있다.

재배 알갱이가 약간 굵은 산모래로 심어 선인장을 가꾸는 요령으로 키운다. 돌붙임으로도 가꿀 수 있는데 이 경우에는 극도로 말라붙는 것을 막기 위해 뿌리가 붙어 있는 자리에 이끼를 덮어주어 어느 정도의 습기를 유지시켜주는 것이 좋다.

거름은 생각이 났을 때에 주는 정도로 충분하며 물도 적게 주어야 한다.

그늘진 곳에서만 오랫동안 가꾸거나 수분이 지나치게 많을 때는 뿌리가 썩을 수 있으므로 주의할 필요가 있다. 뿌리가 썩어 생기를 잃게 되면 줄기를 잘라내어 모래에 꽂아 재생시킨다.

떨어진 잎도 모래에 꽂아놓으면 뿌리가 내리고 새로운 눈이 자란다. 포기나누기로도 증식시킬 수 있다.

산부추

Allium sacculiferum MAX | 백합과

특징 숙근성 풀로 땅 속에 구근을 형성하며 먹을 수 있으나 크기가 작아 아쉽다. 일반적으로 한 자리에 1~5개가 자라며 큰 포기로 자라기는 어렵다. 키는 20~50cm로 잎은 2~3개가 뭉쳐 자라는데 부추처럼 생겼다.

늦가을에 잎 사이로부터 하나의 긴 꽃줄기가 나와 꼭대기에 붉은빛을 띤 보랏빛 꽃이 둥글게 뭉쳐 핀다. 뭉친 지름은 3~4cm쯤 된다.

개화기 9~10월

분포 전국 산지의 양지바른 풀밭에 난다.

재배 산모래에 부엽토를 약간 섞은 흙으로 심어 가꾼다. 추위와 더위에 강하고 건조한 환경에도 잘 견디므로 양지바르고 바람이 잘 닿는 장소에서 물을 적당히 주면 된다. 다만, 물기가 지나치게 많으면 뿌리가 상하므로 주의해야 한다.

갈아심기는 3~4년에 한 번 해주면 된다.

구근이 잘 늘어나므로 갈아심을 때 알맞게 갈라 증식시킨다. 갈아심는 시기는 꽃이 끝난 뒤 또는 이른 봄이 좋다.

씨뿌림으로도 증식시킬 수 있으나 구근이 잘 늘어나므로 그렇게 할 필요가 없다.

• 비늘줄기와 연한 부분을 식용한다.

개실살이

Selaginella shakotanensis MIYABE. et KUDO |
부처손과

특징 상록성 다년생 고사리과 식물이다. 줄기는
가느다란 원기둥형으로 땅 위를 기어가면서 여러
갈래로 갈라져 서로 겹친다. 줄기의 곳곳에서 뿌리
를 내려 상당한 크기의 무리를 이룬다.
잎은 길이 1~2mm로 가느다란 바늘 모양으로 줄
기를 완전히 덮어버릴 정도로 밀생한다. 성숙하면
줄기의 끝에 사각주와 같은 생김새의 홀씨 이삭을
가진다. 홀씨 주머니는 둥글고 8줄로 배열된다.

분포 울릉도의 산지와 북한의 고산지대에만 나
며, 습지의 음습한 곳이나 바위 위에 서식한다.

재배 입수하기 어렵다는 난점이 있으나 가꾸어
보면 운치있고 특히 여름철에는 시원한 느낌이 감
돌아 좋다. 땅을 기는 성질이 있으므로 난분과 같
은 높은 분이 어울린다. 유약을 입힌 분보다 토분
쪽이 통풍 상태가 좋아 잘 자란다.
흙은 왕모래나 분재용 모래를 쓰면 된다. 심는 시
기는 3월 하순이나 4월 상순이다. 거름은 연한 물
거름을 매주 한 번씩 물 대신 준다.
초여름까지는 햇빛 아래에서 가꾸어도 무방하나
여름철의 강한 햇빛을 받으면 잎의 색이 변하므로
바람이 잘 닿는 반그늘로 옮겨놓아야 한다. 잘 가
꾸어 줄기가 길게 늘어지면 시원한 느낌이 들어 여
름철의 초물분재로 손꼽힌다.

거친잎산석송

Lycopodium sitchense var. nikoense TAKEDA |
석송과

특징 포자로 증식되어 나가는 상록성 다년생 풀
이다. 주가 되는 줄기는 철사와 같은 생김새로 가
늘고 땅위를 기어가며 군데군데에서 뿌리를 내
린다. 또한 곳곳에서 줄기가 곧게 자라 높이 5~
10cm쯤 된다.
잎은 줄꼴에 가까운 피침형으로 딱딱하고 윤기가
나며 줄기와 평행 방향으로 다섯 줄로 배열된다.
포자 주머니는 길이 1~3cm로 연한 황록빛이고
길게 자란 줄기의 꼭대기에 하나씩 생겨난다.

분포 북부 지방의 고산지대에 난다.

재배 산모래에 부엽토를 30% 섞은 흙으로 얕은
분에 심어 가꾼다. 줄기가 길게 뻗어나가므로 지름
은 20~30cm쯤 되는 것이어야 한다.
분 가장자리를 넘어서 바깥쪽으로 자란 줄기는 분
안쪽으로 방향을 돌려 U자형으로 만든 철사로 고
정시켜 분 속에 가득 차게 가꾸어 놓는다.
가꾸는 장소는 나무 밑 등 반 정도 그늘지는 자리
가 좋다.
거름은 묽게 한 물거름을 주 2회 주면서 가꾼다. 흙
이 마르는 일이 없도록 자주 살펴 물은 제때에 주
도록 해야 한다. 증식은 갈아심을 때에 줄기로부터
뿌리가 내린 자리를 살펴 알맞은 위치에서 갈라내
는 방법에 의한다.

고비

Osmunda japonica THUNB | 고비과

특징　대표적인 산나물로 꼽히는 고사리과 식물이다. 굵은 뿌리줄기로부터 사방으로 크고 넓은 잎을 펼친다.

어린 잎은 적갈색 털로 덮여 있으나 완전히 자라면 털이 거의 없어지고 길이가 50~100cm에 이른다. 완전히 펼쳐진 잎은 연한 초록빛으로 싱싱한 느낌을 풍겨 대단히 아름답다.

분포　제주도와 울릉도 그리고 남부와 중부 지방의 산지와 들판에 난다. 우리나라뿐 아니라 대만, 중국 본토, 히말라야 지방, 일본 등 아시아 전역에 걸쳐 널리 분포한다.

재배　흙은 산모래에 20% 안팎의 부엽토를 섞은 것을 쓴다. 포기의 크기에 따라 분의 크기를 달리해야 하나 잎이 지나치게 크게 자라지 않도록 처음 자라는 눈을 충분히 햇빛에 노출시켜 키를 작게 가꾸어내는 것이 좋다.

거름은 봄과 가을에 약간의 깻묵가루를 한 번만 분토 위에 뿌려주는 정도로 충분하다.

물은 다소 많이 주는 것이 좋으나 습기가 지나치게 많아지지 않도록 주의해야 한다.

• 연한 잎자루(엽병)를 삶아 말렸다가 식용한다.

고사리삼

Sceptridium ternatum LYON | 고사리삼과

특징　잎자루가 30~40cm 크기로 곧게 자란다. 잎은 9월부터 이듬해 4월까지 있지만 한여름에는 말라 죽어버린다.

잎자루는 밑동에서 두 갈래로 갈라져 한쪽에는 정상적인 잎이 붙고 다른 쪽에는 홀씨주머니가 붙는다. 잎은 푸르지만 강한 햇빛이 닿거나 물기가 부족할 때는 적갈색으로 변해버린다.

비슷한 종류로 늦고사리삼이 있다. 이 종류는 여름꽃고사리라는 별명이 붙어 있듯이 겨울철에 잎이 말라 죽는다.

개화기　9월부터 이듬해 3월까지

분포　전국의 산과 들판의 양지바른 자리에 난다.

재배　분재용 산모래에 잘게 썬 이끼를 30% 정도 섞은 흙으로 심어 가꾸면 야무지게 자란다. 강한 바람과 강한 햇빛을 싫어하므로 바람이 닿지 않는 반그늘에서 가꾸어야 한다.

물기를 좋아하기는 하나 지나친 습기에는 약하므로 물이 잘 빠지면서도 보수력이 있고 공기가 잘 통하는 상태로 심어주는 것이 가꾸는 비결이다.

거름은 가을에 새 잎이 나오는 것을 기다려 한두 번 하이포넥스의 묽은 수용액을 주면 된다.

• 풀 전체를 약용한다.

공작고사리

Adiantum pedatum L | 고사리과

특징 잎이 부채형으로 펼쳐지는 모양이 공작새의 꼬리 같다 하여 이러한 이름이 붙여졌다. 숙근초로 잎은 겨울에 말라 죽는다. 짧은 땅속줄기가 옆으로 기어 여러 갈래로 갈라져 포기를 이룬다. 검고 윤기 나는 잎자루는 철사와 같은 느낌을 풍기며 길이 40cm 정도로 자란다. 그 끝에 여러 갈래로 갈라진 상태로 잎이 붙으며 봄철의 새 잎은 특히 아름답다.

분포 제주도와 울릉도에 나며 중부와 북부 지방에서 발견된 때도 있다. 주로 깊은 산의 반 음지에 난다.

재배 미립자의 가루를 뺀 산모래에 부엽토를 약간 섞은 흙으로 심어 가꾼다. 공기의 습도가 높은 그늘에서 시원하게 가꾸어야 하며 강한 바람이 닿을 때는 잎이 상하므로 바람을 막아주어야 한다.

여름에는 아침 저녁으로 한 번씩 물을 주어야 하고 봄가을에는 하루 한 차례 물을 주면 충분하다. 겨울에는 4~5일에 한 번꼴로 주면 된다.

거름은 뿌리가 분 속에 찬 다음부터 주도록 해야 하며 규정된 농도보다 2~3배 묽게 한 것을 10일에 한 번씩 준다.

포기나누기는 눈이 움직이기 전에 실시해야 하며 너무 작게 나누지 말아야 한다.

구실사리

Selaginella rossii WARB | 부처손과

특징 바위손이나 부처손과 같은 과에 속하는 은화식물의 일종이다. 상록성 키 작은 풀로 땅이나 바위에 붙어 사방으로 뻗어나간다.

잎은 비늘처럼 생겼으며 4줄로 배열되는데 잔가지에서는 치밀하게 배열되고 굵은 줄기에서는 드물게 배열된다. 잎의 길이는 2mm 안팎으로 매우 작다.

비슷한 종류로 개실사리, 왜실사리, 비늘이끼 등이 있다.

분포 중부 지방과 북부 지방에 분포하며 산 속의 바위에 붙어 산다.

재배 원래 바위 표면에 붙어 사는 습성이 있기 때문에 그러한 방법으로 가꾸어야만 한다.

얕은 분에 산모래를 담아 운치 있는 생김새를 가진 돌을 절반 가량 묻은 다음 풀을 돌에 붙인다. 돌 표면 군데군데에 가루로 빻은 이끼를 섞은 진흙이나 개펄흙을 발라 그 자리에 뿌리가 위치하도록 붙인다. 완전히 착근할 때까지는 뿌리 위에 이끼를 얇게 덮어 끈으로 묶어놓는 것이 좋다.

가꾸는 자리는 반그늘이 좋으며 알맞은 습도를 유지할 수 있도록 물 관리를 하되 과습은 피해야 한다. 거름은 가끔 하이포넥스를 규정 농도보다 묽게 타서 물 대신 주면 된다.

꿩고비

Osmunda asiatica OHWI | 고비과

특징 산나물로 자주 식탁에 오르는 고비와 같은 과에 속하는 숙근성 고사리과 식물이다. 4~8cm 굵기의 뿌리 덩어리의 중심으로부터 많은 잎이 자란다.

잎은 곧게 또는 비스듬히 자라 올라가며 길이 30~60cm, 너비 10~25cm의 우상복엽(羽狀複葉)을 이룬다. 어린 잎은 적갈색 털로 덮여 있으나 자라면서 차츰 없어진다. 북쪽 지방에 나는 것일수록 몸집이 커지는 경향이 있다.

분포 전국 각지에 나며 산지의 습한 땅에 군락을 이룬다.

재배 산모래에 부엽토를 20~30% 섞은 흙으로 심는다. 분의 크기는 뿌리 덩어리의 굵기에 어울리는 것을 골라 눈이 움직이기 전에 심어야 한다. 처음에 자라는 잎은 잘라버리고 두 번째로 자라는 잎은 키우면 알맞은 크기가 되어 보기가 좋다.

거름으로는 매달 한 번씩 깻묵덩이 거름을 주고 흙이 마르지 않도록 가꾸어야 한다. 또한 여름의 강한 햇빛은 반드시 가려주어야 한다.

5~6포기를 집 북쪽의 그늘지는 장소나 나무 그늘에 심어두면 봄마다 훌륭한 나물감을 얻을 수 있고 정원의 깊은 운치가 생겨난다.

• 어린 잎을 삶아 말려서 나물로 무쳐 먹는다.

나도파초일엽

Phyllitis scolopendrium NEWM | 꼬리고사리과

특징 잎의 모양이 파초일엽과 흡사하고 그것을 작게 한 것과 같은 느낌이 나기 때문에 이러한 이름이 붙여졌으나 파초일엽과는 전혀 다른 무리에 속하는 고사리과 식물이다.

상록성 식물로 잎은 얇고 초록빛이다. 잎의 길이는 20~40cm이고 너비는 4~6cm쯤 된다.

분포 제주도와 울릉도 그리고 전라북도 부안군의 변산 반도에 분포한다. 주로 수림 속의 나무 밑이나 바위 위에 난다.

재배 분 가꾸기는 산모래만으로 심는데 특히 물이 잘 빠질 수 있도록 해줄 필요가 있다. 거름으로는 묽게 탄 하이포넥스를 월 2~3회 주는데 전혀 주지 않아도 잘 자란다.

가꾸는 장소는 반 정도 그늘지는 곳이라야 하고 물을 적게 주어 습기가 지나치게 많아지지 않도록 주의를 한다. 더위에 약하기 때문에 여름철에는 시원한 곳으로 옮겨줘야 한다.

증식시키기 위해서는 봄이나 가을에 포기나누기를 한다. 돌붙임이나 뿌리를 둥글게 묶어 매달아서 가꾸는 것도 재미있다.

잎이 아름답고 시원스러우므로 여름철의 초물분재로 한 분 정도는 가꿀 만하다.

넉줄고사리

Davallia mariesii MOOR | 넉줄고사리과

특징 굵은 뿌리줄기가 길게 자라고 겨울에는 잎이 말라 죽는 고사리류다.

뿌리줄기는 바위의 표면이나 나무줄기에 붙는 성질을 가졌으며 연한 갈색 털로 덮여 있다.

잎은 여러 갈래로 갈라져 전체적으로 삼각형을 이루는데 길이는 20cm 안팎, 너비는 10cm 정도다. 작게 갈라진 잎이 아름답고 시원스러우므로 뿌리를 둥글게 감아 추녀 밑에 매달아 감상한다.

분포 중부와 남부, 그리고 제주도에 분포한다. 산 속의 바위나 나무줄기에 달라붙어 산다.

재배 뿌리를 둥글게 감아 추녀에 매달아 가꾸거나 수반에 앉혀 가꾸기도 한다. 그 밖에 돌붙임이나 나무토막에 붙여 가꾸는 것도 재미있고 감상 가치가 높다. 접시에 진흙 덩어리를 놓고 붙여놓으면 적은 양의 넉줄고사리라도 즐길 만한 운치를 보여준다.

뿌리를 둥글게 감는 경우에는 그 속에 숯을 넣고 표면에 이끼를 덮어 뿌리를 감으면 생육 상태가 좋아진다.

물은 봄가을의 경우 하루에 한 번, 건조 상태를 살펴 물기를 보충해주는 정도로 충분하다. 여름철에는 아침 저녁으로 충분히 물을 준다. 또한 여름철에는 반그늘로 옮겨주어야 한다. 거름은 묽게 탄 하이포넥스를 10일에 한 번꼴로 주며 겨울에는 거름을 주지 않는다. 봄여름 사이에 뿌리 마디를 잘라 심어 증식시킨다.

도깨비쇠고비

Cyrtomium falcatum PRESL | 면마과

특징 해변의 바위틈에 자라는 상록성 양치식물이다. 뿌리줄기는 크고 덩어리를 이루며 잎이 뭉쳐 나는데 길이는 1m 가까이 된다.

잎은 두텁고 단단하고 질기며 짙은 녹색으로 윤기가 난다. 가장자리에는 물결모양의 작은 톱니가 있다. 또한 성숙 단계로 접어든 잎은 뒷면에 갈색의 작은 포자주머니가 규칙적으로 배열된다.

비슷한 종류로 참쇠고비와 쇠고비가 있는데 모두 도깨비쇠고비보다 크기가 작다.

분포 제주도와 울릉도, 그리고 남부 지방에 분포한다. 주로 해변의 바위틈에 붙어 살고 있으며 강원도 통천 지방에도 난다.

재배 생육력이 강인한 풀이기 때문에 흙을 가리지 않는다. 그러나 지나친 습기를 싫어하므로 가루를 뺀 산모래로 심어 가꾸는 것이 무난하다. 한여름에는 반그늘로 자리를 옮겨주고 그 이외의 계절에는 양지바른 자리에서 가꾼다.

물은 하루 한 번 주되 다소 양을 적게 주면 모양에 짜임새가 생겨 좋다.

거름은 월 1~2회씩 물거름으로 준다. 포기가 거의 갈라지지 않으므로 증식시키기가 어려우며 포자를 뿌려 증식시키는 방법이 있으나 기술적으로 어려움이 뒤따른다.

바위손

Selaginella tamariscina (BEAUV) SPRING │
부처손과

특징 일명 권백(卷柏)이라고도 하는 상록성 풀이다.

줄기와 뿌리가 뭉쳐 오래도록 자란 것은 큰 덩어리를 이루며 많은 잎이 방사형으로 펼쳐진다. 잎은 작은 비늘잎이 4줄로 배열되어 있는데 어린 것은 노란빛을 띤 밝은 초록빛으로 점차 짙은 녹색으로 변한다. 홀씨를 갖는 잎은 적갈색을 띠는데 색채의 변화가 많다. 겨울에는 잎이 안쪽으로 감겨 휴면하는데 생육기에도 심하게 마르면 잎이 감기기 때문에 권백이라는 이름이 붙여진 것이다.

분포 전국 각지의 산에 분포하며 암벽이나 바위 위에 군락을 이룬다.

재배 흙은 산모래와 부엽토를 반씩 섞어 쓰는데 무엇보다도 물이 잘 빠져야 한다. 돌붙임으로도 가꿀 수 있는데 이때는 소량의 진흙을 써서 붙여준다. 거름은 물거름을 한 달에 두어 번씩 주되 가을이 되어 잎의 색이 변하기 시작할 무렵에 중지하고 겨울에는 줄 필요가 없다.

습기를 좋아하나 지나친 습기를 싫어하므로 물이 잘 빠질 수 있도록 해주고 햇빛을 충분히 보인다. 갈아심기는 생육 기간 중이면 어느 때에 실시해도 무방하다. 잎을 2~3cm 길이로 잘라 미립자의 흙에 꽂아 알맞게 습도를 유지해주면 뿌리가 내려 1~2년 뒤에는 잎이 둥글게 배열되어 원래의 생김새를 갖추게 된다.

밤일엽

Neocheiropteris ensata CHING │ 고란초과

특징 수석위(水石葦)라고도 하는 다년생의 상록성 양치식물이다. 뿌리줄기는 철사처럼 생겼으며 지표나 바위 위를 길게 뻗어나간다. 때때로 한 자리에 많은 것이 뭉쳐 산다.

잎은 가죽과 같이 빳빳하며 긴 타원형에 가까운 피침형으로 아래 위가 뾰족하다. 잎의 길이는 20~40cm이며 폭은 5~6cm인데 가장자리는 밋밋하고 잎맥이 두드러지게 발달한다. 성숙한 잎은 뒷면의 주맥을 따라 작은 갈색의 포자주머니를 두 줄로 배열한다.

분포 제주도에만 분포한다. 상록수림 속의 바위 또는 나무줄기에 붙어 사는데 때로는 땅 위에 무성하게 자라기도 한다.

재배 나무토막이나 바위에 붙여 가꾸기도 하는데 몸집이 꽤 크기 때문에 어울리기가 어렵다. 크고 얕은 분에 심어 가꾸는 것이 무난하다.

알갱이가 굵은 산모래로 가급적 얕게 심어준다. 바람이 약하게 닿는 반 그늘진 장소에서 가꾸어야 한다. 물은 하루 한 번 흠뻑 주고, 거름은 하이포넥스를 묽게 타서 월 2~3회 준다.

뿌리줄기가 뻗어나가면서 잎이 분 가장자리로 몰려 나는 현상이 일어나면 다시 모양을 잡기 위해 고쳐 심어주어야 한다.

석위

Pyrrosia lingua FARWELL | 고란초과

특징 상록성 양치식물로 주로 바위에 붙어 살며 잎이 가죽과 같이 두터우면서도 부드럽기 때문에 석위(石韋)라고 부른다.
가느다란 철사처럼 생긴 꺼먼 뿌리줄기가 땅 속 얕게 뻗어 나간다.
잎은 뿌리줄기의 군데군데에서 자라며 넓은 피침형으로 두텁고 혁질이다. 길이는 10cm 안팎으로 딱딱하고 긴 잎자루를 가지고 있으며 뒷면에는 흰 빛을 띤 갈색 털이 밀생한다.
분포 제주도와 남부 지방에 분포하며 산지의 나무 그늘에 자리한 바위에 붙어 사는데 때로는 나무 줄기 위에 나기도 한다.
재배 분에 심어 가꿀 때는 가루를 뺀 산모래로 심는데 숯 덩어리나 이끼를 둥글게 뭉쳐놓은 것에 붙여 추녀 밑에 매달아놓아도 잘 자란다. 숯 덩어리 대여섯 개를 함께 묶어 어느 정도 큰 덩어리로 만든 다음 붙이는 것이 좋다. 가꾸는 장소는 반 그늘진 곳이 좋으며, 물은 조금씩 주어 습기가 지나치게 많아지지 않도록 해준다. 거름은 규정 농도보다 묽게 탄 하이포넥스를 월 2~3회 주는데 거름을 주지 않아도 제대로 자란다. 증식은 포기나누기에 의하며 시기는 이른 봄이 좋다.
• 잎과 뿌리를 임질약 및 이뇨제로 사용한다.

섬공작고사리

Adiantum monochlamys EATON | 고사리과

특징 따뜻한 지방의 바위틈이나 암벽에 나는 상록성의 고사리과 식물이다. 은행나무 잎과 흡사한 모양의 작은 잎이 까만 머리카락과 같은 줄기에 무수히 붙어 늘어지는 모양은 시원스럽고도 운치가 있어 가꾸어 즐길 만하다.
어린 싹은 연하고 붉은빛을 띠어 한층 더 아름답다. 잘 자란 잎은 뒷면 끝부분에 갈색의 홀씨가 있다. 비슷한 종류로 공작고사리가 있는데 이것도 관상 가치가 높다.
분포 제주도 한라산에 나며 암벽에 붙어 산다.
재배 따뜻하고 습도가 높은 것을 좋아하며 건조하면 잎이 감긴다. 중간 정도 깊이의 분에 가루를 뺀 산모래를 쌓아올려 그 위에 얕게 심는다. 다소 뿌리 내리기가 어려운 성질이 있으므로 심은 뒤에는 우선 그늘진 곳에 놓아두었다가 차차 햇빛을 쬐어준다. 완전히 뿌리를 내리면 햇빛과 건조한 환경에 견디는 힘이 생긴다.
물은 하루 한 번 흠뻑 주되 지나친 습기는 피하고, 거름은 묽게 탄 하이포넥스를 월 2~3회꼴로 주면 된다.
포기가 커지면 포기나누기를 겸해서 갈아심어주어야 하며 이때 뿌리를 말리는 일이 없도록 주의한다. 실하게 자라면 홀씨가 분토 위에 떨어져 새로운 식물이 자라므로 이것을 옮겨 심어 증식시킨다.
• 한때 임산부의 분만 전후 특효약으로 사용했다.

세뿔석위

Pyrrosia hastata CHING | 고란초과

특징 상록성 양치식물로 석위와 비슷한 모양이지만, 잎이 세 갈래로 갈라진 점이 다르며 이로 인해 세뿔석위라고 부른다.

뿌리줄기는 짤막하게 옆으로 기면서 늘어난다. 잎은 두텁고 길며 밑동에서 세 갈래로 갈라져 전체적인 생김새는 삼각형을 이룬다. 잎 표면은 초록빛이고 거의 털이 없는데 뒷면과 잎자루에는 짧은 갈색 털이 밀생한다.

분포 중부 이남과 제주도에 분포하며 산의 양지바른 암벽이나 나무줄기에 붙어 산다.

재배 분에 가꿀 때는 그늘진 곳에서 물이 잘 빠지게 하고 공기의 습도를 유지해주어야 한다. 환경이 자주 바뀌면 쇠약해지므로 생육 기간 중에는 가급적 장소를 옮기지 말아야 한다. 숯 덩어리나 둥글게 뭉쳐놓은 이끼에 붙여 가꿀 수도 있다.

물은 여름에는 아침저녁에 각 한 번, 봄가을에는 하루 한 번, 겨울에는 4~5일에 한 번 주면 된다. 흙이 마르면 잎이 감겨들곤 하지만 물을 주면 이내 회복된다.

거름은 규정 농도보다 2~3배 묽게 한 것을 10일에 한 번꼴로 준다. 갈아심기는 이른 봄, 눈이 움직이기 시작하기 전에 하는데, 이때 포기나누기를 하면서 묵은 줄기와 뿌리를 잘라 증식시킨다.

• 풀 전체를 그늘에서 말려 약용한다.

속새

Equisetum hyemale L | 속새과

특징 상록성 다년초로 짧으며, 옆으로 기는 땅속줄기를 가지고 있다. 한자리에서 여러 개의 줄기가 자라는데 잎은 없고 가지도 치지 않는다.

줄기는 높이 60cm 정도로 자라며 표면에는 세로 방향으로 많은 홈이 나 있고 어두운 녹색이다.

줄기에는 다량의 규산염이 함유되어 있어 딱딱하고 깔깔하며 목재나 뿌리, 뼈 등을 재료로 하는 공예품의 연마용으로 쓰인다.

분포 제주도와 강원도 및 북부 지방에 분포하며 깊은 산 속의 나무 그늘에 난다.

재배 속새는 쇠뜨기와 같은 과에 속하는 식물이다. 따라서 쇠뜨기의 경우와 마찬가지로 땅 속을 옆으로 뻗어나가는 땅속줄기를 가지고 있다.

속새를 가꾸자면 이 땅속줄기를 알맞은 길이로 캐어 분에 심으면 된다. 산모래에 잘게 썬 이끼를 20% 가량 섞은 흙으로 얕은 분에 물이 잘 빠질 수 있는 상태로 심어준다.

항상 반 그늘진 자리에서 가꾸어야 하며 물은 하루 한 번 흠뻑 준다. 거름은 매달 한 번 정도 깻묵가루를 분토 위에 뿌려주면 충분하다.

증식은 갈아심을 때 뿌리줄기를 알맞은 크기로 잘라주면 된다.

• 풀 전체를 장출혈과 치질의 지혈제로 사용한다.

솔잎란

Psilotum nudum GRISEB | 솔잎란과

특징 풀의 생김새는 줄 모양이고 일년 내내 푸르기 때문에 솔잎란이라는 이름이 붙여졌다.
상록의 다년생 풀로 많은 줄기가 뭉쳐 나며 높이는 10~20cm쯤 된다. 몸체는 막대기처럼 생겼으며 중간부에서 여러 갈래로 갈라지고 잎은 나지 않는다. 홀씨주머니는 가지 위 곳곳에 붙어 있는데 처음에는 푸르지만 성숙하면 노랗게 변한다.
한 과에 단 한 종만 있는 특이한 식물이다.

분포 남부 지방과 제주도의 따뜻한 지역에 분포하며 산지의 나무줄기나 바위 위에 붙어 산다.

재배 꺾어지거나 말라 죽은 줄기와 가지는 잘라 버리고 뿌리를 잘 씻은 다음 물이 잘 빠지는 산모래로 심어준다.
거름은 묽게 탄 하이포넥스를 매달 두어 번 정도 주되 한여름에는 주지 말아야 한다.
봄가을에는 매일 아침 한 번만 물을 주고 여름에는 아침과 저녁 두 번 준다. 겨울에는 일주일에 한 번 꼴로 주면 된다.
생육 기간 중에는 반그늘에서 가꾸고 비와 서리를 맞지 않도록 돌봐주어야 한다.
겨울에는 얼지 않을 장소로 옮겨 보호해주어야 하며 봄부터 가을 사이에 포기나누기로 증식시킨다.

일엽초

Lepisorus thunbergianus CHING | 고란초과

특징 상록성 양치식물이다. 굵은 뿌리줄기는 많은 비늘잎에 덮여 바위나 나무줄기에 붙어 길게 옆으로 뻗어나간다.
잎은 가늘고 긴 피침형으로 10~20cm의 길이를 가지며 뿌리줄기로부터 치밀하게 자란다. 가죽과 같이 빳빳하고 표면은 짙은 녹색인데 뒷면에는 갈색 홀씨주머니가 두 줄로 배열된다.
비슷한 종류로 애기일엽초, 산일엽초, 주걱일엽, 버들일엽, 우단일엽 등이 있다.

분포 남부 지방과 제주도 및 울릉도에 분포하며 산지의 음습한 숲속의 나무줄기와 바위에 붙어 산다.

재배 가루를 뺀 알갱이가 작은 산모래에 이끼를 말려 가루로 빻은 것을 20%가량 섞은 흙으로 뿌리줄기가 감추어질 정도로 얕게 심는다.
분은 얕은 것으로 둥글거나 타원형인 것이 풀과 잘 어울린다. 강한 햇빛이 닿지 않는 자리에 두고 하루 한 번 물을 흠뻑 준다.
거름은 별로 줄 필요가 없으며 매달 한 번 정도 하이포넥스의 묽은 용액을 물 대신 주면 된다.
증식은 포기나누기에 의한다. 또한 말라 죽은 나무를 토막낸 것이나 헤고판(나무로 자라는 고사리의 줄기를 판자로 킨 것)에 붙여 가꾸는 것도 재미있다.

• 풀 전체를 약용한다.

차꼬리고사리

Asplenium trichomanes L | 꼬리고사리과

특징 작은 상록성 양치식물이다. 줄기는 없고 땅 속으로부터 잎자루가 자라 좌우 두 줄로 작은 잎이 규칙적으로 배열된다.

잎줄기는 서는 경향이 있어 전체적으로 짜임새 있는 모양이다. 높이는 20cm 정도가 되며 잎자루는 검은빛을 띤 갈색이다.

일명 철각봉미초(鐵角鳳尾草)라고도 하며 비슷한 종류로 개차꼬리고사리와 바위꼬리고사리 등이 있다.

분포 중부 지방과 남부 지방, 제주도에 분포하며 산의 그늘진 곳에 위치한 바위 위나 돌담 등에 붙어 산다.

재배 뿌리를 잘 씻고 꺾어지거나 말라 죽은 잎은 모두 따 버린다. 콩알만한 굵기의 용토를 3분의 1까지 넣고 그 위에 쌀알 크기의 산모래를 다시 3분의 1 깊이로 넣는다. 그 위에 좁쌀 크기의 산모래에 풀을 심은 다음 분토 위에 이끼를 덮는다.

거름은 월 1~2회 묽게 탄 하이포넥스를 준다. 항상 반그늘에서 습기가 지나치게 많지 않도록 주의하며 가꾸도록 한다.

좀더 쉽게 가꾸려면 같은 양치식물인 부처손의 덩어리진 뿌리를 붙여 가꾸는 것이 좋다. 부처손에 붙여 가꾸면 순조롭게 잘 자랄 뿐만 아니라 관상 측면에서도 훨씬 보기 좋다. 포기가 크게 자라면 이른 봄에 포기나누기를 겸해 갈아심어준다.

청나래고사리

Matteuccia struthiopteris TODARO | 면마과

특징 여름철에만 푸른 잎이 나는 고사리류로 땅속에 주먹만한 뿌리줄기를 가지고 있으며, 이것에서 땅속가지를 내어 그 끝에 새로운 포기를 만들어 늘어난다.

잎은 길이 1m에 달하며 깊게 갈라져 20~40짝으로 작게 나뉘어진다. 가을에는 홀씨를 가진 잎이 자라는데 길이는 60cm 안팎이다.

포기고사리라고도 한다.

분포 제주도를 포함하는 전국 각지에 분포하며 깊은 산 속의 나무 그늘에 난다.

재배 흙은 가루를 뺀 분재용 산모래에 30% 정도의 부엽토를 섞어 쓴다. 분은 지름과 깊이가 21~24cm쯤 되는 것을 골라 눈이 움직이기 전에 한 포기를 심는다.

거름은 매달 한 번씩 깻묵가루를 큰 숟갈로 하나씩 분토 위 세 군데에 뿌려준다. 반 정도 그늘지는 자리에 놓아 흙이 마르지 않도록 물 관리를 한다.

워낙 크게 자라므로 처음에 나온 잎은 따서 버리고 뒤이어 나온 잎을 가꾼다.

가을에 자라는 홀씨를 가진 잎은 봄에 나온 잎이 말라 죽어도 오래도록 서 있으므로 겨울철의 꽃꽂이 소재로 쓸 수 있다.

큰 분에 훌륭하게 가꾸어 현관 앞과 같은 곳에 놓으면 야생의 정취가 풍부하여 장식품으로 활용할 만하다.

• 어린 잎줄기는 고사리와 함께 나물로 먹는다.

콩짜개덩굴

Lemmaphyllum microphyllum PRESL | 고란초과

특징　상록성 다년생 양치식물로 나무줄기나 바위에 붙어 산다.

잎은 서로 어긋난 자리에 나며 둥글거나 또는 넓은 계란형이다. 잎은 가장자리에 톱니가 없고 밋밋하며 길이 1cm 정도로 두텁고 윤기가 난다. 풀이 성숙하면 포자주머니를 가진다.

난초의 일종인 콩짜개란과 모양이 흡사하지만 콩짜개란은 잎이 작고 길쭉하며 뿌리가 굵다.

분포　제주도와 남부 지방에 분포하며 깊은 산속의 바위 위 또는 나무줄기에 붙어 산다.

재배　붙어 사는 성질을 가지고 있으므로 모양이 좋은 돌이나 나무토막에 붙여 가꾸어야 한다.

바위에 붙이기를 원할 때는 구실사리를 붙이는 요령에 따라 붙여주면 된다. 나무토막은 활엽수의 토막이어야 하며 그것도 껍질이 붙어 있는 것이라야 한다.

붙이기를 원하는 자리에 이끼를 얇게 깔아 놓고 풀을 앉힌 다음 떨어지지 않게 실로 묶어놓는다.

바람이 닿지 않는 그늘에 두어 하루 두세 번씩 분무하여 착근되기를 기다린다. 완전히 착근된 뒤에는 밝은 나무 그늘로 옮겨 말라붙지 않게 물 관리를 해준다.

거름은 가끔 하이포넥스를 묽게 타서 분무기로 뿌려주면 된다.

바람등칡

Piper kadzura OHWI | 후추과

특징　향미료로 쓰는 후추와 같은 과에 속하는 상록성 덩굴식물이다. 줄기는 길게 자라 나무줄기를 기어오른다. 잎은 서로 어긋난 자리에 나며 계란형으로 끝이 뾰족하고 가장자리는 밋밋하다.

암꽃과 수꽃이 따로 피며 꽃잎은 없다. 열매는 물기가 많고 모양은 둥근데 늦가을에 갈색으로 물든다. 일명 정공등(丁公藤), 석남등(石南藤)이라고도 하며 풍등덩굴이라고 부르기도 한다.

분포　제주도와 전남 거문도에만 분포하며 해변에 가까운 상록활엽수림 속에 난다.

재배　줄기가 뻗어나가면서 해마다 마디마다 뿌리를 내리므로 얕고 넓은 분에 심거나 또는 매달아 놓기에 알맞은 분에 심어 길게 늘어뜨려 가꾸는 방법이 있다.

흙은 가루를 뺀 산모래에 20% 정도의 부엽토를 섞어 쓴다.

봄가을에는 오전 중에만 햇빛을 받게 하고 오후에는 햇빛을 가려주어야 한다. 한여름에는 그늘로 옮겨 잎이 타지 않게 보호해주어야 한다.

다습한 환경을 좋아하므로 절대로 분토가 지나치게 마르는 경우가 없도록 물 관리를 해준다.

거름은 월 2~3회 물거름을 주면 된다. 2년마다 한 번씩 갈아심어준다.